刘占芳 编著

张量基础与力学应用

ZHANGLIANG JICHU YU LIXUE YINGYONG

重庆大学出版社

内容提要

本书力图以最少篇幅和算例介绍张量分析的基本概念和基础内容，包括笛卡尔张量、一般张量、二阶张量和张量分析四章，每章节后附有习题。

力学应用包括刚体定点运动、广义弹性力学和弹性应力波三章，涉及力学理论的继承与创新，展示了张量在力学理论发展中的强大作用。

本书可作为力学及相关工科专业的本科生和研究生的教材或参考书，也可作为有关科研人员的参考书。

图书在版编目(CIP)数据

张量基础与力学应用 / 刘占芳编著. -- 重庆 : 重庆大学出版社, 2020.11

ISBN 978-7-5689-2408-5

Ⅰ.①张… Ⅱ.①刘… Ⅲ.①张量分析—应用—力学—研究 Ⅳ.①O3

中国版本图书馆 CIP 数据核字(2020)第 167310 号

张量基础与力学应用

刘占芳　编著

策划编辑：杨粮菊

责任编辑：文　鹏　　版式设计：杨粮菊

责任校对：杨育彪　　责任印制：张　策

*

重庆大学出版社出版发行

出版人：饶帮华

社址：重庆市沙坪坝区大学城西路 21 号

邮编：401331

电话：(023) 88617190　88617185(中小学)

传真：(023) 88617186　88617166

网址：http://www.cqup.com.cn

邮箱：fxk@cqup.com.cn (营销中心)

全国新华书店经销

重庆升光电力印务有限公司印刷

*

开本：720mm×960mm　1/16　印张：13.25　字数：240千

2020 年 11 月第 1 版　　2020 年 11 月第 1 次印刷

ISBN 978-7-5689-2408-5　定价：60.00 元

引言

矢量是既有大小又有方向的量，它是一定坐标系下一组3个有序数的集合，例如变形体一点的位移，用矢量即3个有序数来表示。但表达变形体的应力只用3个有序数就不够了，必须用9个有序数的集合即二阶张量来表达应力。很多物理量或者几何量都必须用一组超过3个有序数的集合或张量进行表达，这时必须把熟悉的矢量向张量进行推广。

物质运动的状态都是关于时间、空间演化的，其变化规律往往以微分方程或积分方程的面貌出现，这些基本方程式都是在一定坐标系下建立的，例如弹性体关于位移的纳维(Navier)方程常见的是建立在笛卡尔坐标系上。然而，物理规律是客观的，应该存在独立于坐标系或观察者的基本方程式，这是建立物理规律普适性的客观要求。若将弹性体的纳维方程转化为一般张量方程，其张量形式则不依赖于特定的坐标系，或者说适用于一切坐标系。张量以及张量方程在不同坐标系转换时，具有完全一致的表达形式。因此，虽然必须借助坐标系来建立物理规律，但以张量形式表达的物理规律不再局限于特定的坐标系，使得人们得以专注于物理问题本身，这给认识物质运动的规律带来莫大的方便。

张量的表示特征是指标符号，由此衍生出关于张量的代数和微积分运算等。采用指标符号的张量表示，使得冗长的基本方程表达更加简洁明快。特别在曲线坐标系下，张量的分量以及基矢量一般都是曲线坐标的函数，张量的实体既涉及分量也涉及基矢量的空间变化，张量展示了曲线坐标系下保持基本方程简洁性的强大能力。

张量对力学专业非常重要。没有张量的知识准备，很难进行力学的学习和研究，很难阅读相关的专业文献。弹性力学和流体力学的教材越来越多地采用张量来叙述，连续介质力学在很大程度上以张量分析为表达基础。不仅如此，力学基础理论的发展必有赖于张量的充分掌握和运用。譬如刚体的定点转动问题，转角以及角速度和角加速度本质上都属二阶反对称张量，尽管它们都可以用对应的一阶张量（伪矢量）来表达。作为张量分析的应用，本书介绍了关于刚体定点转动、弹性力学、弹性应力波的基础理论发展。

本书前 4 章为张量基础。笛卡尔张量针对笛卡尔坐标系，是最简单的张量。笛卡尔张量基本涉及了张量的概念和原理，可为掌握和学习张量打造一个基础框架，并且在力学上也有最广泛的应用，所以作为本书第 1 章。一般张量或简称张量，为一般曲线坐标系下的张量，须引进张量的协变分量、逆变分量以及协变基矢量、逆变基矢量等概念，故把一般张量的内容作为本书第 2 章。二阶张量在力学和其他领域具有特殊的重要性，关于二阶张量的讨论作为第 3 章。第 4 章为张量分析，涉及张量的导数和积分等内容。本书的张量基础可作为力学专业的教材用书或参考书。

本书后 3 章介绍张量在力学基础理论继承和创新方面的关键作用。第 5 章讨论刚体定点运动问题，内容涉及刚体定点转动的运动学、定点转动的合成以及定点转动的动力学，有关转动的描述和合成定理更新了现有教科书的相关内容。

第 6 章简要介绍广义弹性力学的基本理论。位移右梯度分解出角张量，描述转动变形的角张量对应于角矢量以及引进曲率张量，转动变形联系着偶应力，由此拓展了经典弹性理论的内容，利用有限元方法分析了弹性结构尺寸效应的转动变形机制，这一章丰富了对经典弹性理论的认识。

第 7 章简要介绍弹性应力波的基础理论。宏观弹性介质可忽略转动变形，这时描述形变的偏应变在应力波传播过程中分裂为两部分，一部分偏应变和体积应变以较快速度传播，形成应力波的主波，另一部分偏应变以较慢速度传播形成次波。若计及弹性体的转动变形，主波的成分依然包含一部分偏应变和体积应变，但角张量及其角矢量与另一部分偏应变共同运动形成次波。在高频谐波传播的情况下，次波的波速也涉及尺寸效应。

尽管本书仅涉及了小变形弹性体的转动变形行为，但深化对转动变形的认识将为发展固体有限变形、流体涡动、疲劳损伤、微尺度结构行为等范围广泛的基础理论问题提供关键启示。

应力波理论的研究得益于中国工程物理研究院经福谦院士的引领，得益于中国工程物理研究院陈裕泽研究员的指导，多年交流过程中深刻感受到了前辈科学家们淡泊名利、追求真理的高贵品格。北京大学唐少强教授帮助领会了波动方程的涵义,刚体定点转动问题受益于与北京大学王勇教授的长期讨论。谨此向他们致以诚挚感谢!

本书的出版得到了国家自然科学基金(批准号:11772071,11372365)、国家自然科学基金委员会与中国工程物理研究院联合基金(批准号:U1830115)、中央高校基本科研业务费(NO. 2020CDXYHK006,NO. 2020CDJQY-Z004)、煤矿灾害动力学与控制国家重点实验室(重庆大学)自主研究课题(批准号:2011DA105287-ZD201403)的资助。

刘占芳

2020 年 5 月

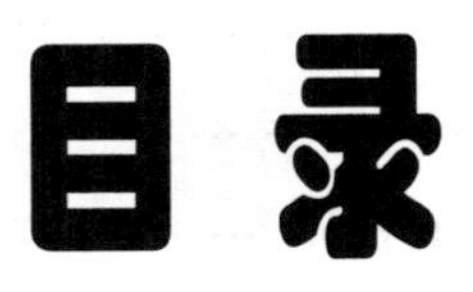

第 1 章 笛卡尔张量

很多物理量或几何量,必须使用多个分量表征它们的完整意义,这些分量是一种有序集合,且与坐标系组合在一起,用张量来表达。例如变形体内物质点的应力是一个二阶张量,给定一个笛卡尔坐标系,这点的应力含 9 个有序分量。变换坐标系时,虽然 9 个分量的数量发生改变,但 9 个分量所表达的整体应力保持不变,即应力张量不随观察者的改变而改变。张量的一个重要性质是物理规律的张量表达可以保证其数学形式在坐标变换下的不变性。如果坐标变换只限于直角坐标系之间的变换,这样建立的张量就是笛卡尔张量。在一般曲线坐标系中表示的张量称为一般张量或简称张量。笛卡尔张量是一般张量的特例,实际运用中遇到的往往是笛卡尔张量。笛卡尔张量也是掌握一般张量的重要基础,因此,我们首先讨论笛卡尔张量。

1.1 指标符号

张量的表示特征是指标符号,且须引进爱因斯坦求和约定、克罗奈克尔符号和置换符号,下面依次说明。

1.1.1 指标符号

用张量来表征某些复杂的物理量或几何量时,首先遇到的就是指标符号。用一个字母表示同一个物理量或几何量的各个分量,该字母即为符号,而字母附带的指标表示不同的分量,指标取不同数字表示不同的分量。指标有自由指标和哑标之别。

例如,一点位移的指标符号表示为 u_i,下标 i 称为指标标号,取 $i=1$、2、3,分别代表位移的 3 个分量,代替习惯的 u、v、w。笛卡尔直角坐标系中的位置坐标记为 x_i,其中 $x_1=x, x_2=y, x_3=z$,所以位置坐标也用指标符号来表示。变形体内一点的应力张量,表示为 $\sigma_{ij}(i,j=1,2,3)$,代表 9 个应力分量:$\sigma_{11}=\sigma_{xx}, \sigma_{12}=\sigma_{xy}, \cdots$。指标符号中的指标标号只出现一次,例如 i,j,就称为自由指标,在三维空间中可取 1、2、3 中的任何一个。就三维空间而言,当不指定指标标号的具体数值时,表示每个指标遍取 1、2、3,今后一般不注明指标的范围。

1.1.2 爱因斯坦求和约定

笛卡尔直角坐标系中的基矢量,按照指标符号方法,记为 $\boldsymbol{e}_i$,它们都是互相正交的单位矢量,这组基矢量称为标准正交基矢量,用黑体字母表示。直角坐标系中的任一矢量 $\boldsymbol{a}$ 表示为:

$$\boldsymbol{a} = a_1\boldsymbol{e}_1 + a_2\boldsymbol{e}_2 + a_3\boldsymbol{e}_3 = \sum_{i=1}^{3} a_i\boldsymbol{e}_i$$

但在张量表示中,要引入爱因斯坦(Einstein)求和约定:在一个单项表达式中,同一个指标重复出现两次,表示将该指标遍取 1、2、3 求和。根据这一约定,可以省略矢量表达式中的求和记号,把矢量 $\boldsymbol{a}$ 直接记为:

$$\boldsymbol{a} = a_i\boldsymbol{e}_i = a_1\boldsymbol{e}_1 + a_2\boldsymbol{e}_2 + a_3\boldsymbol{e}_3$$

单项式中重复出现的指标 i 称为求和指标或哑标。因为哑标表示求和,所以改变哑标字母不影响求和结果。如把矢量 $\boldsymbol{a}$ 表示为:

$$\boldsymbol{a} = a_i\boldsymbol{e}_i = a_k\boldsymbol{e}_k$$

再如,令应力张量 σ_{ij} 的指标为重复指标时(成为 σ_{kk}),可展开为:

$$\sigma_{kk} = \sigma_{11} + \sigma_{22} + \sigma_{33}$$

数字下标与笛卡尔坐标是一一对应的。

1.1.3 克罗奈克尔符号

笛卡尔坐标系的标准正交基矢量为 $\boldsymbol{e}_1$、$\boldsymbol{e}_2$、$\boldsymbol{e}_3$,它们的点积满足:

$$\boldsymbol{e}_1 \cdot \boldsymbol{e}_1 = \boldsymbol{e}_2 \cdot \boldsymbol{e}_2 = \boldsymbol{e}_3 \cdot \boldsymbol{e}_3 = 1$$

$$\boldsymbol{e}_1 \cdot \boldsymbol{e}_2 = \boldsymbol{e}_2 \cdot \boldsymbol{e}_3 = \boldsymbol{e}_3 \cdot \boldsymbol{e}_1 = 0$$

考虑到矢量点乘满足交换律,上面共有 9 个等式,现引进克罗奈克尔符号,以上各式可以统一写成:

$$\boldsymbol{e}_i \cdot \boldsymbol{e}_j = \delta_{ij} \tag{1.1.1}$$

式中 δ_{ij} 是克罗奈克尔符号(Kronecker delta),其定义为:

$$\delta_{ij}=\begin{cases}1 & \text{当 } i=j\\ 0 & \text{当 } i\neq j\end{cases} \tag{1.1.2}$$

克罗奈克尔符号 δ_{ij} 有两个自由指标,因此可表示 9 个分量。令克罗奈克尔符号的第一个指标为行号,第二个指标为列号,克罗奈克尔符号 δ_{ij} 对应的矩阵是单位矩阵:

$$[\delta_{ij}]=\begin{bmatrix}\delta_{11} & \delta_{12} & \delta_{13}\\ \delta_{21} & \delta_{22} & \delta_{23}\\ \delta_{31} & \delta_{32} & \delta_{33}\end{bmatrix}=\begin{bmatrix}1 & 0 & 0\\ 0 & 1 & 0\\ 0 & 0 & 1\end{bmatrix} \tag{1.1.3}$$

克罗奈克尔符号对应矩阵的迹等于 3,表示为 $\delta_{ii}=3$。克罗奈克尔符号的行列式为 1,可表示为 $|\delta_{ij}|=1$。

克罗奈克尔符号 δ_{ij} 可置换表达式中其他指标符号的指标,这是克罗奈克尔符号的一个重要功能。观察等式:

$$a_i\delta_{ij}=a_1\delta_{1j}+a_2\delta_{2j}+a_3\delta_{3j}=a_j$$

式中,i 在一个表达式中出现两次,为哑标;j 为自由指标,分别取 1、2、3 时得到 3 个等式。上式可视为克罗奈克尔符号把单项式 $a_i\delta_{ij}$ 中的 a_i 置换为 a_j。再如等式:

$$\delta_{ik}\delta_{kj}=\delta_{ij}$$

有两个自由指标和一个哑标,共有 9 个等式,每个等式左侧都是三项之和,直接展开后很容易发现每个等式都成立。例如当 $i=1$、$j=1$ 时,其等式为:

$$\delta_{1k}\delta_{k1}=\delta_{11}\delta_{11}+\delta_{12}\delta_{21}+\delta_{13}\delta_{31}=\delta_{11}$$

当 $i=1$、$j=2$ 时,其等式为:

$$\delta_{1k}\delta_{k2}=\delta_{11}\delta_{12}+\delta_{12}\delta_{22}+\delta_{13}\delta_{32}=0=\delta_{12}$$

以此类推。因此,克罗奈克尔符号把其他指标符号的哑标置换为另一个指标。类似的还有:

$$a_{ik}\delta_{kj}=a_{ij},a_{ij}\delta_{ij}=a_{ii},\delta_{ij}\delta_{jk}\delta_{kl}=\delta_{il}$$

用直接展开法容易证明以上各式。观察还可发现,如果等式含有一个自由指标,则展开后有 3 个等式;如果等式含有两个自由指标,则展开后有 9 个等式。

1.1.4　置换符号

为引进置换符号(Ricci 符号),考察笛卡尔坐标系中单位基矢量的叉积:

$$\boldsymbol{e}_1\times\boldsymbol{e}_2=-\boldsymbol{e}_2\times\boldsymbol{e}_1=\boldsymbol{e}_3$$

$$\boldsymbol{e}_2\times\boldsymbol{e}_3=-\boldsymbol{e}_3\times\boldsymbol{e}_2=\boldsymbol{e}_1$$

$$\boldsymbol{e}_3 \times \boldsymbol{e}_1 = -\boldsymbol{e}_1 \times \boldsymbol{e}_3 = \boldsymbol{e}_2$$

$$\boldsymbol{e}_1 \times \boldsymbol{e}_1 = \boldsymbol{e}_2 \times \boldsymbol{e}_2 = \boldsymbol{e}_3 \times \boldsymbol{e}_3 = \boldsymbol{0}$$

通过引进置换符号可以把以上 9 个等式统一写成：

$$\boldsymbol{e}_i \times \boldsymbol{e}_j = e_{ijk}\boldsymbol{e}_k \tag{1.1.4}$$

式中 e_{ijk}为引进的置换符号，其定义为：

$$e_{ijk} = \begin{cases} 1 & i,j,k \text{ 顺序排列} \\ -1 & i,j,k \text{ 逆序排列} \\ 0 & i,j,k \text{ 非序排列} \end{cases} \tag{1.1.5}$$

置换符号 e_{ijk}有 3 个自由指标，所以共有 27 个排列。置换符号 e_{ijk}的指标 i,j,k 不取相同值且按顺序排列（图 1.1），取值为 1，即 $e_{123}=e_{231}=e_{312}=1$。如果指标 i,j,k 不取相同值且按逆序排列，取值为 $e_{132}=e_{321}=e_{213}=-1$。如果指标 i,j,k 中有两个以上指标取相同值则为非序排列，置换符号取值为零。显然，顺序排列每置换一次，置换符号变号，对应着逆序排列；逆序排列的指标再置换一次，置换符号再次变号，又成为顺序排列。

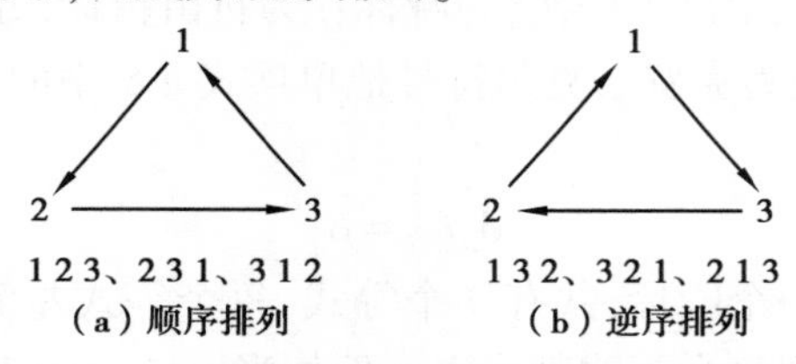

图 1.1　置换符号指标的顺序和逆序排列

利用克罗奈克尔符号和置换符号的定义，作混合积：

$$\boldsymbol{e}_i \cdot \boldsymbol{e}_j \times \boldsymbol{e}_k = \boldsymbol{e}_i \cdot e_{jkl}\boldsymbol{e}_l = e_{jkl}\delta_{il} = e_{jki} = e_{ijk} \tag{1.1.6}$$

上式最后一个等式利用了置换符号指标作顺序排列，不改变其值的性质。因此，置换符号 e_{ijk}可视为 3 个任意基矢量 $\boldsymbol{e}_i$、$\boldsymbol{e}_j$ 和 $\boldsymbol{e}_k$ 的混合积。置换符号虽有 27 个分量，但有 21 个分量为零，非零分量只有 6 个，其中 3 个分量为 1，3 个分量为−1。置换符号的重要性质在于任意两个指标调换都使置换符号变号，即置换符号有关于任意两个指标的反对称性质。利用置换符号的反对称性质，可以改写矩阵的行列式和矢量的叉积展开式为代数形式。

1.1.5　用置换符号表达行列式

下面利用置换符号表示行列式的展开式。令 a 为矩阵$[a_{ij}]$的行列式，且约定矩阵$[a_{ij}]$的第一个指标为行而第二个指标为列，行列式 a 可以写成：

$$a = \begin{vmatrix} a_{11} & a_{12} & a_{13} \\ a_{21} & a_{22} & a_{23} \\ a_{31} & a_{32} & a_{33} \end{vmatrix} \tag{1.1.7}$$

$$= a_{11}a_{22}a_{33} + a_{13}a_{21}a_{32} + a_{12}a_{23}a_{31}$$

$$- a_{13}a_{22}a_{31} - a_{11}a_{23}a_{32} - a_{12}a_{21}a_{33} = e_{ijk}a_{1i}a_{2j}a_{3k}$$

上式最后一个表达式有 3 个哑标,根据爱因斯坦求和约定共有 27 项之和,但展开后置换符号有 3 个为 1,3 个为-1,其余 21 个均为零,所以实际还是 6 项之和。最后一个等式右端矩阵元素的指标 1、2、3 代表行号,改写上式为:

$$e_{123}a = e_{ijk}a_{1i}a_{2j}a_{3k}$$

利用行列式两行互换变号的性质,把第 1 行和第 2 行互换,这时行列式成为:

$$e_{213}a = - a = \begin{vmatrix} a_{21} & a_{22} & a_{23} \\ a_{11} & a_{12} & a_{13} \\ a_{31} & a_{32} & a_{33} \end{vmatrix} = e_{ijk}a_{2i}a_{1j}a_{3k}$$

再把上式行列式的第 2、3 行换行又得到:

$$e_{231}a = a = \begin{vmatrix} a_{21} & a_{22} & a_{23} \\ a_{31} & a_{32} & a_{33} \\ a_{11} & a_{12} & a_{13} \end{vmatrix} = e_{ijk}a_{2i}a_{3j}a_{1k}$$

推广行列式换行变号以及两行相等时行列式为零的性质,得:

$$e_{lmn}a = e_{ijk}a_{li}a_{mj}a_{nk} = \begin{vmatrix} a_{l1} & a_{l2} & a_{l3} \\ a_{m1} & a_{m2} & a_{m3} \\ a_{n1} & a_{n2} & a_{n3} \end{vmatrix} \tag{1.1.8}$$

注意,上式左端置换符号的自由指标 l、m、n 与右端每个矩阵元素的行号完全一致。同理,利用行列式两列互换变号以及两列相等时行列式为零的性质,也可得到:

$$e_{ijk}a = e_{lmn}a_{li}a_{mj}a_{nk} = \begin{vmatrix} a_{1i} & a_{1j} & a_{1k} \\ a_{2i} & a_{2j} & a_{3k} \\ a_{3i} & a_{3j} & a_{3k} \end{vmatrix} \tag{1.1.9}$$

这时,上式左端置换符号的自由指标 i、j、k 与右端每个矩阵元素的列号保持一致。

利用爱因斯坦求和约定直接展开 $e_{lmn}e_{lmn}$,容易证明 $e_{lmn}e_{lmn} = 6$。利用式(1.1.8),得矩阵$[a_{ij}]$的行列式:

$$a = \frac{1}{6}e_{lmn}e_{lmn}a = \frac{1}{6}e_{lmn}e_{ijk}a_{li}a_{mj}a_{nk} \tag{1.1.10}$$

可以把行列式换行、换列以及任意两行或两列相等时的性质,均利用置换符号来表达。在式(1.1.9)中令矩阵$[a_{ij}]=[\delta_{ij}]$,注意矩阵$[\delta_{ij}]$的行列式值为1,展开成行列式的形式为:

$$e_{ijk} = e_{lmn}\delta_{li}\delta_{mj}\delta_{nk} = \begin{vmatrix} \delta_{1i} & \delta_{1j} & \delta_{1k} \\ \delta_{2i} & \delta_{2j} & \delta_{2k} \\ \delta_{3i} & \delta_{3j} & \delta_{3k} \end{vmatrix} \tag{1.1.11}$$

把式(1.1.8)和式(1.1.11)相乘,左边相乘得$e_{lmn}e_{ijk}a$,右边相乘得:

$$\begin{vmatrix} a_{l1} & a_{l2} & a_{l3} \\ a_{m1} & a_{m2} & a_{m3} \\ a_{n1} & a_{n2} & a_{n3} \end{vmatrix} \begin{vmatrix} \delta_{1i} & \delta_{1j} & \delta_{1k} \\ \delta_{2i} & \delta_{2j} & \delta_{2k} \\ \delta_{3i} & \delta_{3j} & \delta_{3k} \end{vmatrix} = \begin{vmatrix} a_{lp}\delta_{pi} & a_{lp}\delta_{pj} & a_{lp}\delta_{pk} \\ a_{mp}\delta_{pi} & a_{mp}\delta_{pj} & a_{mp}\delta_{pk} \\ a_{np}\delta_{pi} & a_{np}\delta_{pj} & a_{np}\delta_{pk} \end{vmatrix} = \begin{vmatrix} a_{li} & a_{lj} & a_{lk} \\ a_{mi} & a_{mj} & a_{mk} \\ a_{ni} & a_{nj} & a_{nk} \end{vmatrix}$$

则有:

$$e_{ijk}e_{lmn}a = \begin{vmatrix} a_{li} & a_{lj} & a_{lk} \\ a_{mi} & a_{mj} & a_{mk} \\ a_{ni} & a_{nj} & a_{nk} \end{vmatrix} \tag{1.1.12}$$

由于有6个自由指标,上式表示有27×27个等式。

张量的表达和运算中引进了两个重要符号,即克罗奈克尔符号和置换符号,它们之间存在一些非常有用的关系。观察式(1.1.12),如果a为单位矩阵$[\delta_{ij}]$的行列式,则有:

$$e_{ijk}e_{lmn} = \begin{vmatrix} \delta_{il} & \delta_{im} & \delta_{in} \\ \delta_{jl} & \delta_{jm} & \delta_{jn} \\ \delta_{kl} & \delta_{km} & \delta_{kn} \end{vmatrix} \tag{1.1.13}$$

置换符号的第3个指标为哑标时,容易得到:

$$e_{ijk}e_{lmk} = \begin{vmatrix} \delta_{il} & \delta_{im} & \delta_{ik} \\ \delta_{jl} & \delta_{jm} & \delta_{jk} \\ \delta_{kl} & \delta_{km} & \delta_{kk} \end{vmatrix} = \delta_{il}\delta_{jm} - \delta_{im}\delta_{jl} \tag{1.1.14}$$

上式的左端有4个自由指标,右端是取这4个自由指标的排列顺序按照"前前后后-内内外外"的规则可得。由上式推论:

$$e_{ijl}e_{ijm} = 2\delta_{lm} \tag{1.1.15}$$

$$e_{ijk}e_{ijk} = 2\delta_{kk} = 6 \tag{1.1.16}$$

1.1.6　用置换符号表示矢量叉积

置换符号还可用于表示矢量叉积的展开式。令 3 个矢量的关系为 $\boldsymbol{c}=\boldsymbol{a}\times\boldsymbol{b}$,每个矢量用基矢量表示为:$\boldsymbol{a}=a_i\boldsymbol{e}_i,\boldsymbol{b}=b_j\boldsymbol{e}_j,\boldsymbol{c}=c_k\boldsymbol{e}_k$。根据矢量的叉积公式,其行列式表示为:

$$\boldsymbol{c}=\boldsymbol{a}\times\boldsymbol{b}=\begin{vmatrix}\boldsymbol{e}_1 & \boldsymbol{e}_2 & \boldsymbol{e}_3\\ a_1 & a_2 & a_3\\ b_1 & b_2 & b_3\end{vmatrix}\tag{1.1.17}$$

利用置换符号,容易推得叉积的解析形式为:

$$\boldsymbol{c}=\boldsymbol{a}\times\boldsymbol{b}=a_i\boldsymbol{e}_i\times b_j\boldsymbol{e}_j=a_ib_je_{ijk}\boldsymbol{e}_k\tag{1.1.18}$$

其中矢量 $\boldsymbol{c}$ 的分量为 $c_k=a_ib_je_{ijk}$。若对 3 个分量逐一展开,会更习惯这样的表达。

习　题

1.举例说明矢量、矢量点积、矢量叉积的数学表达及其物理意义。

2.求矢量 $\boldsymbol{a}=2\boldsymbol{e}_1+2\boldsymbol{e}_2-\boldsymbol{e}_3$ 和 $\boldsymbol{b}=6\boldsymbol{e}_1-3\boldsymbol{e}_2+2\boldsymbol{e}_3$ 之间的夹角。

3.利用爱因斯坦求和约定,把下列表达式表示为指标符号的形式:

(1) $a_1b_1+a_2b_2+a_3b_3$;

(2) $\boldsymbol{u}=u_x\boldsymbol{e}_x+u_y\boldsymbol{e}_y+u_z\boldsymbol{e}_z$,这里 $\boldsymbol{u}$ 为矢量;

(3) $I_1=\sigma_{xx}+\sigma_{yy}+\sigma_{zz}$;

(4) $\mathrm{d}\phi=\dfrac{\partial\phi}{\partial x}\mathrm{d}x+\dfrac{\partial\phi}{\partial y}\mathrm{d}y+\dfrac{\partial\phi}{\partial z}\mathrm{d}z$。

4.计算:

(1) $\delta_{ij}\delta_{ij}$;(2) $\delta_{ij}\delta_{jk}\delta_{ki}$;(3) $\delta_{ij}\delta_{ik}$;(4) $\delta_{ij}e_{ijk}$;(5) $a_i\delta_{ij}$;(6) $a_{ik}\delta_{kj}$;(7) $a_{ij}\delta_{ij}$。

5.证明:

(1) $e_{ijk}e_{ijk}=6$;

(2)令 $\boldsymbol{a}$ 为矢量,$\boldsymbol{a}\times\boldsymbol{a}=\boldsymbol{0}$。

6.证明恒等式:

$$e_{ijk}e_{lmn}a=\begin{vmatrix}a_{li} & a_{lj} & a_{lk}\\ a_{mi} & a_{mj} & a_{mk}\\ a_{ni} & a_{nj} & a_{nk}\end{vmatrix}。$$

7.设有 3 个非共面的矢量 $\boldsymbol{a},\boldsymbol{b},\boldsymbol{c}$，混合积也表示为$[\boldsymbol{a},\boldsymbol{b},\boldsymbol{c}]=\boldsymbol{a}\cdot(\boldsymbol{b}\times\boldsymbol{c})$。请使用置换符号表达混合积，给出混合积的矩阵形式，并解释混合积的几何意义。

1.2 坐标变换

坐标变换是由一个直角坐标系变为另一个直角坐标系。这种变换，可通过对原坐标系的平移、旋转、反射来达到。坐标系平移不改变基矢量的大小和方向，无需研究这类变换。坐标系的反射变换，则是把右手系变为左手系。讨论笛卡尔张量时，只须考虑坐标系绕原点的旋转变换，除非明确指出，都约定变换前后为右手系。

1.2.1 坐标变换系数与基矢量间的转换关系

取空间一点 O 为坐标原点，过 O 点取 3 个互相垂直的单位矢量 $\boldsymbol{e}_1$、$\boldsymbol{e}_2$、$\boldsymbol{e}_3$ 为坐标系的基矢量，建立笛卡尔坐标系。将该坐标系绕原点 O 旋转，得到一个新坐标系，新坐标系的基矢量为 $\boldsymbol{e}_{1'}$、$\boldsymbol{e}_{2'}$、$\boldsymbol{e}_{3'}$，如图 1.2 所示。由于空间中每一个矢量都可表示成坐标系基矢量的线性组合，因此新坐标系的基矢量可写成：

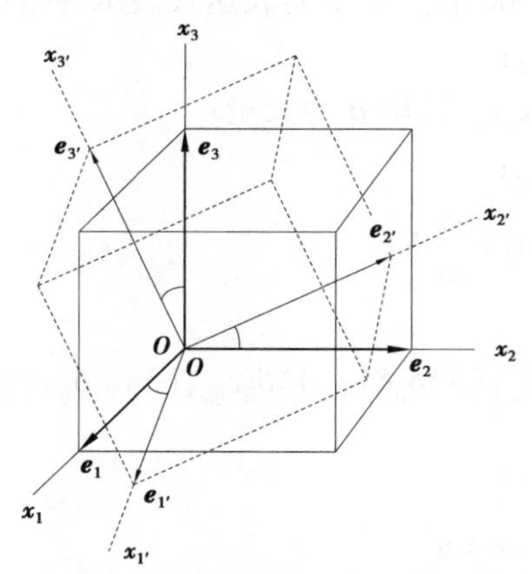

图 1.2　笛卡尔坐标系绕原点的旋转变换

$$
\begin{aligned}
\boldsymbol{e}_{1'} &= \alpha_{1'1}\boldsymbol{e}_1 + \alpha_{1'2}\boldsymbol{e}_2 + \alpha_{1'3}\boldsymbol{e}_3 \\
\boldsymbol{e}_{2'} &= \alpha_{2'1}\boldsymbol{e}_1 + \alpha_{2'2}\boldsymbol{e}_2 + \alpha_{2'3}\boldsymbol{e}_3 \\
\boldsymbol{e}_{3'} &= \alpha_{3'1}\boldsymbol{e}_1 + \alpha_{3'2}\boldsymbol{e}_2 + \alpha_{3'3}\boldsymbol{e}_3
\end{aligned}
\tag{1.2.1}
$$

上式可以统一写成：

$$\boldsymbol{e}_{i'} = \alpha_{i'j}\boldsymbol{e}_j \tag{1.2.2}$$

这里 $\alpha_{i'j}$ 是新坐标系基矢量的分量，也决定了新坐标系对旧坐标系的旋转变换程度，称为坐标变换系数。为了确定变换系数，用 $\boldsymbol{e}_k$ 同时点乘上式，有：

$$\boldsymbol{e}_{i'} \cdot \boldsymbol{e}_k = \alpha_{i'j}\boldsymbol{e}_j \cdot \boldsymbol{e}_k = \alpha_{i'j}\delta_{jk} = \alpha_{i'k} \tag{1.2.3}$$

由于基矢量都是单位矢量，所以变换系数的每个元素是相应的新、旧坐标系基矢量夹角的方向余弦。为避免混淆，规定变换系数带撇号的指标总是第一个指标。还可以把旧坐标系向新坐标系的变换写成矩阵形式：

$$\begin{Bmatrix} \boldsymbol{e}_{1'} \\ \boldsymbol{e}_{2'} \\ \boldsymbol{e}_{3'} \end{Bmatrix} = \begin{bmatrix} \alpha_{1'1} & \alpha_{1'2} & \alpha_{1'3} \\ \alpha_{2'1} & \alpha_{2'2} & \alpha_{2'3} \\ \alpha_{3'1} & \alpha_{3'2} & \alpha_{3'3} \end{bmatrix} \begin{Bmatrix} \boldsymbol{e}_1 \\ \boldsymbol{e}_2 \\ \boldsymbol{e}_3 \end{Bmatrix} \tag{1.2.4}$$

再考察新坐标系两个基矢量的点积：

$$\boldsymbol{e}_{i'} \cdot \boldsymbol{e}_{j'} = \alpha_{i'k}\alpha_{j'l}\boldsymbol{e}_k \cdot \boldsymbol{e}_l = \alpha_{i'k}\alpha_{j'l}\delta_{kl} = \alpha_{i'k}\alpha_{j'k} = \delta_{i'j'} \tag{1.2.5}$$

变换系数矩阵的 9 个元素并不完全独立，为了清楚起见，将式(1.2.5)的最后一个等式展开为矩阵形式：

$$\begin{bmatrix} \alpha_{1'1} & \alpha_{1'2} & \alpha_{1'3} \\ \alpha_{2'1} & \alpha_{2'2} & \alpha_{2'3} \\ \alpha_{3'1} & \alpha_{3'2} & \alpha_{3'3} \end{bmatrix} \begin{bmatrix} \alpha_{1'1} & \alpha_{2'1} & \alpha_{3'1} \\ \alpha_{1'2} & \alpha_{2'2} & \alpha_{3'2} \\ \alpha_{1'3} & \alpha_{2'3} & \alpha_{3'3} \end{bmatrix} = \begin{bmatrix} 1 & 0 & 0 \\ 0 & 1 & 0 \\ 0 & 0 & 1 \end{bmatrix} \tag{1.2.6}$$

显然，变换系数矩阵为正交矩阵，正交矩阵的每行元素的平方和等于 1，两行对应元素的乘积之和等于 0；9 个元素之间存在 6 个关系式，所以独立的元素只有 3 个。

正交矩阵的逆阵为其转置矩阵，记为：$[\alpha_{i'j}]^{-1} = [\alpha_{i'j}]^{\mathrm{T}}$。根据式(1.2.2)，得旧坐标系的基矢量在新坐标系的分解式：

$$\boldsymbol{e}_i = \alpha_{k'i}\boldsymbol{e}_{k'} \tag{1.2.7}$$

此时，变换系数 $\alpha_{k'i}$ 展开其对应的矩阵形式为：

$$\begin{Bmatrix} \boldsymbol{e}_1 \\ \boldsymbol{e}_2 \\ \boldsymbol{e}_3 \end{Bmatrix} = \begin{bmatrix} \alpha_{1'1} & \alpha_{2'1} & \alpha_{3'1} \\ \alpha_{1'2} & \alpha_{2'2} & \alpha_{3'2} \\ \alpha_{1'3} & \alpha_{2'3} & \alpha_{3'3} \end{bmatrix} \begin{Bmatrix} \boldsymbol{e}_{1'} \\ \boldsymbol{e}_{2'} \\ \boldsymbol{e}_{3'} \end{Bmatrix} \tag{1.2.8}$$

比较式(1.2.4)和式(1.2.8)，新坐标系向旧坐标系的变换系数矩阵是旧坐标系向新坐标系变换系数矩阵的转置。同理，利用基矢量的关系式容易得到：

$$\boldsymbol{e}_i \cdot \boldsymbol{e}_j = \alpha_{k'i}\boldsymbol{e}_{k'} \cdot \alpha_{l'j}\boldsymbol{e}_{l'} = \alpha_{k'i}\alpha_{l'j}\delta_{k'l'} = \alpha_{k'i}\alpha_{k'j} = \delta_{ij} \tag{1.2.9}$$

上式的最后一个等式相当于把式(1.2.6)左端两个矩阵交换位置。旋转变换下新坐标系依然保持右手系，把基矢量代入后简单运算，注意到以 3 个基矢量

为棱的六面体的体积为1,有:

$$\boldsymbol{e}_{1'} \cdot \boldsymbol{e}_{2'} \times \boldsymbol{e}_{3'} = \alpha_{1'i}\boldsymbol{e}_i \cdot \alpha_{2'j}\boldsymbol{e}_j \times \alpha_{3'k}\boldsymbol{e}_k = e_{ijk}\alpha_{1'i}\alpha_{2'j}\alpha_{3'k}$$

$$= \begin{vmatrix} \alpha_{1'1} & \alpha_{1'2} & \alpha_{1'3} \\ \alpha_{2'1} & \alpha_{2'2} & \alpha_{2'3} \\ \alpha_{3'1} & \alpha_{3'2} & \alpha_{3'3} \end{vmatrix} = 1 \tag{1.2.10}$$

所以变换系数矩阵的行列式等于 1。在反射变换情况时,新坐标系为左手系,此时变换系数矩阵的行列式为-1。

1.2.2 矢量分量的坐标变换关系

现在考虑当坐标系进行旋转变换时,任意矢量 $\boldsymbol{p}$ 的分量 p_i 所服从的变换规律。对于同一个矢量 $\boldsymbol{p}$,它在原、新坐标系中分别表示为:

$$\boldsymbol{p} = p_{k'}\boldsymbol{e}_{k'}\,,\ \boldsymbol{p} = p_k\boldsymbol{e}_k \tag{1.2.11}$$

对以上两式的两边都点乘 $\boldsymbol{e}_{i'}$ 有:

$$\boldsymbol{p} \cdot \boldsymbol{e}_{i'} = p_{k'}\boldsymbol{e}_{k'} \cdot \boldsymbol{e}_{i'} = p_{k'}\delta_{k'i'} = p_{i'} \tag{1.2.12}$$

$$\boldsymbol{p} \cdot \boldsymbol{e}_{i'} = p_k\boldsymbol{e}_k \cdot \boldsymbol{e}_{i'} = p_k\alpha_{i'k} \tag{1.2.13}$$

观察上述两个等式的左端,立即得:

$$p_{i'} = \alpha_{i'k}p_k \tag{1.2.14}$$

若用 $\boldsymbol{e}_i$ 点乘矢量 $\boldsymbol{p}$ 在新旧坐标系的两个形式,则有:

$$\boldsymbol{p} \cdot \boldsymbol{e}_i = p_{k'}\boldsymbol{e}_{k'} \cdot \boldsymbol{e}_i = p_{k'}\alpha_{k'i} \tag{1.2.15}$$

$$\boldsymbol{p} \cdot \boldsymbol{e}_i = p_k\boldsymbol{e}_k \cdot \boldsymbol{e}_i = p_k\delta_{ki} = p_i \tag{1.2.16}$$

所以也有:

$$p_i = \alpha_{k'i}p_{k'} \tag{1.2.17}$$

观察发现,新旧坐标系之间矢量分量的变换关系与基矢量的变换规律是相同的,这意味着新旧坐标系的相对位置一旦确定,容易得到矢量分量的坐标变换关系。

习　题

1.令笛卡尔直角坐标系分别绕 x,y,z 轴转动了 α,β,γ 角。

(1)分别给出坐标系 3 种定轴转动的坐标变换系数;

(2)分别给出 3 种定轴转动下,转动前后基矢量的关系;

(3)若矢量 $\boldsymbol{u}=u_i\boldsymbol{e}_i$,分别给出 3 种定轴转动下矢量分量的坐标变换关系。

2. 笛卡尔坐标系经定点旋转变换后变为一新的笛卡尔坐标系，其变换系数包括 9 个参量。证明旋转变换系数构成的矩阵为正交矩阵，且该正交矩阵只有 3 个独立参量。

3. 在笛卡尔坐标系下，令任意两个矢量 $\boldsymbol{a}$ 和 $\boldsymbol{b}$ 的叉积为矢量 $\boldsymbol{c}$，给出矢量叉积的实体形式，解释两个矢量叉积的几何意义，分别写出矢量 $\boldsymbol{c}$ 的 3 个分量表达式。

1.3　笛卡尔张量

1.3.1　矢量或一阶张量

矢量在物理意义上与坐标系的选择无关，但在具体处理矢量时，矢量的分量与坐标系的选择有关。当坐标系发生旋转变换时，矢量的分量服从固定的变换规律而整体保持坐标变换的不变性，由此给出矢量的新定义。

在三维空间中，当笛卡尔坐标系发生旋转变换，我们已经熟悉基矢量的变换关系，并且在上一节已经看到矢量分量的坐标变换关系。如果一组 3 个有序数在新旧坐标系服从矢量分量那样的变换关系，则定义这样 3 个数的集合为矢量。在数学意义上，这个定义关注一组 3 个数的坐标变换关系，而不只是这组数的集合的物理意义。考察下式：

$$\boldsymbol{p} = p_{i'}\boldsymbol{e}_{i'} = \alpha_{i'j}p_j\alpha_{i'k}\boldsymbol{e}_k = \alpha_{i'j}\alpha_{i'k}p_j\boldsymbol{e}_k = \delta_{jk}p_j\boldsymbol{e}_k = p_k\boldsymbol{e}_k \tag{1.3.1}$$

上式证明 3 个分量 p_1、p_2、p_3 和分量 $p_{1'}$、$p_{2'}$、$p_{3'}$ 所确定的是完全相同的一个矢量，这里强调了矢量坐标变换下的不变性。每组分量都唯一决定了该矢量的大小和方向，这个解析定义与原来矢量的概念是等价的。矢量分量有一个自由指标，这样的矢量称为一阶张量。

1.3.2　二阶张量以及高阶张量

在三维空间中，当坐标系发生变换时，一组 9 个有序数的集合 T_{ij} 遵照以下转换关系进行变换：

$$T_{i'j'} = \alpha_{i'i}\alpha_{j'j}T_{ij} \tag{1.3.2}$$

则这 9 个有序数的集合称为二阶张量，其中的每个元素称为二阶张量的分量，用两个自由指标的符号表示。二阶张量有两个自由指标，所以需要借助坐标变换系数进行两次坐标变换。二阶张量是最常用的一个张量，例如弹性力学中的应力张量、应变张量,刚体力学中的转动惯性张量,这些张量在概念上突出了它们的力学属性,而这里张量的数学概念是定义了一组有序数在坐标变换时满足一定的转换关系,强调张量坐标变换的不变性。

二阶张量是矢量的自然推广。考察任意两个矢量 $\boldsymbol{a}$ 和 $\boldsymbol{b}$,它们在旧、新坐标系中的分量分别为 a_i 和 b_i 以及 $a_{i'}$ 和 $b_{i'}$,引进两个矢量之间的一种新的乘积,这种新的乘积定义为:

$$c_{ij} = a_i b_j, c_{i'j'} = a_{i'} b_{j'} \tag{1.3.3}$$

这里 c_{ij} 和 $c_{i'j'}$ 代表乘积结果。两个矢量的乘法运算原来有点积和叉积,分别得到一个标量和一个矢量(3 个分量),而式(1.3.3)引进了一种新的矢量乘法运算,称为并矢、并乘或张量积。由于矢量的并矢含有两个自由指标,就有 9 个分量,所以并矢既不是标量也不是矢量,事实上,它是一个二阶张量,是对矢量的一种扩展。利用矢量的变换规则,有:

$$c_{i'j'} = a_{i'} b_{j'} = \alpha_{i'i}\alpha_{j'j} a_i b_j = \alpha_{i'i}\alpha_{j'j} c_{ij} \tag{1.3.4}$$

上式表明并矢是二阶张量,类似地,也可求得:

$$c_{ij} = a_i b_j = \alpha_{i'i}\alpha_{j'j} a_{i'} b_{j'} = \alpha_{i'i}\alpha_{j'j} c_{i'j'} \tag{1.3.5}$$

仿照二阶张量的定义,可以推广定义二阶以上的高阶张量。例如,在三维空间中,当坐标系发生变换时,三阶张量 T_{ijk} 的分量变换规则是:

$$T_{i'j'k'} = \alpha_{i'i}\alpha_{j'j}\alpha_{k'k} T_{ijk} \tag{1.3.6}$$

或存在反变换:

$$T_{ijk} = \alpha_{i'i}\alpha_{j'j}\alpha_{k'k} T_{i'j'k'} \tag{1.3.7}$$

则满足这种关系的有序数的集合为三阶张量。显然,3 个矢量的并矢 $a_i b_j c_k$ 是三阶张量,共有 27 个分量。一般地,在三维空间中,r 阶张量有 r 个自由指标,共有 3^r 个分量。

1.3.3　商法则

确定一组数的集合是否为张量可以根据张量的定义。确定张量的另一种方法,称为商法则,下面以二阶张量为例说明商法则。若 9 个分量 T_{ij} 与任何一个矢量 $\boldsymbol{b}$ 按一对指标求和后能构成另一个矢量 $\boldsymbol{c}$,即

$$c_i = T_{ij} b_j \tag{1.3.8}$$

则 9 个分量 T_{ij} 的集合必为一个二阶张量。证明如下,根据假设,在新坐标系中,上式依然成立:

$$c_{i'} = T_{i'j'} b_{j'} \tag{1.3.9}$$

另外,已知 $\boldsymbol{b}$ 和 $\boldsymbol{c}$ 均为矢量,必满足坐标变换关系,所以有:

$$c_{i'} = \alpha_{i'j}c_j = \alpha_{i'j}T_{jk}b_k = \alpha_{i'j}\alpha_{j'k}T_{jk}b_{j'} \tag{1.3.10}$$

将两式相减得：

$$(T_{i'j'} - \alpha_{i'j}\alpha_{j'k}T_{jk})b_{j'} = 0 \tag{1.3.11}$$

上式中有一个自由指标，代表 3 个等式，由于 $b_{j'}$ 的任意性，易得：

$$T_{i'j'} = \alpha_{i'j}\alpha_{j'k}T_{jk} \tag{1.3.12}$$

这说明 T_{ij} 是一个二阶张量。类似的证明可以推广商法则到高阶张量，例如，若 c_{ij} 为二阶张量，b_k 为一阶张量，当式：

$$c_{ij} = a_{ijk}b_k \tag{1.3.13}$$

成立，则 a_{ijk} 必是一个三阶张量。

由于上面定义张量的前提是在笛卡尔直角坐标系之间变换，这种张量称为笛卡尔张量。我们看到，张量的阶数就是指标的个数，矢量称为一阶张量，标量没有自由指标，称为零阶张量。

1.3.4　张量的实体记法

对于张量的表示，除了上面已经采用的分量记法外，还采用张量的实体记法。与矢量类似，可以把张量表示成各个分量与基张量的组合，例如二阶张量可以表示为：

$$\boldsymbol{T} = T_{ij}\boldsymbol{e}_i\boldsymbol{e}_j \tag{1.3.14}$$

注意上式中的 $\boldsymbol{e}_i\boldsymbol{e}_j$ 是两个基矢量的并矢，称为二阶基张量。前面提到的两个矢量并矢可表示为：

$$\boldsymbol{ab} = a_ib_j\boldsymbol{e}_i\boldsymbol{e}_j \tag{1.3.15}$$

上式更清晰地表达了二阶张量是矢量的推广，其中 a_ib_j 为两个矢量分量的数量积而 $\boldsymbol{e}_i\boldsymbol{e}_j$ 为基矢量组成的张量积。当坐标变换时，张量实体不因坐标变换而变化，即张量实体是坐标变换的不变式，从而构成一个与坐标系无关的张量实体，这是物理规律在不同坐标系成立的逻辑要求。如对二阶张量，容易证明：

$$\boldsymbol{T} = T_{i'j'}\boldsymbol{e}_{i'}\boldsymbol{e}_{j'} = T_{ij}\boldsymbol{e}_i\boldsymbol{e}_j \tag{1.3.16}$$

联系基矢量的坐标变换关系，上式与二阶张量分量的坐标变换关系完全等价。张量的实体记法实际是张量分量的数量与确定该数量的坐标系基张量的组合。

两个矢量的并矢也表示为 $\boldsymbol{a}\otimes\boldsymbol{b}$，通常为简化记法直接写成 $\boldsymbol{ab}$。两个矢量的并矢并非纯粹的数学推广，这种表达在几何和物理上都有明确的应用。譬如，我们熟悉的应力张量 $\boldsymbol{\sigma}$，是在介质内任一点任取一个面元，把面元法线 $\boldsymbol{n}$ 与作用于该面元上的均布力 $\boldsymbol{f}$ 组成并矢 $\boldsymbol{nf}$，就代表该点的应力，该点的应力为二阶张量。

1.3.5 二阶单位张量和置换张量

现在考察一下前面引进的两个重要符号:克罗奈克尔符号和置换符号。根据定义有:

$$\delta_{ij}\alpha_{i'i}\alpha_{j'j} = \alpha_{i'j}\alpha_{j'j} = \delta_{i'j'} \tag{1.3.17}$$

即克罗奈克尔符号 δ_{ij} 服从坐标转换关系,所以克罗奈克尔符号 δ_{ij} 是一个二阶张量。因为只有 $i=j$ 时的元素为 1,其余均为零,称为二阶单位张量。由于它的各个分量在坐标变换时保持不变,所以是二阶不变张量。二阶单位张量的实体形式表示为:

$$\boldsymbol{I} = \delta_{ij}\boldsymbol{e}_i\boldsymbol{e}_j = \boldsymbol{e}_i\boldsymbol{e}_i \tag{1.3.18}$$

置换符号则是一个三阶张量。注意到坐标变换系数形成一个正交矩阵,参考式(1.1.8),利用矩阵的行列式展开形式以及行列式值为 1 的性质,立即写出:

$$\alpha_{i'i}\alpha_{j'j}\alpha_{k'k}e_{ijk} = e_{i'j'k'} \tag{1.3.19}$$

所以置换符号满足坐标转换关系,为三阶张量。在坐标旋转变换时,e_{ijk} 的各个分量保持不变,置换张量为三阶不变张量。三阶置换张量的实体形式表示为:

$$\boldsymbol{e} = e_{ijk}\boldsymbol{e}_i\boldsymbol{e}_j\boldsymbol{e}_k \tag{1.3.20}$$

如果考察矢量 $\boldsymbol{a}$ 和 $\boldsymbol{b}$ 的叉积 $\boldsymbol{c}=\boldsymbol{a}\times\boldsymbol{b}$ 的分量形式,则有 $c_i = e_{ijk}a_jb_k$,联系并矢概念和商法则,也证明置换符号是三阶张量。

习 题

1.写出笛卡尔坐标系下二阶张量的坐标变换规律,以二阶笛卡尔张量为例说明张量实体的坐标变换的不变性。

2.三维空间下的应力状态为:

$$[\sigma_{ij}] = \begin{bmatrix} \sigma_{xx} & \sigma_{xy} & 0 \\ \sigma_{xy} & \sigma_{yy} & 0 \\ 0 & 0 & 0 \end{bmatrix}$$

令坐标系绕 z 轴转动 α 角。

(1)给出坐标变换系数;

(2)写出转动后各个应力张量分量的表达式;

(3)证明该应力张量的实体不变性。

3.若新坐标系$\{x_{i'}\}$是绕x_3逆时针方向旋转θ角而得到的,

(1)以矩阵形式给出变换系数$\alpha_{i'j}$;

(2)给出新坐标系关于原坐标系基矢量的三个基矢量;

(3)求矢量$\boldsymbol{u}=u_i\boldsymbol{e}_i$在新坐标系中的分量;

(4)求二阶张量$\boldsymbol{T}=3\boldsymbol{e}_1\boldsymbol{e}_1+2\boldsymbol{e}_2\boldsymbol{e}_2-\boldsymbol{e}_2\boldsymbol{e}_3+5\boldsymbol{e}_3\boldsymbol{e}_3$在新坐标系中的实体展开式。

4.在笛卡尔坐标系下,利用坐标变换关系,证明克罗奈克尔符号是一个二阶张量,且为二阶单位张量,给出二阶单位张量$\boldsymbol{I}$的实体形式。

5.在笛卡尔坐标系下,

(1)证明置换符号e_{ijk}可表为三个任意基矢量$\boldsymbol{e}_i$、$\boldsymbol{e}_j$、$\boldsymbol{e}_k$的混合积;

(2)利用坐标变换系数$\alpha_{i'j}$的行列式展开式及其变行时的性质,说明置换符号是一个三阶不变张量;

(3)写出置换张量的实体展开式。

6.线弹性体的本构关系在笛卡尔坐标系中可写为$\sigma_{ij}=E_{ijkl}\varepsilon_{kl}$,其中应力$\sigma_{ij}$和应变$\varepsilon_{ij}$均为二阶张量,试证明弹性模量$E_{ijkl}$为四阶张量。

7.尝试查阅资料,举例说明两个矢量并矢的几何或物理意义。

1.4　张量代数

张量代数指张量的加、减、乘、除等运算,张量减法就是其加法,前面提到的商法则可视为张量的除法运算,因此这里主要讨论加法和乘法运算。如果不特别指明,约定张量的运算都是关于一个笛卡尔坐标系下的运算。

1.4.1　张量加法

张量加法必须在同阶张量之间进行,两个张量相加就是各个分量相加,其和是同阶张量,例如两个二阶张量a_{ij}和b_{ij}之和:

$$c_{ij}=a_{ij}+b_{ij} \tag{1.4.1}$$

容易证明c_{ij}仍是二阶张量。

1.4.2　张量并乘

张量的乘法略为复杂,包括并乘、缩并、点乘、叉乘等代数运算。前面介绍过两个矢量的并矢是二阶张量,其实就是矢量并乘。张量的并乘是矢量并

乘的自然推广,也称为张量积。以两个张量 a_{ij} 和 b_{klm} 的并乘为例说明张量的并乘,定义为:

$$a_{ij}b_{klm} = c_{ijklm} \tag{1.4.2}$$

所以一个二阶张量与一个三阶张量并乘得到一个五阶张量,即并乘张量的阶数为因子张量阶数之和,并乘的实体形式可表示为 $\boldsymbol{c}=\boldsymbol{ab}$ 或 $\boldsymbol{c}=\boldsymbol{a}\otimes\boldsymbol{b}$。

1.4.3 张量缩并

张量的另一种乘法称缩并,缩并和并乘的不同在于它不是在张量之间,而是在一个张量本身中进行的。二阶和二阶以上的张量缩并,就是对张量的某两个指定的指标求和。设有三阶张量 T_{ijk},在新旧坐标系中满足:

$$T_{i'j'k'} = \alpha_{i'i}\alpha_{j'j}\alpha_{k'k}T_{ijk} \tag{1.4.3}$$

对后两个指标缩并,就是令 $j=k$,缩并后得 T_{ijj}。进行坐标变换后也令 $j'=k'$,利用变换系数的正交性质,则上式成为:

$$T_{i'j'j'} = \alpha_{i'i}\alpha_{j'j}\alpha_{j'k}T_{ijk} = \alpha_{i'i}\delta_{jk}T_{ijk} = \alpha_{i'i}T_{ijj} \tag{1.4.4}$$

说明缩并后的 T_{ijj} 为一阶张量。因此,张量缩并后仍为张量,其阶数比原张量阶数减 2。二阶张量缩并后成为标量,例如变形体内一点的内力为应力张量 σ_{ij},缩并后为标量 σ_{ii}。

1.4.4 张量点乘

张量的第三种乘法运算是点乘,点乘是两个张量先并乘再缩并的运算。概念上,张量点乘是矢量点积的推广。张量的点乘运算也须指明对哪对指标进行缩并,两个张量点乘后会得到一个新的张量。以二阶张量 a_{ij} 和三阶张量 b_{ijk} 的点乘为例,并乘后得 $a_{ij}b_{klm}=c_{ijklm}$,对第 2 和第 3 个指标缩并,得三阶张量 d_{ilm}:

$$a_{ij}b_{jlm} = c_{ijjlm} = d_{ilm} \tag{1.4.5}$$

如果在两个张量并乘后再进行两次缩并,则称为双点积。张量有两种双点积,采用实体记法更方便一些,并联式双点积定义为:

$$\begin{aligned} \boldsymbol{p} &= \boldsymbol{a} : \boldsymbol{b} = a_{ij}\boldsymbol{e}_i\boldsymbol{e}_j : b_{klm}\boldsymbol{e}_k\boldsymbol{e}_l\boldsymbol{e}_m \\ &= a_{ij}b_{klm}(\boldsymbol{e}_i \cdot \boldsymbol{e}_k)(\boldsymbol{e}_j \cdot \boldsymbol{e}_l)\boldsymbol{e}_m = a_{ij}b_{ijm}\boldsymbol{e}_m \end{aligned} \tag{1.4.6}$$

这是对两组基张量执行前前后后的点积运算。张量串联式双点积为:

$$\begin{aligned} \boldsymbol{q} &= \boldsymbol{a} \cdot\cdot\, \boldsymbol{b} = a_{ij}\boldsymbol{e}_i\boldsymbol{e}_j \cdot\cdot\, b_{klm}\boldsymbol{e}_k\boldsymbol{e}_l\boldsymbol{e}_m \\ &= a_{ij}b_{klm}(\boldsymbol{e}_j \cdot \boldsymbol{e}_k)(\boldsymbol{e}_i \cdot \boldsymbol{e}_l)\boldsymbol{e}_m = a_{ij}b_{jim}\boldsymbol{e}_m \end{aligned} \tag{1.4.7}$$

这是对相邻基矢量执行两次点积运算。显然,双点积结果 $\boldsymbol{p}$ 和 $\boldsymbol{q}$ 并不是相同的一阶张量。

1.4.5　张量叉乘

张量的第四种乘法运算为叉乘,从概念上可看成是矢量叉乘的推广。两个张量叉乘后得到一个新的张量,以二阶张量 a_{ij} 和另一个二阶张量 b_{ij} 的叉乘为例,采用实体记法:

$$\boldsymbol{c} = \boldsymbol{a} \times \boldsymbol{b} = a_{ij}\boldsymbol{e}_i\boldsymbol{e}_j \times b_{kl}\boldsymbol{e}_k\boldsymbol{e}_l = a_{ij}b_{kl}e_{jkm}\boldsymbol{e}_i\boldsymbol{e}_m\boldsymbol{e}_l \tag{1.4.8}$$

所以两个二阶张量叉乘后得到一个三阶张量。张量叉乘是指对相邻基矢量执行叉乘运算,而并矢意义的基矢量的顺序不可调换。矢量的二重叉乘会经常碰到,令 $\boldsymbol{a}$、$\boldsymbol{b}$、$\boldsymbol{c}$ 为 3 个矢量,两种形式的叉积分别为:

$$\begin{aligned}\boldsymbol{a} \times (\boldsymbol{b} \times \boldsymbol{c}) &= a_i\boldsymbol{e}_i \times (b_j\boldsymbol{e}_j \times c_k\boldsymbol{e}_k) = a_i\boldsymbol{e}_i \times (b_jc_ke_{jkl}\boldsymbol{e}_l) \\ &= a_ib_jc_ke_{jkl}e_{ilm}\boldsymbol{e}_m = a_ib_jc_k(\delta_{jm}\delta_{ki} - \delta_{ji}\delta_{km})\boldsymbol{e}_m \\ &= a_ic_ib_m\boldsymbol{e}_m - a_ib_ic_m\boldsymbol{e}_m \\ &= (\boldsymbol{a} \cdot \boldsymbol{c})\boldsymbol{b} - (\boldsymbol{a} \cdot \boldsymbol{b})\boldsymbol{c}\end{aligned} \tag{1.4.9}$$

$$\begin{aligned}(\boldsymbol{a} \times \boldsymbol{b}) \times \boldsymbol{c} &= (a_i\boldsymbol{e}_i \times b_j\boldsymbol{e}_j) \times c_k\boldsymbol{e}_k = a_ib_je_{ijl}\boldsymbol{e}_l \times c_k\boldsymbol{e}_k \\ &= a_ib_jc_ke_{ijl}e_{lkm}\boldsymbol{e}_m = a_ib_jc_k(\delta_{ik}\delta_{jm} - \delta_{im}\delta_{jk})\boldsymbol{e}_m \\ &= a_ic_ib_m\boldsymbol{e}_m - b_kc_ka_m\boldsymbol{e}_m \\ &= (\boldsymbol{a} \cdot \boldsymbol{c})\boldsymbol{b} - (\boldsymbol{b} \cdot \boldsymbol{c})\boldsymbol{a}\end{aligned} \tag{1.4.10}$$

1.4.6　张量转置

张量还有一种运算为转置运算。对二阶及以上的高阶张量,如果保持基张量的排列顺序不变,而对调张量分量两个指标的顺序,则所得同阶张量,称为原张量的转置张量。例如,对四阶张量:

$$\boldsymbol{T} = T_{ijkl}\boldsymbol{e}_i\boldsymbol{e}_j\boldsymbol{e}_k\boldsymbol{e}_l \tag{1.4.11}$$

对调第 1、3 个指标的转置张量为:

$$\boldsymbol{S} = \boldsymbol{T}^{\mathrm{T}} = T_{kjil}\boldsymbol{e}_i\boldsymbol{e}_j\boldsymbol{e}_k\boldsymbol{e}_l \tag{1.4.12}$$

式中上标 T 表示转置。

考虑一个二阶张量 $\boldsymbol{A}$,存在唯一的二阶转置张量 $\boldsymbol{A}^{\mathrm{T}}$,对于任意矢量 $\boldsymbol{u}$ 和 $\boldsymbol{v}$ 均满足:

$$\boldsymbol{v} \cdot (\boldsymbol{A} \cdot \boldsymbol{u}) = \boldsymbol{u} \cdot (\boldsymbol{A}^{\mathrm{T}} \cdot \boldsymbol{v}) \tag{1.4.13}$$

上式左边的分量表示为 $A_{ij}u_jv_i$,而右边为:

$$\boldsymbol{u} \cdot (\boldsymbol{A}^{\mathrm{T}} \cdot \boldsymbol{v}) = u_l\boldsymbol{e}_l \cdot A_{ji}\boldsymbol{e}_i\boldsymbol{e}_j \cdot v_k\boldsymbol{e}_k = A_{ji}u_iv_j = A_{ij}u_jv_i \tag{1.4.14}$$

注意到上式最后一个等式交换了哑标的顺序,所以式(1.4.13)成立。

习　题

1.在笛卡尔坐标系中证明矢量的二重叉积公式。

(1)$\boldsymbol{u}\times(\boldsymbol{v}\times\boldsymbol{w})=(\boldsymbol{u}\cdot\boldsymbol{w})\boldsymbol{v}-(\boldsymbol{u}\cdot\boldsymbol{v})\boldsymbol{w}$;

(2)$(\boldsymbol{u}\times\boldsymbol{v})\times\boldsymbol{w}=(\boldsymbol{u}\cdot\boldsymbol{w})\boldsymbol{v}-(\boldsymbol{v}\cdot\boldsymbol{w})\boldsymbol{u}$。

2.证明任意3个矢量的混合积:

$$(\boldsymbol{u}\times\boldsymbol{v})\cdot\boldsymbol{w}=\boldsymbol{u}\cdot(\boldsymbol{v}\times\boldsymbol{w})=\begin{vmatrix} u_1 & u_2 & u_3 \\ v_1 & v_2 & v_3 \\ w_1 & w_2 & w_3 \end{vmatrix}。$$

3.令$\boldsymbol{A}$、$\boldsymbol{B}$、$\boldsymbol{C}$均为二阶张量并满足$\boldsymbol{C}=\boldsymbol{A}\cdot\boldsymbol{B}$,证明:$\det\boldsymbol{C}=\det\boldsymbol{A}\det\boldsymbol{B}$。

提示:$C_{ij}=A_{ik}B_{kj}$, $C_{1i}=A_{1l}B_{li}$, $C_{2j}=A_{2m}B_{mj}$, $C_{3k}=A_{3n}B_{nk}$。

$$\begin{aligned}\det\boldsymbol{A}\det\boldsymbol{B}&=A_{1l}A_{2m}A_{3n}[e_{lmn}(e_{ijk}B_{1i}B_{2j}B_{3k})]=A_{1l}A_{2m}A_{3n}[e_{ijk}B_{li}B_{mj}B_{nk}]\\&=e_{ijk}(A_{1l}B_{li})(A_{2m}B_{mj})(A_{3n}B_{nk})=e_{ijk}C_{1i}C_{2j}C_{3k}=\det\boldsymbol{C}\end{aligned}$$

1.5　对称和反对称张量

1.5.1　张量的对称性与反对称性

保持基张量不变,如果对调张量分量指标的顺序而张量分量保持不变,则称该张量关于这两个指标具有对称性。保持基张量不变,如果对调张量指标的顺序而得到新张量的分量与原张量的对应分量差一个负号,则称该张量关于这两个指标具有反对称性。

对常用的二阶张量,其二阶对称张量A_{ij}和二阶反对称张量B_{ij}分别满足$A_{ji}=A_{ij}$和$B_{ji}=-B_{ij}$。对任意一个非对称二阶张量$\boldsymbol{T}$,也可通过下式进行张量的对称化与反对称化:

$$\boldsymbol{A}=\frac{1}{2}(\boldsymbol{T}+\boldsymbol{T}^{\mathrm{T}}),\boldsymbol{B}=\frac{1}{2}(\boldsymbol{T}-\boldsymbol{T}^{\mathrm{T}}) \tag{1.5.1}$$

显然,$\boldsymbol{T}=\boldsymbol{A}+\boldsymbol{B}$,任意一个非对称二阶张量可以分解为一个对称张量和一个反对称张量。由于对称性和反对称性,二阶对称张量只有6个独立分量,二阶反对称张量只有3个独立分量。可以证明,坐标变换不改变张量的对称或反对称性质。

对于高阶张量的对称和反对称性质,需指明是对哪些指标对称和反对称。例如,一个三阶张量 A_{ijk},若是对前两个指标对称,则是指 $A_{ijk}=A_{jik}$;若是对前两个指标反对称,则是指 $A_{ijk}=-A_{jik}$。

对于任意两个指标均反对称的高于三阶的张量,由于张量有4个或更多个指标,而每个指标只能取1、2、3,则每个分量总有两个或两个以上指标的数字相同,考虑到反对称性,这些分量必然为零,因此,高于三阶的反对称张量全部分量均为零。

现在观察对任意两个指标均反对称的三阶张量 A_{ijk},三阶张量有27个分量,指标数字相同的分量为:

$$A_{11k}\quad A_{22k}\quad A_{33k}\quad k=1,2,3$$

$$A_{i11}\quad A_{i22}\quad A_{i33}\quad i=1,2,3$$

$$A_{1j1}\quad A_{2j2}\quad A_{3j3}\quad j=1,2,3$$

因对任意两个指标反对称,上面第一行表示有9个分量均为零,在第二行和第三行中去掉与第一行相同的3个分量,剩下的各有6个分量均为零,则零分量共有21个。剩下6个不为零的分量是指标取不同数字的6个。对应指标的三种顺序排列和三种逆序排列,它们是:

$$A_{123},\ A_{231},\ A_{312},\ A_{132},\ A_{213},\ A_{321}$$

而由于反对称,这6个分量还不全是独立的,相邻指标置换一次,其值只差一个正负号,即:

$$A_{123}=A_{231}=A_{312}=-A_{132}=-A_{213}=-A_{321} \tag{1.5.2}$$

因此,对三阶反对称张量,若所有指标均两两反对称,独立分量就只有一个。置换符号 e_{ijk} 或置换张量就是这样的情况。

1.5.2　二阶反对称张量

现在重点讨论常用的二阶反对称张量。根据定义,对于二阶反对称张量 B_{ij},有:

$$B_{\underline{ii}}=0 \tag{1.5.3}$$

约定带下画线的哑标表示分别可取1、2、3但不做求和运算。二阶反对称张量写成矩阵形式为:

$$[B_{ij}]=\begin{bmatrix}0 & B_{12} & B_{13}\\ -B_{12} & 0 & B_{23}\\ -B_{13} & -B_{23} & 0\end{bmatrix} \tag{1.5.4}$$

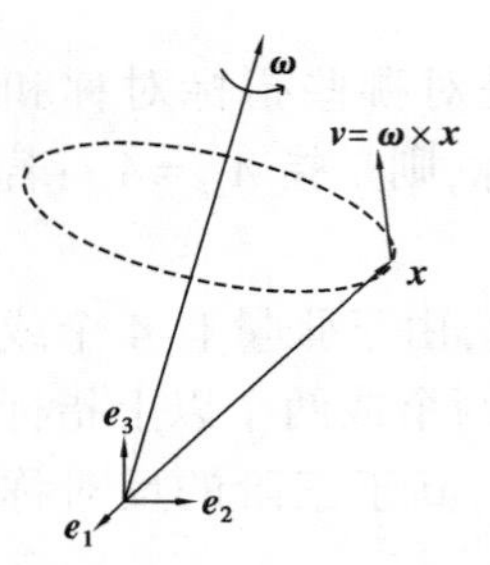

图 1.3　绕定点转动的刚体运动

因此,二阶反对称张量只有三个独立分量,应关联于一个矢量。

为了建立矢量与反对称二阶张量的关系,考虑刚体的定点运动。如图 1.3 所示,刚体上任一点 $\boldsymbol{x}$ 的速度 $\boldsymbol{v}$ 与绕定点转动的角速度 $\boldsymbol{\omega}$ 的关系为:

$$\boldsymbol{v} = \boldsymbol{\omega} \times \boldsymbol{x} \tag{1.5.5}$$

其分量表示为:

$$v_i = e_{ijk}\omega_j x_k \tag{1.5.6}$$

这里 v_i 和 x_k 均为矢量且 x_k 为刚体上任意点,所以 $e_{ijk}\omega_j$ 刻画了刚体转动特征。根据商法则,$e_{ijk}\omega_j$ 必为一个二阶张量,利用置换符号的循环排列性质,记:

$$\Omega_{ij} = -e_{ijk}\omega_k,\ \boldsymbol{\Omega} = -\boldsymbol{e}\cdot\boldsymbol{\omega} \tag{1.5.7}$$

由于置换符号对前两个指标的反对称性,所以二阶张量 $\boldsymbol{\Omega}$ 是反对称张量,称 $\boldsymbol{\omega}$ 为反对称二阶张量 $\boldsymbol{\Omega}$ 的反偶矢量或轴矢量。二阶反对称张量用轴矢量表达的矩阵形式为:

$$[\Omega_{ij}] = \begin{bmatrix} 0 & -\omega_3 & \omega_2 \\ \omega_3 & 0 & -\omega_1 \\ -\omega_2 & \omega_1 & 0 \end{bmatrix} \tag{1.5.8}$$

因此,给定一个矢量 $\boldsymbol{\omega}$,就能确定与它对应的二阶反对称张量 $\boldsymbol{\Omega}$。反之,给定二阶反对称张量,不难找出与其对应的轴矢量 $\boldsymbol{\omega}$。把 $\Omega_{ij}=-e_{ijk}\omega_k$ 两边同乘以 e_{ijl},则有:

$$e_{ijl}\Omega_{ij} = -e_{ijk}e_{ijl}\omega_k = -2\delta_{kl}\omega_k = -2\omega_l \tag{1.5.9}$$

改写成:

$$\omega_k = -\frac{1}{2}e_{kij}\Omega_{ij} \tag{1.5.10}$$

其实体形式为:

$$\boldsymbol{\omega} = -\frac{1}{2}\boldsymbol{e} : \boldsymbol{\Omega} \tag{1.5.11}$$

显然,二阶反对称张量 $\boldsymbol{\Omega}$ 的行列式为零。二阶反对称张量 $\boldsymbol{\Omega}$ 点乘任意矢量 $\boldsymbol{u}$ 的结果是一个矢量,使其与该矢量 $\boldsymbol{u}$ 点积,得:

$$(\boldsymbol{\Omega}\cdot\boldsymbol{u})\cdot\boldsymbol{u} = \Omega_{ij}u_iu_j = -\Omega_{ji}u_iu_j = -(\boldsymbol{\Omega}\cdot\boldsymbol{u})\cdot\boldsymbol{u} \tag{1.5.12}$$

所以 $(\boldsymbol{\Omega}\cdot\boldsymbol{u})\cdot\boldsymbol{u}=0$,意味着 $\boldsymbol{\Omega}\cdot\boldsymbol{u}$ 与 $\boldsymbol{u}$ 正交。或者直接写:

$$\Omega_{ij}u_j = -e_{ijk}\omega_k u_j = e_{ikj}\omega_k u_j \tag{1.5.13}$$

上式相应的实体形式为：

$$\boldsymbol{\Omega} \cdot \boldsymbol{u} = \boldsymbol{\omega} \times \boldsymbol{u} \tag{1.5.14}$$

上式表示 $\boldsymbol{\Omega} \cdot \boldsymbol{u}$ 与 $\boldsymbol{\omega}$ 和 $\boldsymbol{u}$ 均正交，或者说二阶反对称张量对一个矢量的映射是使矢量的方向旋转 90°（图 1.4），对其自身轴矢量的映射则为零。另外，刚体转动时任一点的速度为：

$$\boldsymbol{v} = \boldsymbol{\Omega} \cdot \boldsymbol{x} = \boldsymbol{\omega} \times \boldsymbol{x} \tag{1.5.15}$$

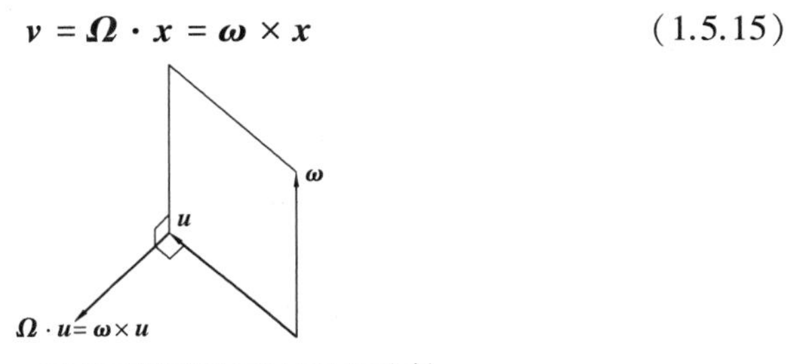

图 1.4　二阶反对称张量对矢量的映射

其中 $\boldsymbol{\Omega}$ 为角速度张量。刚体转动的角速度本质上是二阶反对称张量，而角速度矢量 $\boldsymbol{\omega}$ 只是角速度张量的等效量（伪矢量），不应简单把角速度作为矢量来处理，这是经常引起困惑的地方。

习　题

1. 以二阶张量为例，证明坐标变换不改变张量的对称和反对称性质。

2. 若 $\boldsymbol{A}$ 是对称的二阶张量，$\boldsymbol{B}$ 是反对称的二阶张量，证明：$\boldsymbol{A}:\boldsymbol{B}=0$。

3. 考虑笛卡尔坐标系下的刚体定轴转动。

（1）利用刚体上任一点 $\boldsymbol{x}$ 的速度表达式 $\boldsymbol{v}=\boldsymbol{\omega}\times\boldsymbol{x}$ 推导与轴矢量 $\boldsymbol{\omega}$ 对应的二阶反对称张量 $\boldsymbol{\Omega}$，给出其矩阵形式，并提出自己对角速度矢量和角速度张量的解释；

（2）推导以二阶反对称张量 $\boldsymbol{\Omega}$ 表达的轴矢量 $\boldsymbol{\omega}$；

（3）证明二阶反对称张量 $\boldsymbol{\Omega}$ 对任意矢量 $\boldsymbol{u}$ 的映射关系：$\boldsymbol{\Omega} \cdot \boldsymbol{u}=\boldsymbol{\omega}\times\boldsymbol{u}$。

4. 任意二阶张量与其自身的点积为二阶张量的平方或二次幂，例如 $\boldsymbol{\Omega}^2 = \boldsymbol{\Omega} \cdot \boldsymbol{\Omega}$。另外，定义二阶张量 $\boldsymbol{T}$ 的迹为 $tr\boldsymbol{T}=T_{ii}$。对二阶反对称张量 $\boldsymbol{\Omega}$ 及其轴矢量 $\boldsymbol{\omega}$，证明：

（1）$\boldsymbol{\Omega}^2=\boldsymbol{\omega}\boldsymbol{\omega}-(\boldsymbol{\omega} \cdot \boldsymbol{\omega})\boldsymbol{I}$；

（2）$|\boldsymbol{\omega}|^2=-\dfrac{1}{2}tr\boldsymbol{\Omega}^2$。

提示：

$$\begin{aligned}\boldsymbol{\Omega}^2 &= \boldsymbol{\Omega}\cdot\boldsymbol{\Omega} = (-\boldsymbol{e}\cdot\boldsymbol{\omega})\cdot(-\boldsymbol{e}\cdot\boldsymbol{\omega}) = (e_{ijk}\omega_k\boldsymbol{e}_i\boldsymbol{e}_j)\cdot(e_{lmn}\omega_n\boldsymbol{e}_l\boldsymbol{e}_m)\\ &= e_{ijk}e_{lmn}\omega_k\omega_n\delta_{jl}\boldsymbol{e}_i\boldsymbol{e}_m = e_{jki}e_{jmn}\omega_k\omega_n\boldsymbol{e}_i\boldsymbol{e}_m\\ &= (\delta_{km}\delta_{in}-\delta_{kn}\delta_{im})\omega_k\omega_n\boldsymbol{e}_i\boldsymbol{e}_m = \omega_m\omega_i\boldsymbol{e}_i\boldsymbol{e}_m - \omega_n\omega_n\boldsymbol{e}_m\boldsymbol{e}_m\\ &= \boldsymbol{\omega}\boldsymbol{\omega} - (\boldsymbol{\omega}\cdot\boldsymbol{\omega})\boldsymbol{I}\end{aligned}$$

$$tr\boldsymbol{\Omega}^2 = \omega_i\omega_i - 3\omega_i\omega_i = -2\omega_i\omega_i = -2|\omega|^2$$

5.将并矢 $\boldsymbol{ab}$ 分解为对称部分和反对称部分之和，证明其反对称部分的轴矢量为：

$$\boldsymbol{\omega} = \frac{1}{2}(\boldsymbol{b}\times\boldsymbol{a})$$

提示：$\boldsymbol{ab} = a_ib_j\boldsymbol{e}_i\boldsymbol{e}_j$，$\boldsymbol{\Omega} = \frac{1}{2}(\boldsymbol{ab}-\boldsymbol{ba}) = \frac{1}{2}(a_jb_k - a_kb_j)\boldsymbol{e}_j\boldsymbol{e}_k$

$$\begin{aligned}\boldsymbol{\omega} &= -\frac{1}{2}\boldsymbol{e}:\boldsymbol{\Omega} = -\frac{1}{2}e_{ijk}\Omega_{jk}\boldsymbol{e}_i = -\frac{1}{4}e_{ijk}(a_jb_k - a_kb_j)\boldsymbol{e}_i\\ &= -\frac{1}{4}\boldsymbol{a}\times\boldsymbol{b} + \frac{1}{4}\boldsymbol{b}\times\boldsymbol{a} = \frac{1}{2}\boldsymbol{b}\times\boldsymbol{a}\end{aligned}$$

1.6 二阶张量的特征值和特征矢量

在弹性力学中有所谓的主应力状态和应力主轴。作用在与主轴垂直面元上的应力分量只有沿主轴的分量，切向分量为零。考虑过该点任意方向面元上的应力矢量 f_i 和法向矢量 n_i 与应力张量存在关系式 $f_i = \sigma_{ij}n_j$，若面元的法向矢量正好与应力张量的主轴重合，则 f_i 就与 n_i 平行，即有 $\sigma_{ij}n_j = \lambda n_i$，此时 3 个主轴 n_i 对应着 3 个主应力的方向，沿着 3 个主轴方向有 3 个特征值，为 3 个应力主值，因此，求得主轴和相应特征值就可确定主应力状态。

1.6.1 二阶张量的特征方程

把上述概念推广到任意二阶张量，不难找到二阶张量的主轴方向和特征值。可以这样表达：对于任意二阶张量 a_{ij}，找到一个矢量 b_j，使之经过该二阶张量点乘后所得矢量 c_i 与原来矢量 b_j 平行，这里可把 a_{ij} 看作变换或映射，它把一个矢量变换成另外一个矢量，b_j 的方向就代表主轴方向或特征矢量。任意二阶张量 a_{ij} 对一个矢量 b_j 的变换写成：

$$c_i = a_{ij}b_j \tag{1.6.1}$$

若变换后矢量 c_i 与原矢量 b_i 平行则有 $c_i=\lambda b_i$，其中 λ 是标量，称为特征值，那么有：

$$a_{ij}b_j = \lambda b_i \tag{1.6.2}$$

将上式改写为：

$$(a_{ij} - \lambda\delta_{ij})b_j = 0 \tag{1.6.3}$$

该式表示关于特征矢量 b_j 的 3 个奇次线性方程，b_j 有非零解的条件是系数矩阵的行列式为零(零解没有方向意义)。利用式(1.1.10)，则上式左端系数矩阵的行列式为：

$$|a_{ij} - \lambda\delta_{ij}| = \frac{1}{6}e_{lmn}e_{ijk}(a_{li} - \lambda\delta_{li})(a_{mj} - \lambda\delta_{mj})(a_{nk} - \lambda\delta_{nk}) = 0 \tag{1.6.4}$$

展开上面的行列式为：

$$\begin{aligned}
&\frac{1}{6}e_{lmn}e_{ijk}(a_{li} - \lambda\delta_{li})(a_{mj} - \lambda\delta_{mj})(a_{nk} - \lambda\delta_{nk}) \\
&= \frac{1}{6}e_{lmn}e_{ijk}(a_{li}a_{mj}a_{nk} - \lambda a_{li}a_{mj}\delta_{nk} - \lambda a_{li}\delta_{mj}a_{nk} - \lambda\delta_{li}a_{mj}a_{nk} + \\
&\quad \lambda^2 a_{li}\delta_{mj}\delta_{nk} + \lambda^2\delta_{li}a_{mj}\delta_{nk} + \lambda^2\delta_{li}\delta_{mj}a_{nk} - \lambda^3\delta_{li}\delta_{mj}\delta_{nk}) \\
&= |a_{ij}| - \frac{1}{6}\lambda a_{li}a_{mj}(\delta_{li}\delta_{mj} - \delta_{lj}\delta_{mi}) - \frac{1}{6}\lambda a_{li}a_{nk}(\delta_{nk}\delta_{li} - \delta_{ni}\delta_{lk}) - \\
&\quad \frac{1}{6}\lambda a_{mj}a_{nk}(\delta_{mj}\delta_{nk} - \delta_{mk}\delta_{nj}) + \frac{1}{3}\lambda^2 a_{li}\delta_{li} + \frac{1}{3}\lambda^2 a_{mj}\delta_{mj} + \frac{1}{3}\lambda^2 a_{nk}\delta_{nk} - \lambda^3 \\
&= |a_{ij}| - \frac{1}{2}\lambda(a_{ii}a_{jj} - a_{ij}a_{ji}) + \lambda^2 a_{ii} - \lambda^3
\end{aligned}$$

因此，关于 λ 的三次代数方程为：

$$\lambda^3 - a_{ii}\lambda^2 + \frac{1}{2}(a_{ii}a_{jj} - a_{ij}a_{ji})\lambda - |a_{ij}| = 0 \tag{1.6.5}$$

求解该方程可得 3 个根且设为 λ_1、λ_2、λ_3，称为特征值，关于特征值的这个三次方程就称为二阶张量 a_{ij} 的特征方程。常用的二阶张量往往是实对称的，这时有 3 个实根，由这 3 个实根以及利用式(1.6.3)可分别确定 3 个主轴方向的特征矢量。

1.6.2　实对称二阶张量的实特征值和实特征矢量

可以证明，对实对称二阶张量，3 个特征值是实数，且 3 个特征矢量互相正交。设 λ_1 和 λ_2 是两个不同的根，又令 u_i 和 v_i 是与这两个根对应的特征矢

量,则有:

$$a_{ij}u_j = \lambda_1 u_i, a_{ij}v_j = \lambda_2 v_i \tag{1.6.6}$$

对上式两边分别点乘 v_i 和 u_i,得:

$$v_i a_{ij} u_j = \lambda_1 v_i u_i \tag{1.6.7}$$

$$u_i a_{ij} v_j = \lambda_2 u_i v_i \tag{1.6.8}$$

考虑到 a_{ij}的对称性并对调指标 i 和 j 后,上述两式左边相等,因此有:

$$(\lambda_1 - \lambda_2) u_i v_i = 0 \tag{1.6.9}$$

特征值不等时,必有 $u_i v_i = 0$,这表示与两个不同特征值对应的特征矢量是正交的。因此,如果所有的特征值是不同的实数,则对称张量的主轴正交。要证明 λ 是实数,只需证明 λ 与它的共轭数 $\bar{\lambda}$ 相同。因为:

$$a_{ij} b_j = \lambda b_i \tag{1.6.10}$$

两边同时乘以 b_i 的共轭 $\bar{b}_i$,则有:

$$\bar{b}_i a_{ij} b_j = \lambda \bar{b}_i b_i \tag{1.6.11}$$

对上式两边再取共轭得:

$$b_i \bar{a}_{ij} \bar{b}_j = \bar{\lambda} b_i \bar{b}_i \tag{1.6.12}$$

注意 a_{ij}的实对称性并对调指标 i 和 j 后,以上两式的左边相等,两式相减后有:

$$(\lambda - \bar{\lambda}) \bar{b}_i b_i = 0 \tag{1.6.13}$$

由于特征矢量一定是实矢量,即有 $\bar{b}_i b_i = b_i b_i$ 且不为零,因此得到 $\lambda = \bar{\lambda}$,即特征值必为实数。

3 个实特征值完全不等时,张量主轴必正交,故可取一组笛卡尔坐标系的单位基矢量作为张量主轴,这时二阶张量就化为对角标准形式:

$$\boldsymbol{a} = \lambda_1 \boldsymbol{e}_1 \boldsymbol{e}_1 + \lambda_2 \boldsymbol{e}_2 \boldsymbol{e}_2 + \lambda_3 \boldsymbol{e}_3 \boldsymbol{e}_3 \tag{1.6.14}$$

如果 3 个实特征值有两个相等时,则取与另一个不等的特征值对应的特征矢量作为一个基矢量,例如 $\boldsymbol{e}_3$。取垂直于 $\boldsymbol{e}_3$ 平面内的任意一组正交基矢量作为另外两个基矢量 $\boldsymbol{e}_1$ 和 $\boldsymbol{e}_2$,这时的张量形式为:

$$\boldsymbol{a} = \lambda_1 \boldsymbol{e}_1 \boldsymbol{e}_1 + \lambda_1 \boldsymbol{e}_2 \boldsymbol{e}_2 + \lambda_3 \boldsymbol{e}_3 \boldsymbol{e}_3 \tag{1.6.15}$$

对于 3 个特征值完全相等的情况,可取任意一组笛卡尔坐标系的单位基矢量作为张量主轴,张量形式为:

$$\boldsymbol{a} = \lambda_1 \boldsymbol{e}_1 \boldsymbol{e}_1 + \lambda_1 \boldsymbol{e}_2 \boldsymbol{e}_2 + \lambda_1 \boldsymbol{e}_3 \boldsymbol{e}_3 \tag{1.6.16}$$

它也称为球张量,力学中的静水应力张量和体积应变张量就是这种情况。

1.6.3　二阶张量的三个主不变量

把特征方程的三个系数表示为：

$$I_1 = a_{ii} \tag{1.6.17}$$

$$I_2 = \frac{1}{2}(a_{ii}a_{jj} - a_{ij}a_{ji}) \tag{1.6.18}$$

$$I_3 = |a_{ij}| \tag{1.6.19}$$

考虑到二阶张量分量的坐标转换关系，张量的行列式将不随坐标系的改变而改变，故特征方程以及特征方程的系数与坐标系无关。因此，坐标变换时 I_1、I_2、I_3 保持不变，称为张量的第一、第二、第三主不变量，分别是张量分量的线性函数、二次函数和三次函数。对于二阶对称张量，只有 3 个独立的不变量，这 3 个不变量的任何组合也是不变量。

由线性代数可知，实对称二阶张量 a_{ij} 的矩阵对应着一个实二次型，a_{ij} 与坐标双点乘后得到一标量，写为：

$$\varphi = a_{ij}x_ix_j \tag{1.6.20}$$

若令 $\varphi = 1$，则得到下面的二次曲面方程：

$$a_{ij}x_ix_j = 1 \tag{1.6.21}$$

因此一个实对称二阶张量与一个二次曲面相对应。例如，如果取主应力状态，应力张量的矩阵成对角形：

$$[\sigma_{ij}] = \begin{bmatrix} \sigma_1 & 0 & 0 \\ 0 & \sigma_2 & 0 \\ 0 & 0 & \sigma_3 \end{bmatrix} \tag{1.6.22}$$

这里主应力就是张量的特征值。这时，与张量二次曲面对应的曲面称为应力二次曲面，其标准形式为：

$$\sigma_1x_1^2 + \sigma_2x_2^2 + \sigma_3x_3^2 = \pm 1 \tag{1.6.23}$$

其中右端正负号视 σ_{ii} 的正负而定。

1.6.4　二阶反对称张量的特征值和轴矢量

下面讨论二阶反对称张量的特征值问题。二阶反对称张量 $\boldsymbol{\Omega}$ 的 3 个不变量是：

$$I_1 = 0, I_2 = \Omega_{12}^2 + \Omega_{13}^2 + \Omega_{23}^2 = \omega_1^2 + \omega_2^2 + \omega_3^2, I_3 = 0 \tag{1.6.24}$$

由于 I_2 恒为正，令 $\omega = \sqrt{I_2}$，则张量的特征方程蜕化为：

$$\lambda^3 + \omega^2\lambda = 0 \tag{1.6.25}$$

特征方程的根为：

$$\lambda_1 = \omega \mathrm{i}, \lambda_2 = -\omega \mathrm{i}, \lambda_3 = 0 \tag{1.6.26}$$

这里 i 为虚数单位。第三个特征值为实数，令与 λ_3 对应的特征矢量为单位矢量 $\boldsymbol{e}_3$，称为反对称张量的轴，则有：

$$\boldsymbol{\Omega} \cdot \boldsymbol{e}_3 = \lambda_3 \boldsymbol{e}_3 = \boldsymbol{0} \tag{1.6.27}$$

与 λ_1 和 λ_2 对应的特征矢量应为复矢量，暂分别表示为 $\boldsymbol{g}_1$ 和 $\boldsymbol{g}_2$。在基矢量 $\boldsymbol{g}_1$、$\boldsymbol{g}_2$ 和 $\boldsymbol{e}_3$ 下，反对称张量的矩阵形式应为：

$$[\Omega_{ij}] = \begin{bmatrix} \omega \mathrm{i} & 0 & 0 \\ 0 & -\omega \mathrm{i} & 0 \\ 0 & 0 & 0 \end{bmatrix} \tag{1.6.28}$$

由于张量分量为两个共轭虚数，失去了表达物理量的直接功能，应该用实数表示它的分量，为此不再追求反对称张量的主轴表达形式。考虑张量的不变性，依然选取笛卡尔直角坐标系并使 $\boldsymbol{e}_1$ 和 $\boldsymbol{e}_2$ 为垂直于 $\boldsymbol{e}_3$ 平面内的任意一组正交单位矢量，$\boldsymbol{e}_3$ 在该坐标系的分量为 0、0、1 并代入式(1.6.27)中，得 $\Omega_{i3} = 0$，表明 Ω_{ij}矩阵的第三列分量均为零。由于张量 Ω_{ij}保持反对称性，则主对角和第三行的分量也为零，再考虑该张量的第二不变量 $I_2 = \omega^2$，则必有：

$$[\Omega_{ij}] = \begin{bmatrix} 0 & -\omega & 0 \\ \omega & 0 & 0 \\ 0 & 0 & 0 \end{bmatrix} \tag{1.6.29}$$

这时，张量的实体形式为：

$$\boldsymbol{\Omega} = -\omega \boldsymbol{e}_1 \boldsymbol{e}_2 + \omega \boldsymbol{e}_2 \boldsymbol{e}_1 \tag{1.6.30}$$

如果在垂直于 $\boldsymbol{e}_3$ 的平面内将基矢量 $\boldsymbol{e}_1$ 和 $\boldsymbol{e}_2$ 绕 $\boldsymbol{e}_3$ 旋转角 φ，基矢量 $\boldsymbol{e}_1$ 和 $\boldsymbol{e}_2$ 变换为 $\boldsymbol{e}_{1'}$和 $\boldsymbol{e}_{2'}$，联系坐标变换系数公式后有：

$$\boldsymbol{e}_1 = \cos\varphi \boldsymbol{e}_{1'} - \sin\varphi \boldsymbol{e}_{2'}, \boldsymbol{e}_2 = \sin\varphi \boldsymbol{e}_{1'} + \cos\varphi \boldsymbol{e}_{2'} \tag{1.6.31}$$

把上式代入式(1.6.30)中，新坐标系中张量 $\boldsymbol{\Omega}$ 的形式为：

$$\boldsymbol{\Omega} = -\omega \boldsymbol{e}_{1'} \boldsymbol{e}_{2'} + \omega \boldsymbol{e}_{2'} \boldsymbol{e}_{1'} \tag{1.6.32}$$

所以，二阶反对称张量 $\boldsymbol{\Omega}$ 的实体形式对于垂直于 $\boldsymbol{e}_3$ 平面内的任意一组正交单位矢量都是不变的。根据轴矢量与反对称张量的关系式，此时张量 $\boldsymbol{\Omega}$ 的轴矢量为：

$$\boldsymbol{\omega} = -\frac{1}{2}\boldsymbol{e} : \boldsymbol{\Omega} = -\frac{1}{2} e_{ijk} \boldsymbol{e}_i \boldsymbol{e}_j \boldsymbol{e}_k : (-\omega \boldsymbol{e}_1 \boldsymbol{e}_2 + \omega \boldsymbol{e}_2 \boldsymbol{e}_1) = \omega \boldsymbol{e}_3 \tag{1.6.33}$$

可见，张量的轴矢量沿着张量轴的方向，轴矢量的大小为 ω。

习　题

1. 证明矩阵$[a_{ij}]$的行列式为：$a=\dfrac{1}{6}e_{lmn}e_{ijk}a_{li}a_{mj}a_{nk}$，并利用该结果推导任意二阶张量的特征方程。

2. 设二阶张量A_{ij}的矩阵表示形式为 $[A_{ij}]=\begin{bmatrix}1 & 1 & 0\\ 1 & 2 & 1\\ 0 & 1 & 1\end{bmatrix}$，求它的特征值和特征矢量以及主不变量，并检验特征矢量的正交性。

3. 对任意二阶张量 $\boldsymbol{A}$ 和 $\boldsymbol{B}$，证明：$\boldsymbol{T}=\boldsymbol{A}\cdot\boldsymbol{B}$ 与 $\boldsymbol{S}=\boldsymbol{B}\cdot\boldsymbol{A}$ 具有相同的第一主不变量。

1.7　张量的导数和积分

许多物理量，如应力张量，既是空间位置的函数也是时间的函数。研究动态问题和场的问题时，就涉及张量求导运算。如果张量 $\boldsymbol{T}(t)$ 是某个标量参数 t（通常就是时间）的确定函数，则每个分量都是参数 t 的函数，那么，导数 $\dot{\boldsymbol{T}}(t)$ 表示每一个分量对 t 求导，其结果是同阶张量，求导法则与普通导数相同。张量是空间位置函数的情况，涉及空间坐标以及基矢量，情况要复杂一些。

1.7.1　标量的梯度

首先从标量入手，从张量的角度看，标量只有一个分量，例如密度或温度的空间分布。设 $\varphi(x_i)$ 表示某个区域的标量函数，该函数的增量表示为全微分：

$$\mathrm{d}\varphi=\frac{\partial\varphi}{\partial x_i}\mathrm{d}x_i \tag{1.7.1}$$

然而，上式中标量函数对坐标的偏导数组成一个矢量。为书写方便，以后经常会记作 $\varphi_{,i}=\partial\varphi/\partial x_i$。由于坐标变换时标量保持不变，所以有 $\varphi(x_{i'})=\varphi(x_i)$。按普通的链式求导规则，有新旧坐标系偏导数的关系：

$$\frac{\partial\varphi}{\partial x_{i'}}=\frac{\partial\varphi}{\partial x_i}\frac{\partial x_i}{\partial x_{i'}} \tag{1.7.2}$$

注意到 x_i 是空间位置矢量的分量，满足坐标变换关系，故有：

$$x_i = \alpha_{i'i}x_{i'}, \frac{\partial x_i}{\partial x_{i'}} = \alpha_{i'i} \tag{1.7.3}$$

改写式(1.7.2)为：

$$\varphi_{,i'} = \alpha_{i'i}\varphi_{,i} \tag{1.7.4}$$

说明 $\varphi_{,i}$ 满足坐标转换关系，是一个矢量，它的 3 个分量分别为 $\partial\varphi/\partial x_1$、$\partial\varphi/\partial x_2$、$\partial\varphi/\partial x_3$，这个矢量称为标量场 φ 的梯度，它表示在域内一点标量函数 φ 的最大变化率，或者说，梯度在过该点任意方向的投影等于标量场 φ 的方向导数。引入哈密尔顿(Hamilton)算子∇：

$$\nabla = \boldsymbol{e}_i \frac{\partial}{\partial x_i} \tag{1.7.5}$$

则标量梯度的实体形式为：

$$\nabla\varphi = \frac{\partial\varphi}{\partial x_i}\boldsymbol{e}_i = \frac{\partial\varphi}{\partial x_1}\boldsymbol{e}_1 + \frac{\partial\varphi}{\partial x_2}\boldsymbol{e}_2 + \frac{\partial\varphi}{\partial x_3}\boldsymbol{e}_3 \tag{1.7.6}$$

这样，标量 $\varphi(x_i)$ 的微分(1.7.1)表示为：

$$\mathrm{d}\varphi == \nabla\varphi \cdot \mathrm{d}\boldsymbol{x} = \frac{\partial\varphi}{\partial x_i}\boldsymbol{e}_i \cdot \mathrm{d}x_j\boldsymbol{e}_j = \frac{\partial\varphi}{\partial x_i}\mathrm{d}x_i \tag{1.7.7}$$

1.7.2 矢量的梯度

标量的梯度是矢量，那么，矢量的梯度是否得到一个二阶张量呢？答案是肯定的。任意矢量场为 $a_i = a_i(x_i)$，3 个分量的增量可表示为矩阵：

$$\begin{Bmatrix} \mathrm{d}a_1 \\ \mathrm{d}a_2 \\ \mathrm{d}a_3 \end{Bmatrix} = \begin{bmatrix} \frac{\partial a_1}{\partial x_1} & \frac{\partial a_1}{\partial x_2} & \frac{\partial a_1}{\partial x_3} \\ \frac{\partial a_2}{\partial x_1} & \frac{\partial a_2}{\partial x_2} & \frac{\partial a_2}{\partial x_3} \\ \frac{\partial a_3}{\partial x_1} & \frac{\partial a_3}{\partial x_2} & \frac{\partial a_3}{\partial x_3} \end{bmatrix} \begin{Bmatrix} \mathrm{d}x_1 \\ \mathrm{d}x_2 \\ \mathrm{d}x_3 \end{Bmatrix} \tag{1.7.8}$$

上式改写为指标符号形式为：

$$\mathrm{d}a_i = \frac{\partial a_i}{\partial x_j}\mathrm{d}x_j \tag{1.7.9}$$

现检查矢量分量的偏导数 $\partial a_i/\partial x_j$ 是否为二阶张量。由于 $a_i = a_i(x_i)$ 是矢量，则坐标变换时有：

$$a_{i'} = \alpha_{i'i}a_i \tag{1.7.10}$$

其中 $a_{i'} = a_{i'}(x_{i'})$ 是矢量在新坐标系的分量。利用普通的链式求导规则,即得到:

$$\frac{\partial a_{i'}}{\partial x_{j'}} = \frac{\partial}{\partial x_{j'}}(\alpha_{i'i}a_i) = \alpha_{i'i}\frac{\partial a_i}{\partial x_j}\frac{\partial x_j}{\partial x_{j'}} = \alpha_{i'i}\alpha_{j'j}\frac{\partial a_i}{\partial x_j} \tag{1.7.11}$$

这表明 $\partial a_i/\partial x_j$ 满足坐标变换关系,是二阶张量的分量。可以合理推断,在笛卡尔坐标系中,张量的空间导数仍然是张量,其阶数比原张量高一阶。借助哈密尔顿算子∇表达矢量的空间导数时,实体记法表示为:

$$\boldsymbol{a}\,\nabla = a_i\boldsymbol{e}_i\left(\frac{\partial}{\partial x_j}\boldsymbol{e}_j\right) = a_{i,j}\boldsymbol{e}_i\boldsymbol{e}_j \tag{1.7.12}$$

上式称为矢量的右梯度,矢量的左梯度表示为:

$$\nabla\boldsymbol{a} = \boldsymbol{e}_i\frac{\partial}{\partial x_i}a_j\boldsymbol{e}_j = a_{j,i}\boldsymbol{e}_i\boldsymbol{e}_j \tag{1.7.13}$$

容易看到,矢量的右梯度和左梯度均为二阶张量,二者互为转置。矢量的微分以实体形式表示为:

$$\begin{aligned} \mathrm{d}\boldsymbol{a} &= \boldsymbol{a}\,\nabla\cdot\mathrm{d}\boldsymbol{x} = (a_{i,j}\boldsymbol{e}_i\boldsymbol{e}_j)\cdot(\mathrm{d}x_k\boldsymbol{e}_k) = a_{i,j}\mathrm{d}x_j\boldsymbol{e}_i \\ &= \mathrm{d}\boldsymbol{x}\cdot\nabla\boldsymbol{a} = dx_k\boldsymbol{e}_k\cdot a_{i,j}\boldsymbol{e}_j\boldsymbol{e}_i = a_{i,j}\mathrm{d}x_j\boldsymbol{e}_i \end{aligned} \tag{1.7.14}$$

所以可用矢量的右梯度和左梯度表达矢量的空间导数,但矢量微分是唯一的。

1.7.3 矢量的散度和旋度

哈密尔顿算子∇是一个矢量微分算子,形式上是一个矢量,它与任一矢量 $\boldsymbol{v}$ 的点积是一个标量,记为:

$$\nabla\cdot\boldsymbol{v} = \boldsymbol{e}_i\frac{\partial}{\partial x_i}\cdot(v_j\boldsymbol{e}_j) = \frac{\partial v_i}{\partial x_i} = v_{i,i} \tag{1.7.15}$$

称为矢量场 v 的散度,也记为 div $\boldsymbol{v}$,其意义是矢量场中任意封闭曲面的通量对体积的变化率。矢量的左、右散度相等,所以不必加以区分,同时,散度也可看成由二阶张量 $\partial v_i/\partial x_j$ 进行缩并运算得到的结果。注意,笛卡尔坐标系的基矢量不是坐标的函数,所以求导时可作为不变因子处理。

若将哈密尔顿算子∇与任一矢量 $\boldsymbol{v}$ 叉乘,得一个新矢量,记为:

$$\nabla\times\boldsymbol{v} = \boldsymbol{e}_i\frac{\partial}{\partial x_i}\times(v_j\boldsymbol{e}_j) = e_{ijk}\frac{\partial v_j}{\partial x_i}\boldsymbol{e}_k = e_{ijk}v_{j,i}\boldsymbol{e}_k \tag{1.7.16}$$

它表示矢量 v 的旋度,也记为 rot $\boldsymbol{v}$。旋度的意义是矢量场中沿任一封闭有向曲线的环量对面积的最大变化率。显然,矢量的右旋度 $\boldsymbol{v}\times\nabla$ 与左旋度只差一个负号。

刚体转动的质点速度为 $\boldsymbol{v}=\boldsymbol{\omega}\times\boldsymbol{x}$,注意到关系式:

$$\frac{\partial x_i}{\partial x_j} = x_{i,j} = \delta_{ij} \tag{1.7.17}$$

则刚体质点速度场的旋度为：

$$\begin{aligned}\nabla\times \boldsymbol{v} &= e_{ijk}v_{j,i}\boldsymbol{e}_k = e_{ijk}(e_{jmn}\omega_m x_n)_{,i}\boldsymbol{e}_k \\ &= e_{ijk}e_{jmn}\omega_m\delta_{ni}\boldsymbol{e}_k = e_{jki}e_{jmi}\omega_m\boldsymbol{e}_k \\ &= 2\delta_{km}\omega_m\boldsymbol{e}_k = 2\omega_k\boldsymbol{e}_k = 2\boldsymbol{\omega}\end{aligned} \tag{1.7.18}$$

即速度场的旋度是角速度的2倍。

1.7.4 张量的梯度、散度和旋度

梯度、散度和旋度的概念可以推广到任意阶张量。注意∇是一个特殊矢量，须定义张量的左梯度和右梯度。定义张量的左梯度为$\nabla\boldsymbol{T}$，张量的右梯度为$\boldsymbol{T}\nabla$。譬如，一个二阶张量T_{ij}的左梯度为三阶张量，实体记法为：

$$\nabla\boldsymbol{T} = \boldsymbol{e}_i\frac{\partial}{\partial x_i}(T_{jk}\boldsymbol{e}_j\boldsymbol{e}_k) = T_{jk,i}\boldsymbol{e}_i\boldsymbol{e}_j\boldsymbol{e}_k \tag{1.7.19}$$

二阶张量的右梯度为：

$$\boldsymbol{T}\nabla = T_{ij}\boldsymbol{e}_i\boldsymbol{e}_j\left(\boldsymbol{e}_k\frac{\partial}{\partial x_k}\right) = T_{ij,k}\boldsymbol{e}_i\boldsymbol{e}_j\boldsymbol{e}_k \tag{1.7.20}$$

一般地，二阶张量右梯度不等于二阶张量的左梯度。一个二阶张量T的左散度和右散度分别为：

$$\begin{aligned}\nabla\cdot\boldsymbol{T} &= \boldsymbol{e}_i\frac{\partial}{\partial x_i}\cdot(T_{jk}\boldsymbol{e}_j\boldsymbol{e}_k) = T_{jk,i}\delta_{ij}\boldsymbol{e}_k = T_{ji,j}\boldsymbol{e}_i \\ \boldsymbol{T}\cdot\nabla &= T_{ij}\boldsymbol{e}_i\boldsymbol{e}_j\cdot\boldsymbol{e}_k\frac{\partial}{\partial x_k} = T_{ij,k}\delta_{jk}\boldsymbol{e}_i = T_{ij,j}\boldsymbol{e}_i\end{aligned} \tag{1.7.21}$$

所以二阶张量的左散度和右散度为不等的一阶张量。但对于二阶对称张量，则左、右两种散度相等。一个二阶张量T_{ij}的左旋度和右旋度分别为：

$$\begin{aligned}\nabla\times\boldsymbol{T} &= \boldsymbol{e}_i\frac{\partial}{\partial x_i}\times(T_{jk}\boldsymbol{e}_j\boldsymbol{e}_k) = e_{ijl}T_{jk,i}\boldsymbol{e}_l\boldsymbol{e}_k \\ \boldsymbol{T}\times\nabla &= T_{ij}\boldsymbol{e}_i\boldsymbol{e}_j\times\left(\boldsymbol{e}_k\frac{\partial}{\partial x_k}\right) = e_{jkl}T_{ij,k}\boldsymbol{e}_i\boldsymbol{e}_l\end{aligned} \tag{1.7.22}$$

所以二阶张量的两种旋度为两个不同的二阶张量。

1.7.5 高斯定理和斯托克斯定理

高等数学已经证明，对矢量场有高斯(Gauss)积分定理和斯托克斯(Stokes)积分定理。设V是闭合曲面S所围的体积，$\boldsymbol{v}=\boldsymbol{v}(\boldsymbol{x})$是域内一个连续

矢量函数，高斯定理指出，矢量的法向分量沿闭合曲面 $\boldsymbol{S}$ 的面积分，等于矢量的散度在体积 V 上的体积分。高斯定理表示为：

$$\int_S \boldsymbol{v}\cdot\boldsymbol{n}\mathrm{d}S = \int_S \boldsymbol{v}\cdot\mathrm{d}\boldsymbol{S} = \int_V \nabla\cdot\boldsymbol{v}\mathrm{d}V \tag{1.7.23}$$

其中 $\boldsymbol{n}$ 是曲面 S 上的面元 $\mathrm{d}S$ 处的法向单位矢量。面元 $\mathrm{d}\boldsymbol{S}=\boldsymbol{n}\mathrm{d}S$ 是矢量，其 3 个分量是面元在笛卡尔坐标系三个坐标面上的投影（分别为 $\mathrm{d}y\mathrm{d}z$、$\mathrm{d}x\mathrm{d}z$、$\mathrm{d}x\mathrm{d}y$）。

设 S 是一简单闭合曲线 l 所围的曲面，$\boldsymbol{v}=\boldsymbol{v}(\boldsymbol{x})$ 是域内一个连续矢量函数。斯托克斯定理指出，矢量 $\boldsymbol{v}$ 的切向分量沿闭合曲线 l 的线积分，等于矢量旋度的法向分量沿曲面 S 的面积分。斯托克斯定理表示为：

$$\int_l \boldsymbol{v}\cdot\mathrm{d}\boldsymbol{l} = \int_S \nabla\times\boldsymbol{v}\cdot\boldsymbol{n}\mathrm{d}S = \int_S \nabla\times\boldsymbol{v}\cdot\mathrm{d}\boldsymbol{S} \tag{1.7.24}$$

其中线积分沿 l 取正向，曲线 l 的正向与曲面的正向（面元 $\mathrm{d}S$ 处的法向单位矢量 $\boldsymbol{n}$）满足右手螺旋法则。线元 $\mathrm{d}\boldsymbol{l}$ 为矢量，其分量是笛卡尔坐标系的 3 个坐标增量（$\mathrm{d}x$、$\mathrm{d}y$、$\mathrm{d}z$）。

高斯定理把一个封闭面积分和相应体积分联系起来，斯托克斯定理则把一个封闭线积分和面积分联系起来。高斯定理可推广到高阶张量的情况，例如对二阶张量场 $\boldsymbol{T}$，高斯定理有以下两种形式：

$$\begin{aligned}\int_S \boldsymbol{n}\cdot\boldsymbol{T}\mathrm{d}S &= \int_V \nabla\cdot\boldsymbol{T}\mathrm{d}V\\ \int_S \boldsymbol{T}\cdot\boldsymbol{n}\mathrm{d}S &= \int_V \boldsymbol{T}\cdot\nabla\mathrm{d}V\end{aligned} \tag{1.7.25}$$

现在证明以上两个等式。为证明上面第一个等式，令其左边为矢量 $\boldsymbol{u}=\int_S \boldsymbol{n}\cdot\boldsymbol{T}\mathrm{d}S$，作 $\boldsymbol{u}$ 与基矢量 $\boldsymbol{e}_i$ 之点积：

$$\boldsymbol{u}\cdot\boldsymbol{e}_i = \int_S \boldsymbol{n}\cdot\boldsymbol{T}\mathrm{d}S\cdot\boldsymbol{e}_i = \int_S \boldsymbol{n}\cdot\boldsymbol{T}\cdot\boldsymbol{e}_i\mathrm{d}S = \int_S T_{ji}\boldsymbol{e}_j\cdot\boldsymbol{n}\mathrm{d}S \tag{1.7.26}$$

利用矢量场的高斯定理，可得：

$$\boldsymbol{u}\cdot\boldsymbol{e}_i = \int_V \nabla\cdot(T_{ji}\boldsymbol{e}_j)\mathrm{d}V = \int_V T_{ji,j}\mathrm{d}V \tag{1.7.27}$$

于是有：

$$\boldsymbol{u} = (\boldsymbol{u}\cdot\boldsymbol{e}_i)\boldsymbol{e}_i = \int_V T_{ji,j}\mathrm{d}V\boldsymbol{e}_i = \int_V T_{ji,j}\boldsymbol{e}_i\mathrm{d}V = \int_V \nabla\cdot\boldsymbol{T}\mathrm{d}V \tag{1.7.28}$$

所以式（1.7.25）的第一个等式成立。再令 $\boldsymbol{v}=\int_S \boldsymbol{T}\cdot\boldsymbol{n}\mathrm{d}S$，作 $\boldsymbol{v}$ 与基矢量 $\boldsymbol{e}_i$ 之点积：

$$\boldsymbol{v}\cdot\boldsymbol{e}_i=\int_S\boldsymbol{T}\cdot\boldsymbol{n}\mathrm{d}S\cdot\boldsymbol{e}_i=\int_S\boldsymbol{T}\cdot\boldsymbol{n}\cdot\boldsymbol{e}_i\mathrm{d}S=\int_S T_{ij}\boldsymbol{e}_j\cdot\boldsymbol{n}\mathrm{d}S \quad (1.7.29)$$

同样应用矢量的高斯定理得：

$$\boldsymbol{v}\cdot\boldsymbol{e}_i=\int_V\nabla\cdot(T_{ij}\boldsymbol{e}_j)\mathrm{d}V=\int_V T_{ij,j}\mathrm{d}V \quad (1.7.30)$$

同样写出矢量：

$$\boldsymbol{v}=(\boldsymbol{v}\cdot\boldsymbol{e}_i)\boldsymbol{e}_i=\int_V T_{ij,j}\mathrm{d}V\boldsymbol{e}_i=\int_V T_{ij,j}\boldsymbol{e}_i\mathrm{d}V=\int_V\boldsymbol{T}\cdot\nabla\mathrm{d}V \quad (1.7.31)$$

所以式(1.7.25)的第二个等式也成立。当$\boldsymbol{T}$为二阶对称张量时，左散度与右散度相等，故式(1.7.25)两个等式左边也相等。

习　题

1.令ϕ为标量，$\boldsymbol{a}$为矢量。

(1)证明：$\nabla\cdot\nabla\phi=\nabla^2\phi$，并写出笛卡尔坐标系的展开式；

(2)证明：$\nabla\times(\nabla\phi)=\boldsymbol{0}$；

(3)证明：$\nabla\cdot(\nabla\times\boldsymbol{a})=0$；

(4)证明：$\nabla\times(\nabla\times\boldsymbol{a})=\nabla(\nabla\cdot\boldsymbol{a})-\nabla^2\boldsymbol{a}$。

2.结合力学或其他方面的知识，举例说明标量的梯度、矢量的散度、矢量的旋度的意义。

3.求矢量$\boldsymbol{a}=xz^3\boldsymbol{e}_1-2x^2yz\boldsymbol{e}_2+2yz^4\boldsymbol{e}_3$在点$p(1,-1,1)$处的梯度、散度和旋度。

4.在小变形的情况下，变形是指受力后变形体的任意线元$\mathrm{d}\boldsymbol{x}$有位移增量$\mathrm{d}\boldsymbol{u}$。试回答下述问题：

(1)考虑位移梯度，以实体记法和分量记法分别给出位移增量的表达式；

(2)利用位移梯度的和分解，以实体记法和分量记法分别给出应变张量的表达式；

(3)根据应变张量的表达式，证明体积应变为位移矢量的散度，以实体记法和分量记法分别表示体积应变。

第 2 章 一般张量

一般张量或简称张量，其分量满足一般曲线坐标系之间的转换关系，而张量实体满足曲线坐标系变换的不变性。前面介绍了最简单的笛卡尔张量，但很多实际问题要涉及曲线坐标系，适合于曲线坐标系的一般张量更能显示张量的强大能力。在笛卡尔坐标系中，只有一组标准正交基矢量。在曲线坐标系中，每个空间点都须引进一组对偶的基矢量，且一般是曲线坐标的函数，所以曲线坐标系的张量要复杂一些，但张量完美保持了坐标变换的不变性和数理逻辑的一致性。

2.1 斜角直线坐标系和曲线坐标系

2.1.1 斜角直线坐标系

在笛卡尔直角坐标系下，力矢量为 $\boldsymbol{P}$ 而位移矢量为 $\boldsymbol{u}$，则力 $\boldsymbol{P}$ 作用下产生位移 $\boldsymbol{u}$ 时，所做的功为 $W=\boldsymbol{P}\cdot\boldsymbol{u}$。在二维的情况下，力做功表示为：

$$W=\boldsymbol{P}\cdot\boldsymbol{u}=p_1u_1+p_2u_2 \tag{2.1.1}$$

现在讨论这种情况在斜角直线坐标系的表达形式。采用平面斜角直线坐标系，若取 $\boldsymbol{e}_1$、$\boldsymbol{e}_2$ 为单位矢量，坐标线 x_1 和 x_2 的夹角为 α，有力 $\boldsymbol{P}$ 和位移 $\boldsymbol{u}$ 的矢量形式：

$$\boldsymbol{P}=P_1\boldsymbol{e}_1+P_2\boldsymbol{e}_2,\ \boldsymbol{u}=u_1\boldsymbol{e}_1+u_2\boldsymbol{e}_2 \tag{2.1.2}$$

故有：

$$W = \boldsymbol{P} \cdot \boldsymbol{u} = (p_1\boldsymbol{e}_1 + p_2\boldsymbol{e}_2) \cdot (u_1\boldsymbol{e}_1 + u_2\boldsymbol{e}_2)$$
$$= p_1u_1 + p_2u_2 + (p_1u_2 + p_2u_1)\cos\alpha \tag{2.1.3}$$

比较这个式子与直角坐标系中矢量点积的式子,形式上多了一项,不能使矢量点积成为矢量分量两两乘积之和的简洁形式。由此推断,这种基矢量也不能保持物理规律的形式一致性。

为使斜角直线坐标系下矢量点积依然保有简洁形式,需要引入一组对偶基矢量,或者说两组基矢量。为区分这两组基矢量以及相应的张量分量,还需引入带有上下指标的指标符号。此时,空间点的位置还是由一组 3 个参数来确定,且总是用带上标的指标符号 x^i 来表示空间坐标,指标 i 取 1、2、3。这时,沿着直线坐标线的基矢量称为协变基矢量,用带下标的矢量 $\boldsymbol{g}_1$、$\boldsymbol{g}_2$、$\boldsymbol{g}_3$ 来表示这 3 个协变基矢量;同时引入另外一组基矢量称为逆变基矢量,用带上标的矢量 $\boldsymbol{g}^1$、$\boldsymbol{g}^2$、$\boldsymbol{g}^3$ 来表示。逆变基矢量可由协变基矢量按下面的对偶关系确定:

$$\boldsymbol{g}^i \cdot \boldsymbol{g}_j = \delta^i_j \quad i,j = 1,2,3 \tag{2.1.4}$$

式中,

$$\delta^i_j = \begin{cases} 1, & i = j \\ 0, & i \neq j \end{cases} \tag{2.1.5}$$

为克罗奈克尔符号,有上下两个自由指标,表示 9 个分量,指标相同的分量取值为 1,指标相异的分量取值为零。在一个单项表达式中,出现一次的指标为自由指标。在一个等式或方程式中,相同的指标置于同一水平位置。

例如在平面斜角直线坐标系下(图 2.1),令坐标线 x^1 和 x^2 的夹角为 α,协变基矢量 $\boldsymbol{g}_1$ 和 $\boldsymbol{g}_2$ 分别沿着坐标线 x^1 和 x^2 的方向。根据对偶关系(2.1.4),得 $\boldsymbol{g}^1$ 的方向正交于 $\boldsymbol{g}_2$,且 $\boldsymbol{g}^1 \cdot \boldsymbol{g}_1 = 1$。若取 $|\boldsymbol{g}_1| = 1$,则 $|\boldsymbol{g}^1| = \dfrac{1}{\sin\alpha}$。同理,$\boldsymbol{g}^2$ 正交于 $\boldsymbol{g}_1$,若取 $|\boldsymbol{g}_2| = 1$,得 $|\boldsymbol{g}^2| = \dfrac{1}{\sin\alpha}$。因此,根据协变基矢量可完全确定逆变基矢量的大小和方向。

在平面斜角直线坐标系下,用逆变基矢量的线性组合来表示矢量 $\boldsymbol{P}$,表示为:

$$\boldsymbol{P} = p_1\boldsymbol{g}^1 + p_2\boldsymbol{g}^2 \tag{2.1.6}$$

称带下标的指标符号 p_1、p_2 为矢量 $\boldsymbol{P}$ 的协变分量(图 2.1)。同样,用协变基矢量表示 $\boldsymbol{P}$ 时,则有:

$$\boldsymbol{P} = p^1\boldsymbol{g}_1 + p^2\boldsymbol{g}_2 \tag{2.1.7}$$

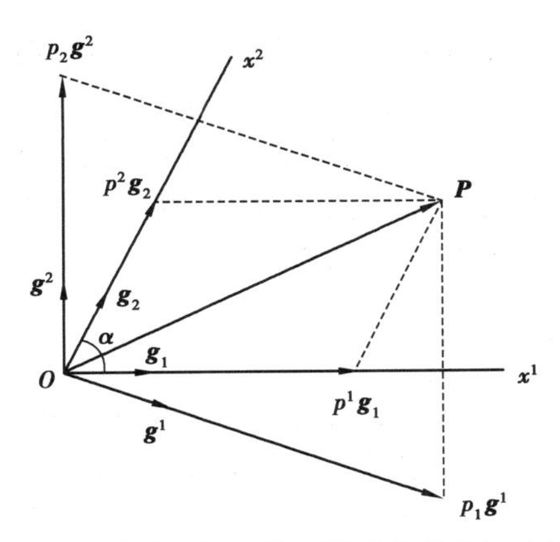

图 2.1　平面斜角直线坐标系的对偶基矢量和矢量的两种分解

称带上标的指标符号 p^1、p^2 为矢量 $\boldsymbol{P}$ 的逆变分量。由于 $\boldsymbol{P}$ 不依赖于坐标系，$\boldsymbol{P}$ 的逆变分量和协变分量应满足一定的关系。对二维情况，有：

$$p_1\boldsymbol{g}^1 + p_2\boldsymbol{g}^2 = p^1\boldsymbol{g}_1 + p^2\boldsymbol{g}_2 \tag{2.1.8}$$

对上式两边分别点乘 $\boldsymbol{g}_1$ 和 $\boldsymbol{g}_2$，可得协变分量和逆变分量的关系：

$$p_1 = p^1 + p^2\cos\alpha,\ p_2 = p^1\cos\alpha + p^2 \tag{2.1.9}$$

现在把二维概念推广到三维的情况，计算功或矢量的点积，令：

$$\boldsymbol{P} = p_i\boldsymbol{g}^i = p^i\boldsymbol{g}_i,\ \boldsymbol{u} = u^j\boldsymbol{g}_j = u_j\boldsymbol{g}^j \tag{2.1.10}$$

在一个表达式中，重复一次的指标为哑标，表示爱因斯坦求和约定。力做功表示为：

$$\begin{aligned} W = \boldsymbol{P}\cdot\boldsymbol{u} &= p_iu^j\boldsymbol{g}^i\cdot\boldsymbol{g}_j = p_iu^j\delta_j^i = p_iu^i \\ &= p^iu_j\boldsymbol{g}_i\cdot\boldsymbol{g}^j = p^iu_j\delta_i^j = p^iu_i \end{aligned} \tag{2.1.11}$$

上面应用了克罗奈克尔符号的指标置换功能。上式表明，只要在斜角直线坐标系中引进协变和逆变基矢量，就能够像在直角坐标系下那样，对一个矢量采用协变分量的分解，对另一个矢量采用逆变分量的分解，就能实现矢量的点积为矢量分量两两乘积之和的简洁形式。显然，矢量 $\boldsymbol{P}$ 的协变和逆变分量分别为：

$$p_i = \boldsymbol{P}\cdot\boldsymbol{g}_i,\ p^i = \boldsymbol{P}\cdot\boldsymbol{g}^i \tag{2.1.12}$$

在斜角直线坐标系中，矢量的协变分量和逆变分量分别是矢量在协变和逆变基矢量的投影。

从以上讨论可以看出，采用对偶基矢量后，矢量有两种分量，分别是矢量的协变分量和逆变分量，分别对应逆变基矢量和协变基矢量。今后把具有上标的量统称为逆变量，具有下标的量统称为协变量。自由指标在一个单项表达式中只能出现一次。哑标在一个单项表达式中出现两次表示爱因斯坦求和约定,哑标求和时,必需一个指标在上、一个指标在下。

显然,笛卡尔坐标系是斜角直线坐标系的特例。在笛卡尔坐标系下,协变基矢量和逆变基矢量完全一致,它们均是相互正交的单位基矢量,并且矢量的逆变分量与协变分量也完全一致。

2.1.2 曲线坐标系

圆柱坐标系和球坐标系是常见的三维曲线坐标系。譬如在球坐标系下(图 2.2),空间中任意一点 A 的坐标为(r,θ,φ)。经过空间中任意一点 A 有 3 条坐标线,由球心 O 出发经过点 A 的射线,坐标为 r;经过点 A 与赤道线平行的纬线为圆周线,坐标为 θ;经过点 A 和圆球南北极的经线,坐标为 φ。r 和 θ 的坐标面为以 O 为顶点的圆锥面,r 和 φ 组成的坐标面为以竖轴为边的半平面,θ 和 φ 组成的坐标面为球面。

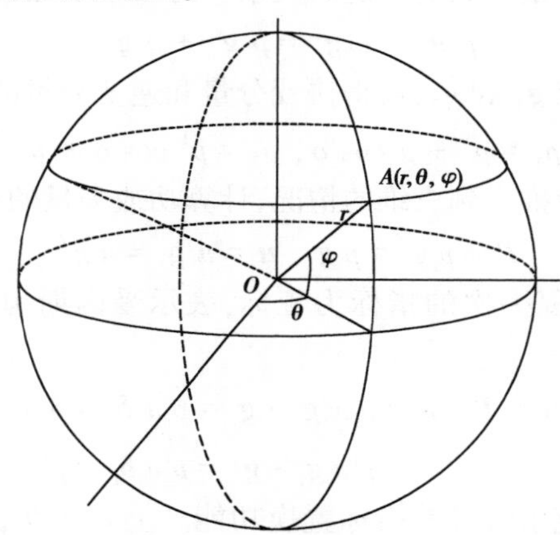

图 2.2　球坐标系

在一般的三维曲线坐标系中,空间任意一点位置由三个独立参数或坐标唯一确定。令 3 个参数中的其中一个连续变化而另外两个保持不变,空间各点就形成一条通常是曲线的坐标线。3 个独立参数意味着经过空间点的三条坐标线不共面。当 3 个参数中的两个连续变化而另外一个保持不变,空间点的集合通常组成一般为曲面的坐标面。

在三维曲线坐标系下,空间中的任意一点 A 由曲线坐标 $x^i(i=1,2,3)$ 唯一决定(图 2.3)。设想从定点 O(通常是坐标原点)到点 A 引一个位置矢量 $\boldsymbol{r}$ 称为矢径,矢径 $\boldsymbol{r}$ 是坐标 x^i 的函数。相邻点 B 的位置矢量为 $\boldsymbol{r}'$,则 $\boldsymbol{r}'=\boldsymbol{r}+\mathrm{d}\boldsymbol{r}$,$\mathrm{d}\boldsymbol{r}$ 是从 A 点到 B 点的矢径增量。曲线坐标系下矢径一般不能表示为坐标的

线性函数，但是，可把矢径增量形式写为：

$$\mathrm{d}\boldsymbol{r}=\frac{\partial \boldsymbol{r}}{\partial x^{i}}\mathrm{d}x^{i} \tag{2.1.13}$$

另外一方面，在点 A 选择 3 个矢量 $\boldsymbol{g}_i$ 的大小和方向，使得线元矢量满足：

$$\mathrm{d}\boldsymbol{r}=\boldsymbol{g}_i\mathrm{d}x^{i} \tag{2.1.14}$$

以上两式中坐标的微分都作为矢径增量的逆变分量。对于任意曲线坐标系，$\boldsymbol{g}_i$ 一般不是单位矢量，都是坐标的函数并且一般都具有长度量纲。比较以上两式得：

$$\boldsymbol{g}_i=\frac{\partial \boldsymbol{r}}{\partial x^{i}} \tag{2.1.15}$$

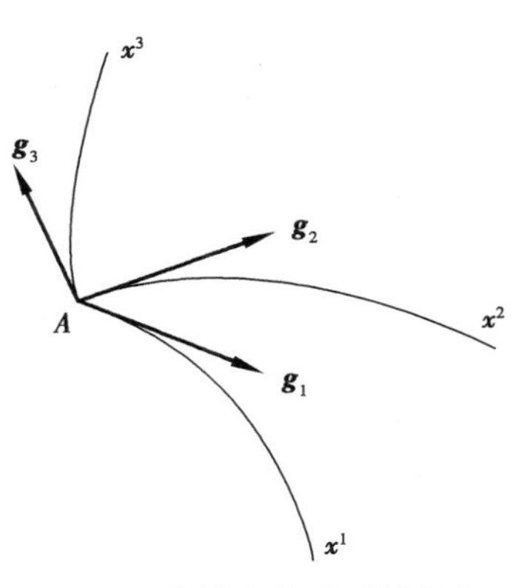

图 2.3　曲线坐标系下任意点由协变基矢量组成的标架

由此看出，协变基矢量是位置矢量对相应曲线坐标的偏导数，大小和方向都与坐标有关，且方向与坐标曲线相切，这样定义的协变基矢量也叫自然基矢量。

为了便于理解，观察一下球坐标系中任意一点的协变基矢量(图 2.4)。令 $x^1=r,x^2=\theta,x^3=\varphi$，参考笛卡尔坐标系的标准正交基矢量，坐标为 r,θ,φ 的空间点的矢径为：

$$\boldsymbol{r}=r\cos\varphi\cos\theta\boldsymbol{e}_1+r\cos\varphi\sin\theta\boldsymbol{e}_2+r\sin\varphi\boldsymbol{e}_3 \tag{2.1.16}$$

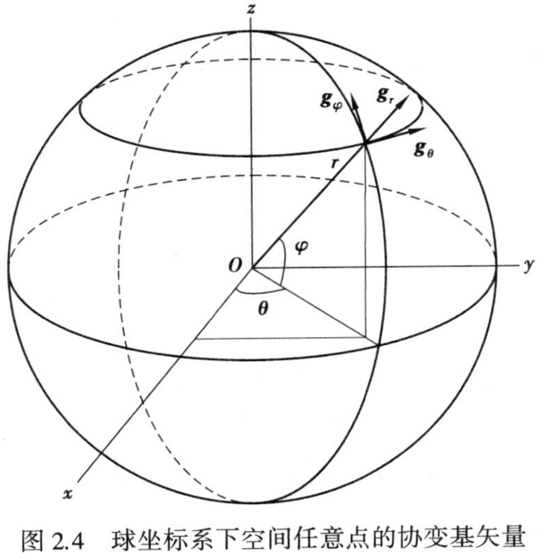

图 2.4　球坐标系下空间任意点的协变基矢量

应用式(2.1.15)，协变基矢量分别为：

$$
\begin{aligned}
\boldsymbol{g}_1 &= \boldsymbol{g}_r = \frac{\partial \boldsymbol{r}}{\partial x^1} = \cos\varphi\cos\theta\boldsymbol{e}_1 + \cos\varphi\sin\theta\boldsymbol{e}_2 + \sin\varphi\boldsymbol{e}_3 \\
\boldsymbol{g}_2 &= \boldsymbol{g}_\theta = \frac{\partial \boldsymbol{r}}{\partial x^2} = -r\cos\varphi\sin\theta\boldsymbol{e}_1 + r\cos\varphi\cos\theta\boldsymbol{e}_2 \\
\boldsymbol{g}_3 &= \boldsymbol{g}_\varphi = \frac{\partial \boldsymbol{r}}{\partial x^3} = -r\sin\varphi\cos\theta\boldsymbol{e}_1 - r\sin\varphi\sin\theta\boldsymbol{e}_2 + r\cos\varphi\boldsymbol{e}_3
\end{aligned}
\tag{2.1.17}
$$

观察这 3 个基矢量,它们都是曲线坐标的函数,随空间位置的变化而变化;$\boldsymbol{g}_2$ 和 $\boldsymbol{g}_3$ 都具有长度的量纲,不再是熟悉的单位基矢量。

根据对偶关系,曲线坐标系中任意一点都可建立一对对偶的基矢量。协变基矢量 $\boldsymbol{g}_i$ 沿坐标线 x^i 的切线并指向坐标增加的方向。通常,协变基矢量不是单位基矢量且可以不正交,但球坐标系是正交曲线坐标系。曲线坐标系下的基矢量是空间位置的函数,例如 $\boldsymbol{g}_i=\boldsymbol{g}_i(x^1, x^2, x^3)$,所以这样的坐标系是局部坐标系。相应地,称基矢量不随空间位置变化的坐标系为整体坐标系,显然,笛卡尔坐标系和直线斜角坐标系都是整体坐标系。在曲线坐标系中,由于协变基矢量随点而变,相当于一个活动标架。一般地,曲线坐标系的协变基矢量往往通过笛卡尔坐标系的标准正交基矢量加以表达。

选择协变基矢量 $\boldsymbol{g}_1$、$\boldsymbol{g}_2$、$\boldsymbol{g}_3$ 使之构成右手系,其混合积为正值,记混合积为:

$$
[\boldsymbol{g}_1\boldsymbol{g}_2\boldsymbol{g}_3] = \boldsymbol{g}_1 \cdot \boldsymbol{g}_2 \times \boldsymbol{g}_3 = \sqrt{g} \tag{2.1.18}
$$

式中 g 为正实数。混合积的几何意义是 3 个矢量依次构成右手系时,以这 3 个矢量为棱边的平行六面体的体积,如图 2.5(a)所示。

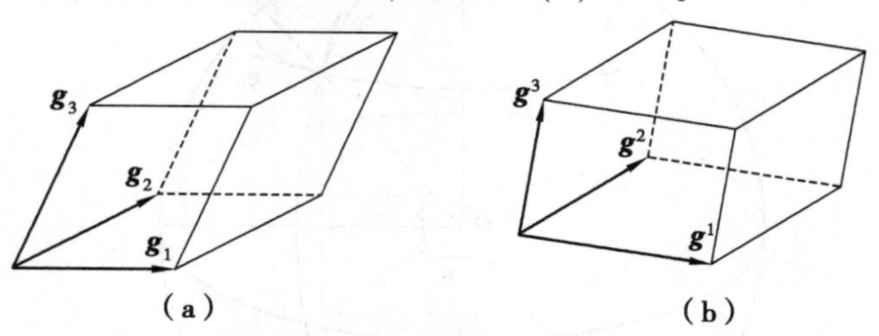

图 2.5 协变基矢量和逆变基矢量构成的混合积

根据对偶关系(2.1.4),由协变基矢量确定逆变基矢量。因为 $\boldsymbol{g}^1 \perp \boldsymbol{g}_2$ 和 $\boldsymbol{g}^1 \perp \boldsymbol{g}_3$,那么 $\boldsymbol{g}^1$ 必平行于 $\boldsymbol{g}_2\times\boldsymbol{g}_3$。设 $\boldsymbol{g}^1 = a\boldsymbol{g}_2\times\boldsymbol{g}_3$,得 $1=\boldsymbol{g}^1 \cdot \boldsymbol{g}_1 = a(\boldsymbol{g}_2\times\boldsymbol{g}_3)\cdot\boldsymbol{g}_1 = a\sqrt{g}$,所以 $a=1/\sqrt{g}$,则有:

$$
\boldsymbol{g}^1 = \frac{\boldsymbol{g}_2 \times \boldsymbol{g}_3}{\sqrt{g}} \tag{2.1.19}
$$

同理可得：

$$\boldsymbol{g}^2=\frac{\boldsymbol{g}_3\times\boldsymbol{g}_1}{\sqrt{g}},\ \boldsymbol{g}^3=\frac{\boldsymbol{g}_1\times\boldsymbol{g}_2}{\sqrt{g}} \tag{2.1.20}$$

所以根据协变基矢量及其混合积,可求得逆变基矢量。

每个矢量都可以分解成协变分量或逆变分量,但基矢量是关于具体坐标系的特殊矢量。如果把两组基矢量分别用同名的基矢量来表示,便有：

$$\boldsymbol{g}_i=\delta_i^j\boldsymbol{g}_j,\ \boldsymbol{g}^i=\delta_j^i\boldsymbol{g}^j \tag{2.1.21}$$

这样,协变基矢量的逆变分量和逆变基矢量的协变分量组成了克罗奈克尔符号,都有 9 个分量,后面将会看到,这种分解实际上是二阶度量张量的混变分量。

现在,把每个协变基矢量向逆变基矢量上分解,便导出一组新的重要的量：

$$\boldsymbol{g}_i=g_{ij}\boldsymbol{g}^j \tag{2.1.22}$$

这样定义的 9 个量 g_{ij} 的总体,叫做度量张量,每个量 g_{ij} 是度量张量的协变分量。同理,可以把 $\boldsymbol{g}^i$ 分解到协变基矢量上,有：

$$\boldsymbol{g}^i=g^{ij}\boldsymbol{g}_j \tag{2.1.23}$$

这样就定义了度量张量的逆变分量 g^{ij}。

度量张量的协变分量和逆变分量是协变基矢量和逆变基矢量两两点积组成的。考察同一组协变基矢量的点积：

$$\boldsymbol{g}_i\cdot\boldsymbol{g}_j=g_{ik}\boldsymbol{g}^k\cdot\boldsymbol{g}_j=g_{ik}\delta_j^k=g_{ij} \tag{2.1.24}$$

上面最后一个等式利用了克罗奈克尔符号的指标置换性质。或者对同一组逆变基矢量进行点积：

$$\boldsymbol{g}^i\cdot\boldsymbol{g}^j=g^{ik}\boldsymbol{g}_k\cdot\boldsymbol{g}^j=g^{ik}\delta_k^j=g^{ij} \tag{2.1.25}$$

并且 $g_{ij}=g_{ji}$,$g^{ij}=g^{ji}$,所以度量张量是二阶对称张量。现在考虑下式：

$$\delta_i^j=\boldsymbol{g}_i\cdot\boldsymbol{g}^j=g_{ik}\boldsymbol{g}^k\cdot g^{jl}\boldsymbol{g}_l=g_{ik}g^{jl}\delta_l^k=g_{ik}g^{jk} \tag{2.1.26}$$

上式反映了度量张量的协变分量和逆变分量的关系,它含有两个自由指标,所以展开后有 9 个等式,k 是哑标表示求和。如果把 g_{ik} 和 g^{jk} 按照第一个指标表示行而第二个指标表示列的规定进行排列,则式(2.1.26)对应的矩阵相乘为：

$$\begin{bmatrix}g_{11}&g_{12}&g_{13}\\g_{21}&g_{22}&g_{23}\\g_{31}&g_{32}&g_{33}\end{bmatrix}\begin{bmatrix}g^{11}&g^{21}&g^{31}\\g^{12}&g^{22}&g^{32}\\g^{13}&g^{23}&g^{33}\end{bmatrix}=\begin{bmatrix}1&0&0\\0&1&0\\0&0&1\end{bmatrix} \tag{2.1.27}$$

所以度量张量的协变分量和逆变分量互逆。

协变基矢量 $\boldsymbol{g}_1$、$\boldsymbol{g}_2$、$\boldsymbol{g}_3$ 的混合积为$\sqrt{g}$,而度量张量协变分量 g_{ij} 的行列式为 g:

$$|g_{ij}| = |\boldsymbol{g}_i \cdot \boldsymbol{g}_j| = \begin{vmatrix} \boldsymbol{g}_1 \cdot \boldsymbol{g}_1 & \boldsymbol{g}_1 \cdot \boldsymbol{g}_2 & \boldsymbol{g}_1 \cdot \boldsymbol{g}_3 \\ \boldsymbol{g}_2 \cdot \boldsymbol{g}_1 & \boldsymbol{g}_2 \cdot \boldsymbol{g}_2 & \boldsymbol{g}_2 \cdot \boldsymbol{g}_3 \\ \boldsymbol{g}_3 \cdot \boldsymbol{g}_1 & \boldsymbol{g}_3 \cdot \boldsymbol{g}_2 & \boldsymbol{g}_3 \cdot \boldsymbol{g}_3 \end{vmatrix} = [\boldsymbol{g}_1 \quad \boldsymbol{g}_2 \quad \boldsymbol{g}_3]^2 = g \tag{2.1.28}$$

这里利用了两组且每组三个矢量进行两两点积构成行列式的矢量公式,后面将对此给予证明。类似地,度量张量混变分量的行列式 $|\delta_i^j|$ 为:

$$|\delta_i^j| = |\boldsymbol{g}_i \cdot \boldsymbol{g}^j| = \begin{vmatrix} \boldsymbol{g}_1 \cdot \boldsymbol{g}^1 & \boldsymbol{g}_1 \cdot \boldsymbol{g}^2 & \boldsymbol{g}_1 \cdot \boldsymbol{g}^3 \\ \boldsymbol{g}_2 \cdot \boldsymbol{g}^1 & \boldsymbol{g}_2 \cdot \boldsymbol{g}^2 & \boldsymbol{g}_2 \cdot \boldsymbol{g}^3 \\ \boldsymbol{g}_3 \cdot \boldsymbol{g}^1 & \boldsymbol{g}_3 \cdot \boldsymbol{g}^2 & \boldsymbol{g}_3 \cdot \boldsymbol{g}^3 \end{vmatrix} = [\boldsymbol{g}_1 \quad \boldsymbol{g}_2 \quad \boldsymbol{g}_3][\boldsymbol{g}^1 \quad \boldsymbol{g}^2 \quad \boldsymbol{g}^3] = 1 \tag{2.1.29}$$

所以,逆变基矢量的混合积为:

$$[\boldsymbol{g}^1 \quad \boldsymbol{g}^2 \quad \boldsymbol{g}^3] = \frac{1}{[\boldsymbol{g}_1 \quad \boldsymbol{g}_2 \quad \boldsymbol{g}_3]} = \frac{1}{\sqrt{g}} \tag{2.1.30}$$

混合积$[\boldsymbol{g}^1 \quad \boldsymbol{g}^2 \quad \boldsymbol{g}^3]$是以这 3 个逆变基矢量为棱边的平行六面体的体积,如图 2.5(b)所示。容易得到由逆变基矢量表示协变基矢量:

$$\boldsymbol{g}_1 = \sqrt{g}(\boldsymbol{g}^2 \times \boldsymbol{g}^3),\ \boldsymbol{g}_2 = \sqrt{g}(\boldsymbol{g}^3 \times \boldsymbol{g}^1),\ \boldsymbol{g}_3 = \sqrt{g}(\boldsymbol{g}^1 \times \boldsymbol{g}^2) \tag{2.1.31}$$

利用度量张量 g^{ij}或 g_{ij},可以把一个矢量的逆变分量用协变分量表示,也可以把它的协变分量用逆变分量表示出来。取任一矢量 $\boldsymbol{u}$ 有:

$$\boldsymbol{u} = u^i \boldsymbol{g}_i = u_j \boldsymbol{g}^j \tag{2.1.32}$$

对上式分别点乘逆变基矢量和协变基矢量:

$$u^i = \boldsymbol{u} \cdot \boldsymbol{g}^i = u_k \boldsymbol{g}^k \cdot \boldsymbol{g}^i = u_k g^{ki} \tag{2.1.33}$$

$$u_j = \boldsymbol{u} \cdot \boldsymbol{g}_j = u^k \boldsymbol{g}_k \cdot \boldsymbol{g}_j = u^k g_{kj} \tag{2.1.34}$$

以上两式称为矢量分量的指标升降关系。同时,矢量的逆变分量视为矢量在逆变基矢量上的投影,矢量的协变分量是矢量在协变基矢量上的投影。通过度量张量还可以得到两个矢量 $\boldsymbol{u}$ 和 $\boldsymbol{v}$ 点积的另外两种形式:

$$\boldsymbol{u} \cdot \boldsymbol{v} = u_i v_j g^{ij} = u^i v^j g_{ij} \tag{2.1.35}$$

所以两个矢量的点积有 4 种形式。而矢量 $\boldsymbol{u}$ 模的平方可表示成:

$$|\boldsymbol{u}|^2 = \boldsymbol{u} \cdot \boldsymbol{u} = u^i u_i = u^i u^j g_{ij} = u_i u_j g^{ij} \tag{2.1.36}$$

注意到在曲线坐标系下,空间任一点的矢量依赖于空间特定位置,矢量分解必须在该点的局部坐标系下进行分解,所以对空间演化的矢量,其分量和基矢量都可以是曲线坐标的函数。

习　题

1. 根据位置矢径来确定笛卡尔直角坐标系的协变基矢量和逆变基矢量。

提示:矢径 $\boldsymbol{r}=x^1\boldsymbol{e}_1+x^2\boldsymbol{e}_2+x^3\boldsymbol{e}_3$。

2. 平面斜角直线坐标系的坐标为 ξ 和 η,两坐标线的夹角为 α,参考坐标系为平面笛卡尔坐标系。

(1)求出平面斜角直线坐标系的矢径表达式;

(2)求出平面斜角直线坐标系的协变基矢量;

(3)求出平面斜角直线坐标系的逆变基矢量。

提示:矢径 $\boldsymbol{r}=(\xi+\eta\cos\alpha)\boldsymbol{e}_1+\eta\sin\alpha\boldsymbol{e}_2$。

3. 圆柱坐标系的坐标参数分别为 r,θ,z,参照笛卡尔直角坐标系的标准正交基矢量。

(1)给出圆柱坐标系的矢径表达式;

(2)给出圆柱坐标系的协变基矢量;

(3)给出圆柱坐标系的逆变基矢量。

2.2　坐标变换

2.2.1　协变转换系数和逆变转换系数

张量的重要特性是坐标变换下的不变性,坐标变换最重要的是基矢量的坐标转换关系。设有一个曲线坐标系 $\{x^i\}$,现建立一个新的曲线坐标系 $\{x^{i'}\}$,原坐标系也可称为旧坐标系,这样新旧坐标系各有一对对偶的基矢量(图 2.6)。首先将新坐标系的两种基矢量对旧坐标系同名基矢量进行分解:

$$\boldsymbol{g}_{i'}=\beta_{i'}^{j}\boldsymbol{g}_j,\ \boldsymbol{g}^{i'}=\beta_j^{i'}\boldsymbol{g}^j \tag{2.2.1}$$

以上两个等式各有一个自由指标,等式右端各有一个表示求和的哑标,所以每个基矢量在旧坐标系下的分量各有 9 个量,称 $\beta_{i'}^{j}$ 为协变转换系数,称 $\beta_j^{i'}$ 为逆变转换系数。实际上协变转换系数和逆变转换系数互不独立,为此,考虑:

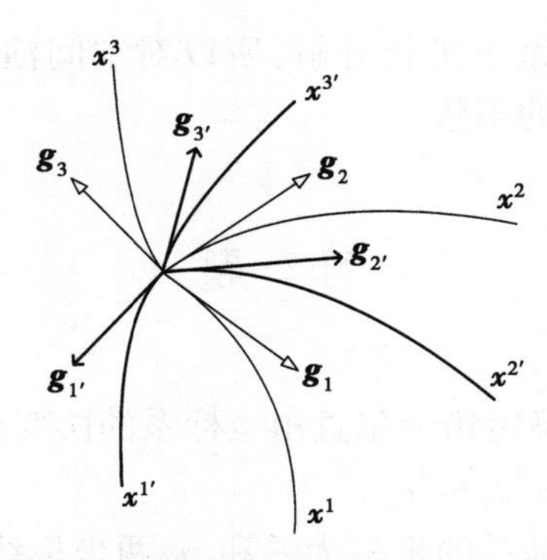

图 2.6　新旧坐标系下任意空间点的两组协变基矢量

$$\delta_{i'}^{j'} = \boldsymbol{g}_{i'} \cdot \boldsymbol{g}^{j'} = \beta_{i'}^{k}\boldsymbol{g}_k \cdot \beta_l^{j'}\boldsymbol{g}^l = \beta_{i'}^{k}\beta_l^{j'}\delta_k^l = \beta_{i'}^{k}\beta_k^{j'} \tag{2.2.2}$$

上式包含两个自由指标,展开后表示 9 个等式。把协变自由指标作为行、逆变自由指标作为列进行矩阵排列,则上式改写为:

$$\begin{bmatrix} \beta_{1'}^1 & \beta_{1'}^2 & \beta_{1'}^3 \\ \beta_{2'}^1 & \beta_{2'}^2 & \beta_{2'}^3 \\ \beta_{3'}^1 & \beta_{3'}^2 & \beta_{3'}^3 \end{bmatrix} \begin{bmatrix} \beta_1^{1'} & \beta_1^{2'} & \beta_1^{3'} \\ \beta_2^{1'} & \beta_2^{2'} & \beta_2^{3'} \\ \beta_3^{1'} & \beta_3^{2'} & \beta_3^{3'} \end{bmatrix} = \begin{bmatrix} 1 & 0 & 0 \\ 0 & 1 & 0 \\ 0 & 0 & 1 \end{bmatrix} \tag{2.2.3}$$

即协变转换系数与逆变转换系数组成的矩阵互逆,所以两组转换系数的独立元素只有 9 个。

把旧坐标系的协变基矢量对新坐标系的协变基矢量进行分解,令其 9 个转换系数为 $\alpha_j^{i'}$:

$$\boldsymbol{g}_j = \alpha_j^{i'}\boldsymbol{g}_{i'} \tag{2.2.4}$$

将上式左右点积 $\boldsymbol{g}^{i'}$,并利用对偶关系:

$$\boldsymbol{g}_j \cdot \boldsymbol{g}^{i'} = \alpha_j^{k'}\boldsymbol{g}_{k'} \cdot \boldsymbol{g}^{i'} = \alpha_j^{k'}\delta_{k'}^{i'} = \alpha_j^{i'} \tag{2.2.5}$$

另外,将上式左端的 $\boldsymbol{g}^{i'}$ 坐标转换关系代入后得:

$$\boldsymbol{g}_j \cdot \boldsymbol{g}^{i'} = \boldsymbol{g}_j \cdot \beta_k^{i'}\boldsymbol{g}^k = \beta_k^{i'}\delta_j^k = \beta_j^{i'} \tag{2.2.6}$$

比较上面这两个等式即有:

$$\alpha_j^{i'} = \beta_j^{i'} \tag{2.2.7}$$

所以旧坐标系协变基矢量表示为:

$$\boldsymbol{g}_j = \beta_j^{i'}\boldsymbol{g}_{i'} \tag{2.2.8}$$

同理可证:

$$\boldsymbol{g}^j = \beta_{i'}^j\boldsymbol{g}^{i'} \tag{2.2.9}$$

且有:

$$\delta_i^j = \boldsymbol{g}_i \cdot \boldsymbol{g}^j = \beta_i^{k'} \boldsymbol{g}_{k'} \cdot \beta_{l'}^j \boldsymbol{g}^{l'} = \beta_i^{k'} \beta_{l'}^j \delta_{k'}^{l'} = \beta_i^{k'} \beta_{k'}^j \tag{2.2.10}$$

上式表示协变和逆变转换系数的另一种互逆关系，令上式自由指标的下标表示行而上标表示列，对应的矩阵形式为：

$$\begin{bmatrix} \beta_1^{1'} & \beta_1^{2'} & \beta_1^{3'} \\ \beta_2^{1'} & \beta_2^{2'} & \beta_2^{3'} \\ \beta_3^{1'} & \beta_3^{2'} & \beta_3^{3'} \end{bmatrix} \begin{bmatrix} \beta_{1'}^1 & \beta_{1'}^2 & \beta_{1'}^3 \\ \beta_{2'}^1 & \beta_{2'}^2 & \beta_{2'}^3 \\ \beta_{3'}^1 & \beta_{3'}^2 & \beta_{3'}^3 \end{bmatrix} = \begin{bmatrix} 1 & 0 & 0 \\ 0 & 1 & 0 \\ 0 & 0 & 1 \end{bmatrix} \tag{2.2.11}$$

因此，一共 4 组转换系数，只有一组是独立的，独立的元素共有 9 个。

坐标转换系数也联系着新旧坐标系的坐标之间的函数关系。把矢径看作一个复合函数 $\boldsymbol{r}(x^j(x^{i'}))$，利用链式求导规则，有：

$$\boldsymbol{g}_{i'} = \frac{\partial \boldsymbol{r}}{\partial x^{i'}} = \frac{\partial \boldsymbol{r}}{\partial x^j} \frac{\partial x^j}{\partial x^{i'}} = \frac{\partial x^j}{\partial x^{i'}} \boldsymbol{g}_j \tag{2.2.12}$$

回顾协变基矢量的坐标转换关系，立即有协变转换系数：

$$\beta_{i'}^j = \frac{\partial x^j}{\partial x^{i'}} \tag{2.2.13}$$

类似地，逆变转换系数表示为：

$$\beta_j^{i'} = \frac{\partial x^{i'}}{\partial x^j} \tag{2.2.14}$$

因此，若已知新旧坐标系之间的坐标变换关系，可利用以上两式确定新坐标系的基矢量。若把笛卡尔坐标系作为参考坐标系，可利用笛卡尔坐标系的标准正交基矢量表示曲线坐标系的局部基矢量。由于圆柱坐标系和球坐标系是常用的坐标系，下面利用坐标变换方法，推导两个坐标系的两组对偶基矢量。

2.2.2　圆柱坐标系的两组对偶基矢量

现在利用坐标变换的方法确定圆柱坐标系的基矢量（图 2.7）。笛卡尔坐标系视为旧坐标系，$x^1 = x, x^2 = y, x^3 = z$；圆柱坐标系视为新坐标系，$x^{1'} = r, x^{2'} = \theta, x^{3'} = z$。圆柱坐标与笛卡尔坐标的关系为：

$$x = r\cos\theta,\ y = r\sin\theta,\ z = z \tag{2.2.15}$$

以及

$$r = (x^2 + y^2)^{\frac{1}{2}},\ \theta = \arctan\frac{y}{x},\ z = z \tag{2.2.16}$$

利用式（2.2.13）得到协变转换系数为：

$$\beta_{1'}^1 = \frac{\partial x^1}{\partial x^{1'}} = \cos\theta,\ \beta_{2'}^1 = \frac{\partial x^1}{\partial x^{2'}} = -r\sin\theta,\ \beta_{3'}^1 = \frac{\partial x^1}{\partial x^{3'}} = 0$$

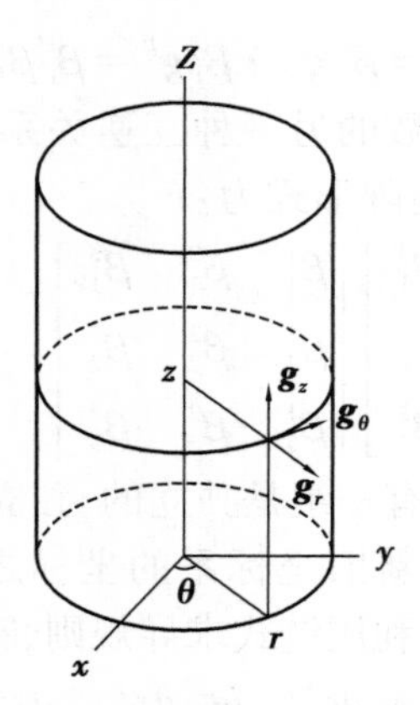

图 2.7　圆柱坐标系及协变基矢量

$$\beta^2_{1'}=\frac{\partial x^2}{\partial x^{1'}}=\sin\theta,\ \beta^2_{2'}=\frac{\partial x^2}{\partial x^{2'}}=r\cos\theta,\ \beta^2_{3'}=\frac{\partial x^2}{\partial x^{3'}}=0$$
$$\beta^3_{1'}=\frac{\partial x^3}{\partial x^{1'}}=0,\ \beta^3_{2'}=\frac{\partial x^3}{\partial x^{2'}}=0,\ \beta^3_{3'}=\frac{\partial x^3}{\partial x^{3'}}=1 \tag{2.2.17}$$

利用式(2.2.14)得到逆变转换系数为：

$$\beta^{1'}_1=\frac{\partial x^{1'}}{\partial x^1}=\cos\theta,\ \beta^{1'}_2=\frac{\partial x^{1'}}{\partial x^2}=\sin\theta,\ \beta^{1'}_3=\frac{\partial x^{1'}}{\partial x^3}=0$$
$$\beta^{2'}_1=\frac{\partial x^{2'}}{\partial x^1}=-\frac{\sin\theta}{r},\ \beta^{2'}_2=\frac{\partial x^{2'}}{\partial x^2}=\frac{\cos\theta}{r},\ \beta^{2'}_3=\frac{\partial x^{2'}}{\partial x^3}=0 \tag{2.2.18}$$
$$\beta^{3'}_1=\frac{\partial x^{3'}}{\partial x^1}=0,\ \beta^{3'}_2=\frac{\partial x^{3'}}{\partial x^2}=0,\ \beta^{3'}_3=\frac{\partial x^{3'}}{\partial x^3}=1$$

根据协变基矢量之间的坐标转换关系，例如 $\boldsymbol{g}_{1'}=\beta^k_{1'}\boldsymbol{g}_k=\beta^k_{1'}\boldsymbol{e}_k$，可立即写出圆柱坐标系的协变基矢量为：

$$\boldsymbol{g}_r=\boldsymbol{g}_{1'}=\cos\theta\,\boldsymbol{e}_1+\sin\theta\,\boldsymbol{e}_2$$
$$\boldsymbol{g}_\theta=\boldsymbol{g}_{2'}=-r\sin\theta\,\boldsymbol{e}_1+r\cos\theta\,\boldsymbol{e}_2 \tag{2.2.19}$$
$$\boldsymbol{g}_z=\boldsymbol{g}_{3'}=\boldsymbol{e}_3$$

再应用逆变基矢量之间的坐标转换关系，例如 $\boldsymbol{g}^{1'}=\beta^{1'}_k\boldsymbol{g}^k=\beta^{1'}_k\boldsymbol{e}^k$，得圆柱坐标系的逆变基矢量为：

$$\boldsymbol{g}^r=\boldsymbol{g}^{1'}=\cos\theta\,\boldsymbol{e}_1+\sin\theta\,\boldsymbol{e}_2$$
$$\boldsymbol{g}^\theta=\boldsymbol{g}^{2'}=-\frac{\sin\theta}{r}\boldsymbol{e}_1+\frac{\cos\theta}{r}\boldsymbol{e}_2 \tag{2.2.20}$$
$$\boldsymbol{g}^z=\boldsymbol{g}^{3'}=\boldsymbol{e}_3$$

圆柱坐标系是最简单的三维曲线坐标系,容易验证每组基矢量彼此正交,这种坐标系为正交曲线坐标系。注意观察,径向和轴向的协变基矢量与逆变基矢量完全相同,而周向的协变基矢量是逆变基矢量的 r^2 倍。

2.2.3　球坐标系的两组对偶基矢量

下面再利用坐标变换的方法来确定球坐标系的基矢量(参考图 2.4 的球坐标系)。设直角坐标为 $x^1=x,x^2=y,x^3=z$;球坐标为 $x^{1'}=r,x^{2'}=\theta,x^{3'}=\varphi$。球坐标和直角坐标之间的关系为:

$$x=r\cos\varphi\cos\theta,\ y=r\cos\varphi\sin\theta,\ z=r\sin\varphi \tag{2.2.21}$$

以及

$$r=(x^2+y^2+z^2)^{\frac{1}{2}},\ \theta=\arctan\frac{y}{x},\ \varphi=\arctan\frac{z}{(x^2+y^2)^{\frac{1}{2}}} \tag{2.2.22}$$

协变转换系数为:

$$\begin{aligned}
&\beta_{1'}^{1}=\cos\theta\cos\varphi,\ \beta_{2'}^{1}=-r\sin\theta\cos\varphi,\ \beta_{3'}^{1}=-r\cos\theta\sin\varphi\\
&\beta_{1'}^{2}=\sin\theta\cos\varphi,\ \beta_{2'}^{2}=r\cos\theta\cos\varphi,\ \beta_{3'}^{2}=-r\sin\theta\sin\varphi\\
&\beta_{1'}^{3}=\sin\varphi,\ \beta_{2'}^{3}=0,\ \beta_{3'}^{3}=r\cos\varphi
\end{aligned} \tag{2.2.23}$$

逆变转换系数为:

$$\begin{aligned}
&\beta_{1}^{1'}=\cos\theta\cos\varphi,\ \beta_{2}^{1'}=\sin\theta\cos\varphi,\ \beta_{3}^{1'}=\sin\varphi\\
&\beta_{1}^{2'}=-\frac{\sin\theta}{r\cos\varphi},\ \beta_{2}^{2'}=\frac{\cos\theta}{r\cos\varphi},\ \beta_{3}^{2'}=0\\
&\beta_{1}^{3'}=-\frac{\cos\theta\sin\varphi}{r},\ \beta_{2}^{3'}=-\frac{\sin\theta\sin\varphi}{r},\ \beta_{3}^{3'}=\frac{\cos\varphi}{r}
\end{aligned} \tag{2.2.24}$$

根据基矢量之间的坐标转换关系,球坐标系的协变基矢量为:

$$\begin{aligned}
&\boldsymbol{g}_{1'}=\boldsymbol{g}_{r}=\cos\theta\cos\varphi\boldsymbol{e}_1+\sin\theta\cos\varphi\boldsymbol{e}_2+\sin\varphi\boldsymbol{e}_3\\
&\boldsymbol{g}_{2'}=\boldsymbol{g}_{\theta}=-r\sin\theta\cos\varphi\boldsymbol{e}_1+r\cos\theta\cos\varphi\boldsymbol{e}_2\\
&\boldsymbol{g}_{3'}=\boldsymbol{g}_{\varphi}=-r\cos\theta\sin\varphi\boldsymbol{e}_1-r\sin\theta\sin\varphi\boldsymbol{e}_2+r\cos\varphi\boldsymbol{e}_3
\end{aligned} \tag{2.2.25}$$

上式与直接求得的协变基矢量(2.1.17)一致。球坐标系的逆变基矢量为:

$$\begin{aligned}
&\boldsymbol{g}^{1'}=\boldsymbol{g}^{r}=\cos\theta\cos\varphi\boldsymbol{e}_1+\sin\theta\cos\varphi\boldsymbol{e}_2+\sin\varphi\boldsymbol{e}_3\\
&\boldsymbol{g}^{2'}=\boldsymbol{g}^{\theta}=-\frac{\sin\theta}{r\cos\varphi}\boldsymbol{e}_1+\frac{\cos\theta}{r\cos\varphi}\boldsymbol{e}_2\\
&\boldsymbol{g}^{3'}=\boldsymbol{g}^{\varphi}=-\frac{\cos\theta\sin\varphi}{r}\boldsymbol{e}_1-\frac{\sin\theta\sin\varphi}{r}\boldsymbol{e}_2+\frac{\cos\varphi}{r}\boldsymbol{e}_3
\end{aligned} \tag{2.2.26}$$

容易验证,两组基矢量均为正交基矢量,所以球坐标系为正交曲线坐标系,对应的协变基矢量与逆变基矢量的方向完全一致。容易看到,径向的协变基矢量等于逆变基矢量,纬向的协变基矢量是逆变基矢量的 $r^2\cos^2\varphi$ 倍,经向的协变基矢量是逆变基矢量的 r^2 倍。

2.2.4 矢量分量的坐标转换关系

现在可以确定一个矢量 $\boldsymbol{v}$ 在两个不同坐标系中的分量。同一个矢量对两个不同坐标系的分解为:

$$\boldsymbol{v} = v_i\boldsymbol{g}^i = v^i\boldsymbol{g}_i = v_{i'}\boldsymbol{g}^{i'} = v^{i'}\boldsymbol{g}_{i'} \tag{2.2.27}$$

首先考虑:

$$v_{i'}\boldsymbol{g}^{i'} = v_j\boldsymbol{g}^j = v_j\beta^j_{j'}\boldsymbol{g}^{j'} \tag{2.2.28}$$

用 $\boldsymbol{g}_{k'}$ 点乘上式两边得:

$$v_{k'} = v_{i'}\boldsymbol{g}^{i'}\cdot\boldsymbol{g}_{k'} = \beta^j_{j'}v_j\boldsymbol{g}^{j'}\cdot\boldsymbol{g}_{k'} = \beta^j_{k'}v_j \tag{2.2.29}$$

类似的运算,易得:

$$v^{i'} = \beta^{i'}_j v^j,\ v_j = \beta^{i'}_j v_{i'},\ v^j = \beta^j_{i'}v^{i'} \tag{2.2.30}$$

可以把以上各式概括为:由旧坐标系转换到新坐标系时,矢量的协变分量与协变基矢量以同一组协变转换系数 $\beta^j_{i'}$ 进行坐标变换,以这种方式变换的量叫做协变量;当矢量的逆变分量与逆变基矢量以逆变转换系数 $\beta^{i'}_j$ 进行坐标变换时的量则为逆变量。

习 题

1.参考笛卡尔坐标系的标准正交基矢量,以坐标变换的方法,确定圆柱坐标系的协变基矢量和逆变基矢量。

2.参考笛卡尔坐标系的标准正交基矢量,以坐标变换的方法,确定球坐标系的协变基矢量和逆变基矢量。

3.若直角坐标系的位移表示为:$\boldsymbol{u} = 3x\boldsymbol{e}_1 + 4y\boldsymbol{e}_2$,请在圆柱坐标系中分别用协变基矢量和逆变基矢量表示该矢量。

2.3　一般张量的概念

2.3.1　矢量或一阶张量

现在考虑以一种新的方式定义矢量。三维曲线坐标系进行坐标变换时，如果由 3 个量构成的集合 v_i 或 $v^i(i=1,2,3)$ 按下式进行变换：

$$v_{i'}=\beta_{i'}^{j}v_j,\ v^{i'}=\beta_j^{i'}v^j \tag{2.3.1}$$

则这些量的集合 v_i 就叫做矢量的协变分量，集合 v^i 就叫做矢量的逆变分量。

2.3.2　二阶张量和高阶张量

把矢量的解析定义推广，进行三维曲线坐标系的坐标变换时，一个由 9 个有序量组成的集合按下式：

$$T^{i'j'}=\beta_i^{i'}\beta_j^{j'}T^{ij} \tag{2.3.2}$$

进行变换，则这 9 个量的集合定义为一个二阶逆变张量，需要逆变转换系数进行两次转换。如果按下式：

$$T_{i'j'}=\beta_{i'}^{i}\beta_{j'}^{j}T_{ij} \tag{2.3.3}$$

进行变换，则这 9 个量的集合构成一个二阶协变张量，即用协变转换系数进行两次协变转换。对于具有两个指标的二阶张量，如果由旧坐标系到新坐标系的转换出现一次协变转换和一次逆变转换，即在旧坐标系中的 9 个量 $T^{i}_{\cdot j}$ 及 $T_i^{\cdot j}$ 按下式：

$$T^{i'}_{\cdot j'}=\beta_i^{i'}\beta_{j'}^{j}T^{i}_{\cdot j} \tag{2.3.4}$$

$$T_{i'}^{\cdot j'}=\beta_{i'}^{i}\beta_j^{j'}T_i^{\cdot j} \tag{2.3.5}$$

变换到新坐标系，则这 9 个量 $T^{i}_{\cdot j}$ 和 $T_i^{\cdot j}$ 的集合定义两个二阶混变张量，上式中指标符号中的点号代表空位以约定指标的顺序。这也是一阶张量推广到二阶张量的必然结果。

以此类推，可以定义三维空间中的任意高阶张量。例如，如果三维空间中有 3^3 个有序数的集合 $T^{ij}_{\cdot\cdot k}$，这组数按下式进行坐标变换：

$$T^{i'j'}_{\cdot\cdot k'}=\beta_i^{i'}\beta_j^{j'}\beta_{k'}^{k}T^{ij}_{\cdot\cdot k} \tag{2.3.6}$$

则这组 27 个有序数的集合就是三维空间中的三阶张量，每一个数是张量的分量。张量的指标代表坐标变换时张量分量的协、逆变性质，如果指标全为上标，称为该张量的逆变分量；如果指标全为下标，则称为该张量的协变分量；

同时具有上标和下标的张量分量,称为该张量的混变张量。譬如式(2.3.6)为三阶张量的混变分量。

笛卡尔张量只有一种分量,不必区分张量的协变、逆变、混变性质,实际运用时可根据需要采用它们的不同记法。

2.3.3 商法则

要判别一组有序数的集合是否构成一个张量,使用商法则是比直接采用定义更为方便的判别方法,下面以三阶张量为例说明商法则。已知 c^k 是一阶张量的逆变分量,b_{ij}是二阶张量的协变分量,一组 27 个数的集合 a^{ijk}能对下式成立:

$$c^k = a^{ijk} b_{ij} \tag{2.3.7}$$

则 a^{ijk}必为一个三阶张量的逆变分量。现在给予证明,根据已知条件:

$$c^k = \beta^k_{l'} c^{l'}, b_{ij} = \beta^{i'}_i \beta^{j'}_j b_{i'j'} \tag{2.3.8}$$

代入式(2.3.7)后得:

$$\beta^k_{l'} c^{l'} = a^{ijk} \beta^{i'}_i \beta^{j'}_j b_{i'j'} \tag{2.3.9}$$

上式两边同乘 $\beta^{k'}_k$,得:

$$c^{k'} = a^{ijk} \beta^{i'}_i \beta^{j'}_j \beta^{k'}_k b_{i'j'} \tag{2.3.10}$$

同时在新坐标系中有下式成立:

$$c^{k'} = a^{i'j'k'} b_{i'j'} \tag{2.3.11}$$

把式(2.3.10)和式(2.3.11)相减得:

$$(a^{i'j'k'} - \beta^{i'}_i \beta^{j'}_j \beta^{k'}_k a^{ijk}) b_{i'j'} = 0 \tag{2.3.12}$$

由于 $b_{i'j'}$的任意性,就有:

$$a^{i'j'k'} = \beta^{i'}_i \beta^{j'}_j \beta^{k'}_k a^{ijk} \tag{2.3.13}$$

这说明 a^{ijk}必是一个三阶张量。

2.3.4 张量实体及其记法

张量是矢量的推广,矢量可用分量表示,也可用实体表示。矢量的实体表示是其分量与相应基矢量的线性组合,张量也有同样形式的实体表达。为此,构造任意两个矢量 $\boldsymbol{a}$ 和 $\boldsymbol{b}$ 的并矢,写作 $\boldsymbol{ab}$(或 $\boldsymbol{a} \otimes \boldsymbol{b}$)。把这两个矢量的分量逐个相乘,基矢量并乘到一起,分量相乘后可得到 4 种 9 个数的集合,譬如其中一种是 $a^i b^j$。考察并矢的坐标转换关系,并利用协变和逆变转换系数的互逆性质,有:

$$\begin{aligned} \boldsymbol{ab} &= a^i b^j \boldsymbol{g}_i \boldsymbol{g}_j = (\beta^i_{i'} a^{i'})(\beta^j_{j'} b^{j'})(\beta^{k'}_i \boldsymbol{g}_{k'})(\beta^{l'}_j \boldsymbol{g}_{l'}) \\ &= \delta^{k'}_{i'} \delta^{l'}_{j'} a^{i'} b^{j'} \boldsymbol{g}_{k'} \boldsymbol{g}_{l'} = a^{k'} b^{l'} \boldsymbol{g}_{k'} \boldsymbol{g}_{l'} \end{aligned} \tag{2.3.14}$$

两个矢量 $\boldsymbol{a}$ 和 $\boldsymbol{b}$ 的并矢 $\boldsymbol{ab}$ 是一个二阶张量，而 $a^i b^j$ 只是它的逆变分量，这里基矢量的并矢 $\boldsymbol{g}_i \boldsymbol{g}_j$ 称为二阶基张量，它们构成的 9 种组合都是线性无关的。由于 $\boldsymbol{ab}$ 在坐标转换时保持不变，所以是一个张量实体。

在一个坐标系中，对于二阶张量可以实体表示为：

$$\boldsymbol{T} = T^{ij} \boldsymbol{g}_i \boldsymbol{g}_j = T_{ij} \boldsymbol{g}^i \boldsymbol{g}^j = T^i_{\cdot j} \boldsymbol{g}_i \boldsymbol{g}^j = T_i^{\cdot j} \boldsymbol{g}^i \boldsymbol{g}_j \tag{2.3.15}$$

利用度量张量，立即有二阶张量各个分量的指标升降关系，有：

$$T^{ij} = T_{kl} g^{ki} g^{lj} = T^i_{\cdot k} g^{kj} = T_k^{\cdot j} g^{ki} \tag{2.3.16}$$

张量分量的指标升降，实质上反映了基张量的转换。当坐标转换时，张量实体不因坐标转换而变化。对于上面的二阶张量，有：

$$\begin{aligned} \boldsymbol{T} &= T^{i'j'} \boldsymbol{g}_{i'} \boldsymbol{g}_{j'} = T_{i'j'} \boldsymbol{g}^{i'} \boldsymbol{g}^{j'} = T^{i'}_{\cdot j'} \boldsymbol{g}_{i'} \boldsymbol{g}^{j'} = T_{i'}^{\cdot j'} \boldsymbol{g}^{i'} \boldsymbol{g}_{j'} \\ &= T^{ij} \boldsymbol{g}_i \boldsymbol{g}_j = T_{ij} \boldsymbol{g}^i \boldsymbol{g}^j = T^i_{\cdot j} \boldsymbol{g}_i \boldsymbol{g}^j = T_i^{\cdot j} \boldsymbol{g}^i \boldsymbol{g}_j \end{aligned} \tag{2.3.17}$$

容易证明，上式与张量的分量形式是完全等价的。高阶张量的实体表示完全可以依此类推，其中基张量的个数就是张量的阶数。矢量可看作一阶张量，而标量可看作零阶张量，它们都具有对坐标的不变性，或者说张量不依赖于某一具体坐标系。

举例：平面应力张量的 4 种分量。

曲线坐标系的每个空间位置都要引进对偶的协变基矢量和逆变基矢量，张量的分量可表为协变、逆变和混变分量。二阶张量有 4 种分量，为便于理解，现以平面应力状态为例考察二阶张量在斜角直线坐标系下的 4 种分量。在平面直角坐标系下，只有一种应力分量，为 σ_x、σ_y、$\tau_{xy} = \tau_{yx}$。现在观察应力在平面斜角直线坐标系中的逆变、协变和混变分量。

建立两个坐标系，约定平面直角坐标系为新坐标系，而平面斜角直线坐标系为旧坐标系，其坐标参数为 ξ 和 η。引用记号 $x^{1'} = x$、$x^{2'} = y$、$x^1 = \xi$、$x^2 = \eta$，平面斜角直线坐标系的夹角为 α。由图 2.8 可知：

$$x^{1'} = x^1 + x^2 \cos\alpha,\ x^{2'} = x^2 \sin\alpha$$

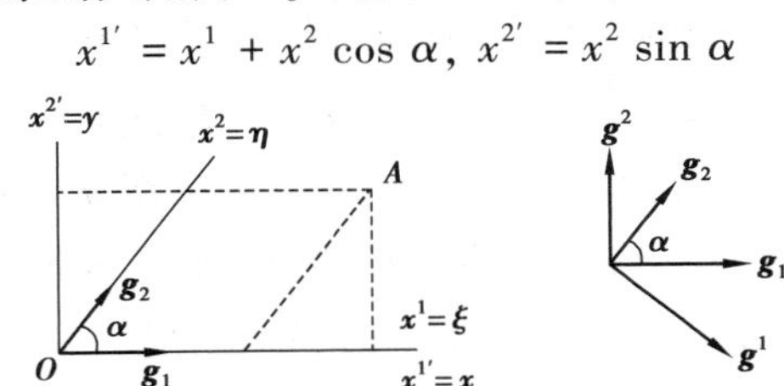

图 2.8　斜角直线坐标系以及两组对偶基矢量

并由此求得：

$$x^1 = x^{1'} - x^{2'}\frac{\cos\alpha}{\sin\alpha},\ x^2 = \frac{x^{2'}}{\sin\alpha}$$

令直角坐标系的两个基矢量为 $\boldsymbol{e}_1$ 和 $\boldsymbol{e}_2$，则斜角直线坐标系中的矢径为：

$$\boldsymbol{r} = x^{1'}\boldsymbol{e}_1 + x^{2'}\boldsymbol{e}_2 = (x^1 + x^2\cos\alpha)\boldsymbol{e}_1 + x^2\sin\alpha\boldsymbol{e}_2$$

则协变基矢量分别为：

$$\boldsymbol{g}_1 = \frac{\partial \boldsymbol{r}}{\partial x^1} = \boldsymbol{e}_1,\ \boldsymbol{g}_2 = \frac{\partial \boldsymbol{r}}{\partial x^2} = \cos\alpha\boldsymbol{e}_1 + \sin\alpha\boldsymbol{e}_2$$

上式中两个基矢量的模均为 1。两坐标系间的协变和逆变转换系数为：

$$\beta^1_{1'} = \frac{\partial x^1}{\partial x^{1'}} = 1,\ \beta^1_{2'} = \frac{\partial x^1}{\partial x^{2'}} = -\frac{\cos\alpha}{\sin\alpha}$$

$$\beta^2_{1'} = \frac{\partial x^2}{\partial x^{1'}} = 0,\ \beta^2_{2'} = \frac{\partial x^2}{\partial x^{2'}} = \frac{1}{\sin\alpha}$$

$$\beta^{1'}_1 = \frac{\partial x^{1'}}{\partial x^1} = 1,\ \beta^{1'}_2 = \frac{\partial x^{1'}}{\partial x^2} = \cos\alpha$$

$$\beta^{2'}_1 = \frac{\partial x^{2'}}{\partial x^1} = 0,\ \beta^{2'}_2 = \frac{\partial x^{2'}}{\partial x^2} = \sin\alpha$$

利用基矢量间的坐标转换关系以及笛卡尔坐标系的基矢量特性，得逆变基矢量：

$$\boldsymbol{g}^1 = \beta^1_{1'}\boldsymbol{e}_1 + \beta^1_{2'}\boldsymbol{e}_2 = \boldsymbol{e}_1 - \frac{\cos\alpha}{\sin\alpha}\boldsymbol{e}_2$$

$$\boldsymbol{g}^2 = \beta^2_{1'}\boldsymbol{e}_1 + \beta^2_{2'}\boldsymbol{e}_2 = \frac{1}{\sin\alpha}\boldsymbol{e}_2$$

注意平面直角坐标系为新坐标系，斜角直线坐标系为旧坐标系，写出张量分量的坐标变换关系为：

$$\sigma^{11} = \beta^1_{i'}\beta^1_{j'}\sigma^{i'j'} = \beta^1_{1'}\beta^1_{1'}\sigma^{1'1'} + \beta^1_{1'}\beta^1_{2'}\sigma^{1'2'} + \beta^1_{2'}\beta^1_{1'}\sigma^{2'1'} + \beta^1_{2'}\beta^1_{2'}\sigma^{2'2'}$$

$$\sigma^{22} = \beta^2_{i'}\beta^2_{j'}\sigma^{i'j'} = \beta^2_{1'}\beta^2_{1'}\sigma^{1'1'} + \beta^2_{1'}\beta^2_{2'}\sigma^{1'2'} + \beta^2_{2'}\beta^2_{1'}\sigma^{2'1'} + \beta^2_{2'}\beta^2_{2'}\sigma^{2'2'}$$

$$\sigma^{12} = \beta^1_{i'}\beta^2_{j'}\sigma^{i'j'} = \beta^1_{1'}\beta^2_{1'}\sigma^{1'1'} + \beta^1_{1'}\beta^2_{2'}\sigma^{1'2'} + \beta^1_{2'}\beta^2_{1'}\sigma^{2'1'} + \beta^1_{2'}\beta^2_{2'}\sigma^{2'2'}$$

$$\sigma^{21} = \beta^2_{i'}\beta^1_{j'}\sigma^{i'j'} = \beta^2_{1'}\beta^1_{1'}\sigma^{1'1'} + \beta^2_{1'}\beta^1_{2'}\sigma^{1'2'} + \beta^2_{2'}\beta^1_{1'}\sigma^{2'1'} + \beta^2_{2'}\beta^1_{2'}\sigma^{2'2'}$$

在笛卡尔坐标系下，不必区分张量的协变、逆变、混变分量，使 $\sigma^{1'1'} = \sigma_x$，$\sigma^{2'2'} = \sigma_y$，$\sigma^{1'2'} = \tau_{xy}$，$\sigma^{2'1'} = \tau_{yx}$，代入后得应力张量的逆变分量：

$$\sigma^{11} = \sigma_x + \frac{\cos^2\alpha}{\sin^2\alpha}\sigma_y - \frac{\cos\alpha}{\sin\alpha}\tau_{xy} - \frac{\cos\alpha}{\sin\alpha}\tau_{yx}$$

$$\sigma^{22} = \frac{1}{\sin^2\alpha}\sigma_y$$

$$\sigma^{12} = -\frac{\cos\alpha}{\sin^2\alpha}\sigma_y + \frac{1}{\sin\alpha}\tau_{xy}$$

$$\sigma^{21} = -\frac{\cos\alpha}{\sin^2\alpha}\sigma_y + \frac{1}{\sin\alpha}\tau_{yx}$$

类似的推导可以得到应力张量的协变分量：

$$\sigma_{11} = \sigma_x$$

$$\sigma_{22} = \cos^2\alpha\sigma_x + \sin^2\alpha\sigma_y + \sin\alpha\cos\alpha\tau_{xy} + \sin\alpha\cos\alpha\tau_{yx}$$

$$\sigma_{12} = \cos\alpha\sigma_x + \sin\alpha\tau_{xy}$$

$$\sigma_{21} = \cos\alpha\sigma_x + \sin\alpha\tau_{yx}$$

应力张量的混变分量为：

$$\sigma^{1}_{\cdot 1} = \sigma_x - \frac{\cos\alpha}{\sin\alpha}\tau_{yx}$$

$$\sigma^{2}_{\cdot 2} = \sigma_y + \frac{\cos\alpha}{\sin\alpha}\tau_{yx}$$

$$\sigma^{1}_{\cdot 2} = \cos\alpha\sigma_x - \cos\alpha\sigma_y + \sin\alpha\tau_{xy} - \frac{\cos^2\alpha}{\sin\alpha}\tau_{yx}$$

$$\sigma^{2}_{\cdot 1} = \frac{1}{\sin\alpha}\tau_{yx}$$

另一种混变分量为：

$$\sigma_{1}^{\cdot 1} = \sigma_x - \frac{\cos\alpha}{\sin\alpha}\tau_{xy}$$

$$\sigma_{2}^{\cdot 2} = \sigma_y + \frac{\cos\alpha}{\sin\alpha}\tau_{xy}$$

$$\sigma_{1}^{\cdot 2} = \frac{1}{\sin\alpha}\tau_{xy}$$

$$\sigma_{2}^{\cdot 1} = \cos\alpha\sigma_x - \cos\alpha\sigma_y + \sin\alpha\tau_{xy} - \frac{\cos^2\alpha}{\sin\alpha}\tau_{yx}$$

上述各应力分量的 4 种表示如图 2.9 和图 2.10 所示。应力张量本质上是作用面元与面元上作用力的并矢，所以应力的第一个指标表示作用面，斜角坐标系下作用面方向不是法向而是基矢量方向；第二个指标为面力，其方向也由基矢量来确定。虽然一点的应力有 4 种分量，但应力作为实体是客观的，只是存在 4 种表达形式，实际工程应用时要采用张量的物理分量，后面会介绍怎样得到物理分量。

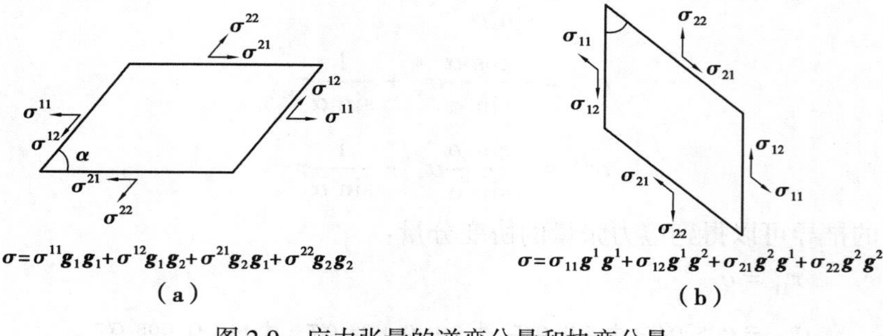

图 2.9　应力张量的逆变分量和协变分量

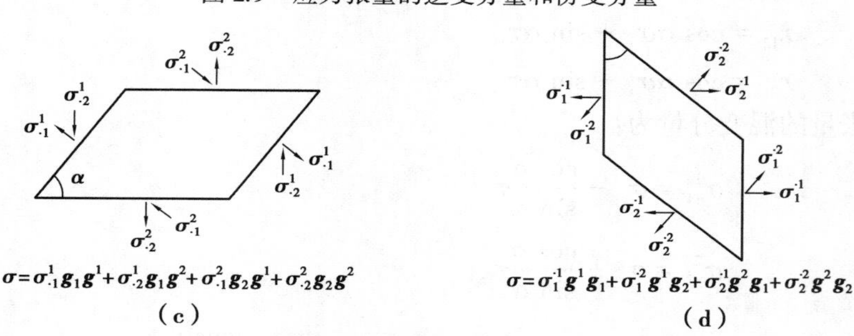

图 2.10　应力张量的两种混变分量

习　题

1.笛卡尔直角坐标系的应力张量有 9 个分量：σ_{xx}，σ_{yy}，σ_{zz}，$\sigma_{xy}=\sigma_{yx}$，$\sigma_{xz}=\sigma_{zx}$，$\sigma_{yz}=\sigma_{zy}$。确定圆柱坐标系中应力张量的协变、逆变、混变分量。

2.笛卡尔直角坐标系的应力张量有 9 个分量：σ_{xx}，σ_{yy}，σ_{zz}，$\sigma_{xy}=\sigma_{yx}$，$\sigma_{xz}=\sigma_{zx}$，$\sigma_{yz}=\sigma_{zy}$。请确定球坐标系中应力张量的协变、逆变、混变分量。

3.在任意曲线坐标系中，利用二阶张量在新旧坐标系中的不变性来说明张量的概念以及张量的协变和逆变性质，并证明二阶张量分量的指标升降关系。

4.张量是矢量的推广。请说明任意两个矢量的并矢为二阶张量，证明该二阶张量的 4 种分量均满足坐标转换关系，并证明该张量实体满足坐标变换的不变性。

2.4　度量张量

2.4.1　度量张量的概念

我们已经提到,当把协变基矢量对逆变基矢量分解,或把逆变基矢量对协变基矢量分解,就可分别定义度量张量的协变分量和逆变分量;且协变分量是协变基矢量的两两点积,逆变分量是逆变基矢量的两两点积。现在考察这些分量的坐标变换关系,根据定义:

$$g_{i'j'} = \boldsymbol{g}_{i'} \cdot \boldsymbol{g}_{j'} = \beta_{i'}^{k}\boldsymbol{g}_{k} \cdot \beta_{j'}^{l}\boldsymbol{g}_{l} = \beta_{i'}^{k}\beta_{j'}^{l}g_{kl} \tag{2.4.1}$$

$$g^{i'j'} = \boldsymbol{g}^{i'} \cdot \boldsymbol{g}^{j'} = \beta_{k}^{i'}\boldsymbol{g}^{k} \cdot \beta_{l}^{j'}\boldsymbol{g}^{l} = \beta_{k}^{i'}\beta_{l}^{j'}g^{kl} \tag{2.4.2}$$

所以 g_{ij}和 g^{ij}分别是度量张量的协变分量和逆变分量。根据一般张量的概念,度量张量还存在两种混变分量,它们是:

$$g_{\cdot j}^{i} = \boldsymbol{g}^{i} \cdot \boldsymbol{g}_{j} = \delta_{j}^{i},\ g_{j}^{\cdot i} = \boldsymbol{g}_{j} \cdot \boldsymbol{g}^{i} = \delta_{j}^{i} \tag{2.4.3}$$

所以度量张量的两种混变分量都是单位张量,可以推论它们在任何坐标系均为单位张量。这样,度量张量的实体形式可完整地写成:

$$\boldsymbol{G} = g_{ij}\boldsymbol{g}^{i}\boldsymbol{g}^{j} = g^{ij}\boldsymbol{g}_{i}\boldsymbol{g}_{j} = \delta_{j}^{i}\boldsymbol{g}_{i}\boldsymbol{g}^{j} = \delta_{i}^{j}\boldsymbol{g}^{i}\boldsymbol{g}_{j} \tag{2.4.4}$$

度量张量协变分量的行列式记为 g,把下式:

$$\delta_{i}^{j} = g_{ik}g^{jk} \tag{2.4.5}$$

展开成矩阵形式,并对两边取行列式,由于矩阵之积的行列式等于因子矩阵行列式之积,所以有:

$$|g_{ik}g^{jk}| = |g_{ik}| \cdot |g^{jk}| = g\,|g^{jk}| = 1 \tag{2.4.6}$$

因此有:

$$|g^{ij}| = \frac{1}{g} \tag{2.4.7}$$

g 是一个标量函数,考察它的坐标转换关系。利用度量张量协变分量的坐标变换关系(2.4.1)并同时取其行列式,有:

$$g' = |g_{i'j'}| = |\beta_{i'}^{k}|\,|\beta_{j'}^{l}|\,|g_{kl}| = g\,|\beta_{i'}^{k}|\,|\beta_{j'}^{l}| \tag{2.4.8}$$

如令协变转换系数的行列式 $|\beta_{i'}^{k}| = \Delta$,上式成为:

$$g' = \Delta^{2}g \tag{2.4.9}$$

因此,尽管 g 是标量函数,但是在新旧两个坐标系的值是不同的,这样的标量称为伪标量。注意到协变基矢量构成右手系时,混合积是以 3 个基矢量为棱边的平行六面体的体积，而 g 等于混合积的平方，因此有：

$$[\boldsymbol{g}_1 \quad \boldsymbol{g}_2 \quad \boldsymbol{g}_3] = \sqrt{g} > 0, \quad g = |g_{ij}| > 0 \tag{2.4.10}$$

在数学上，空间是指具有一定性质的点的集合，测量空间距离的规则就叫度量，我们只关心三维空间情况下这些点的集合，空间中任意一点对应着独立的三个数即坐标。空间中两点的距离也就是矢量的长度，而矢量的长度可用矢量点积来表达，因此，规定了矢量的点积也就规定了两点的距离。如果两点很近，则其间的距离是线元矢量 $\mathrm{d}\boldsymbol{r}$ 的长度。由于线元是个微分量，可用相应的线元弦长来代替：

$$(\mathrm{d}s)^2 = \mathrm{d}\boldsymbol{r} \cdot \mathrm{d}\boldsymbol{r} = \boldsymbol{g}_i \mathrm{d}x^i \cdot \boldsymbol{g}_j \mathrm{d}x^j = g_{ij} \mathrm{d}x^i \mathrm{d}x^j \tag{2.4.11}$$

上式表明坐标的微分导致线元长度的变化完全取决于 g_{ij}，从而建立起线元的空间度量。鉴于线元的平方 $(\mathrm{d}s)^2$ 是二次型 $g_{ij}\mathrm{d}x^i\mathrm{d}x^j$，所以称 $g_{ij}\mathrm{d}x^i dx^j$ 为空间的度量，这是称 g_{ij} 为度量张量的原因所在，它也是确定空间几何性质的一个最基本的度量尺度。用度量张量决定性质的空间称为度量空间。线元长度的平方也是一个微分二次型，g_{ij} 是其系数，由式(2.4.11)可知，这个二次型是正定二次型。如果把 g_{ij} 看作矩阵，这个矩阵也是正定的。相应地，称这样的空间为欧几里得空间。

2.4.2 正交曲线坐标系的度量张量

度量张量表示空间度量的重要特性，取决于基矢量或坐标系。显然，在笛卡尔坐标系中，度量张量的 4 种分量完全一致，为观察方便，把它们的协变和逆变分量写成矩阵形式：

$$[g_{ij}] = [g^{ij}] = \begin{bmatrix} 1 & 0 & 0 \\ 0 & 1 & 0 \\ 0 & 0 & 1 \end{bmatrix} \tag{2.4.12}$$

所以笛卡尔坐标系的度量张量为二阶单位张量。在正交曲线坐标系中，由于组成活动标架的基矢量互相垂直，度量张量的协变分量和逆变分量将得到极大简化。确定曲线坐标系中的度量张量，既可以采用定义方式，也可按照坐标变换的办法。正交曲线坐标系的度量张量写成矩阵时，只有主对角线的分量不为零，其他分量皆为零，表示为：

$$g_{ij} = g^{ij} = 0 \ (i \neq j), \ g_{\underline{i}\underline{i}} = \frac{1}{g^{\underline{i}\underline{i}}} \tag{2.4.13}$$

这里约定在两个相同指标下面加一横，表示不对指标求和。圆柱坐标系和球坐标系是较常用的正交曲线坐标系，考察它们的度量张量。

2.4.3　圆柱坐标系的度量张量

根据度量张量的定义，应用圆柱坐标系的协变基矢量表达式(2.2.19)，直接由协变基矢量点积运算得到协变分量：

$$g_{11}=g_{rr}=\boldsymbol{g}_r\cdot\boldsymbol{g}_r=1,\ g_{22}=g_{\theta\theta}=\boldsymbol{g}_\theta\cdot\boldsymbol{g}_\theta=r^2,\ g_{33}=g_{zz}=\boldsymbol{g}_z\cdot\boldsymbol{g}_z=1$$
$$g_{12}=g_{r\theta}=\boldsymbol{g}_r\cdot\boldsymbol{g}_\theta=0,\ g_{23}=g_{\theta z}=\boldsymbol{g}_\theta\cdot\boldsymbol{g}_z=0,\ g_{13}=g_{rz}=\boldsymbol{g}_r\cdot\boldsymbol{g}_z=0 \tag{2.4.14}$$

根据圆柱坐标系的逆变基矢量表达式(2.2.20)，作逆变基矢量的点积得度量张量的逆变分量：

$$\begin{gathered}g^{11}=g^{rr}=1,\ g^{22}=g^{\theta\theta}=\frac{1}{r^2},\ g^{33}=g^{zz}=1\\ g^{12}=g^{r\theta}=0,\ g^{23}=g^{\theta z}=0,\ g^{13}=g^{rz}=0\end{gathered} \tag{2.4.15}$$

为清晰起见，把上面圆柱坐标系的度量张量都表示为矩阵形式：

$$[g_{ij}]=\begin{bmatrix}1&0&0\\0&r^2&0\\0&0&1\end{bmatrix},\ [g^{ij}]=\begin{bmatrix}1&0&0\\0&\frac{1}{r^2}&0\\0&0&1\end{bmatrix} \tag{2.4.16}$$

且度量张量协变分量的行列式为：

$$g=r^2 \tag{2.4.17}$$

由式(2.4.11)，圆柱坐标系下空间线元的长度平方为：

$$(\mathrm{d}s)^2=(\mathrm{d}r)^2+r^2(\mathrm{d}\theta)^2+(\mathrm{d}z)^2 \tag{2.4.18}$$

2.4.4　球坐标系的度量张量

现在采用坐标变换的方法确定球坐标系中度量张量的协变分量和逆变分量。注意到笛卡尔坐标系中的度量张量式(2.4.12)，令笛卡尔坐标系为旧坐标系而球坐标系为新坐标系，二阶张量协变分量的坐标转换关系以及利用协变转换系数(2.2.23)，度量张量的协变分量为：

$$\begin{aligned}&g_{1'1'}=g_{rr}=\beta_{1'}^1\beta_{1'}^1 g_{11}+\beta_{1'}^2\beta_{1'}^2 g_{22}+\beta_{1'}^3\beta_{1'}^3 g_{33}=1\\&g_{2'2'}=g_{\theta\theta}=\beta_{2'}^1\beta_{2'}^1 g_{11}+\beta_{2'}^2\beta_{2'}^2 g_{22}+\beta_{2'}^3\beta_{2'}^3 g_{33}=r^2\cos^2\varphi\\&g_{3'3'}=g_{\varphi\varphi}=\beta_{3'}^1\beta_{3'}^1 g_{11}+\beta_{3'}^2\beta_{3'}^2 g_{22}+\beta_{3'}^3\beta_{3'}^3 g_{33}=r^2\\&g_{1'2'}=g_{r\theta}=0,g_{2'3'}=g_{\theta\varphi}=0,g_{1'3'}=g_{r\varphi}=0\end{aligned} \tag{2.4.19}$$

另外，回顾逆变分量的坐标转换关系并利用逆变转换系数(2.2.24)，有度量张量的逆变分量：

$$g^{1'1'}=g^{rr}=1,\ g^{2'2'}=g^{\theta\theta}=\frac{1}{r^2\cos^2\varphi},\ g^{3'3'}=g^{\varphi\varphi}=\frac{1}{r^2} \tag{2.4.20}$$

$$g^{1'2'}=g^{r\theta}=0,\ g^{2'3'}=g^{\theta\varphi}=0,\ g^{1'3'}=g^{r\varphi}=0$$

把球坐标系的度量张量写成矩阵形式：

$$[g_{ij}]=\begin{bmatrix}1 & 0 & 0\\ 0 & r^2\cos^2\varphi & 0\\ 0 & 0 & r^2\end{bmatrix},\ [g^{ij}]=\begin{bmatrix}1 & 0 & 0\\ 0 & \dfrac{1}{r^2\cos^2\varphi} & 0\\ 0 & 0 & \dfrac{1}{r^2}\end{bmatrix} \tag{2.4.21}$$

度量张量协变分量的行列式为：

$$g=r^4\cos^2\varphi \tag{2.4.22}$$

球坐标系下空间线元长度的平方为：

$$(\mathrm{d}s)^2=(\mathrm{d}r)^2+r^2\cos^2\varphi\,(\mathrm{d}\theta)^2+r^2(\mathrm{d}\varphi)^2 \tag{2.4.23}$$

度量空间线元时，球坐标系的径向线为射线，径向坐标增量的系数为 1；平行于赤道面的纬向线为圆周线，所以经向坐标增量的系数为 $r\cos\varphi$，而纬向坐标增量的系数为 r。

习　题

1. 试证曲线坐标系下的克罗奈克尔符号是度量张量的二阶混变分量。

2. 证明在一般曲线坐标系中，两个矢量 $\boldsymbol{u},\boldsymbol{v}$ 的夹角 α 满足：

$$\cos\alpha=\frac{g_{ij}u^iv^j}{\sqrt{g_{kl}u^ku^l}\sqrt{g_{mn}v^mv^n}}。$$

3. 利用坐标变换的方法，确定圆柱坐标系度量张量的协变分量、逆变分量和混变分量。

4. 已知一斜角直线坐标系的协变基是：$\boldsymbol{g}_1=2\boldsymbol{e}_1+\boldsymbol{e}_3,\boldsymbol{g}_2=\boldsymbol{e}_1+\boldsymbol{e}_2+\boldsymbol{e}_3,\boldsymbol{g}_3=\boldsymbol{e}_1+2\boldsymbol{e}_2+3\boldsymbol{e}_3$，其中 $\boldsymbol{e}_1$、$\boldsymbol{e}_2$、$\boldsymbol{e}_3$ 是笛卡尔坐标系的单位基矢量，求斜角直线坐标系的逆变基。若矢量 $\boldsymbol{u}$ 的逆变分量分别为：$u^1=1,u^2=1,u^3=-1$，求矢量的协变分量。

2.5　置换张量

在笛卡尔坐标系中,以标准正交基矢量为棱边形成一个正方体,记单位基矢量的混合积为$[\boldsymbol{e}_1\ \ \boldsymbol{e}_2\ \ \boldsymbol{e}_3]=1$。当这三个基矢量任意排列时,其全部排列构成 27 个值,引进置换符号后记其混合积为$[\boldsymbol{e}_i\ \ \boldsymbol{e}_j\ \ \boldsymbol{e}_k]=e_{ijk}$,笛卡尔坐标系的置换符号构成笛卡尔坐标系的置换张量。

2.5.1　置换张量的定义

现把笛卡尔坐标系的情况推广到任意曲线坐标系中。曲线坐标系中基矢量的混合积为:

$$[\boldsymbol{g}_1\ \ \boldsymbol{g}_2\ \ \boldsymbol{g}_3]=\sqrt{g}\,,\ [\boldsymbol{g}^1\ \ \boldsymbol{g}^2\ \ \boldsymbol{g}^3]=\frac{1}{\sqrt{g}} \tag{2.5.1}$$

取上面两组各三个基矢量任意排列,则每一组共有 27 种可能的排列。混合积中若有两个矢量相同,混合积为零,所以只有 6 种排列不为零,其中 3 种顺序排列的值为正值,3 种逆序排列为负值,21 种排列为零。因此,扩展具有三个指标的置换符号为:

$$e_{ijk}=e^{ijk}=\begin{cases}1, & \text{当 } i,j,k \text{ 顺序排列}\\ -1, & \text{当 } i,j,k \text{ 逆序排列}\\ 0, & \text{当 } i,j,k \text{ 非序排列}\end{cases} \tag{2.5.2}$$

则基矢量混合积的全部排列可统一写为:

$$[\boldsymbol{g}_i\ \ \boldsymbol{g}_j\ \ \boldsymbol{g}_k]=\sqrt{g}\,e_{ijk}\,,\ [\boldsymbol{g}^i\ \ \boldsymbol{g}^j\ \ \boldsymbol{g}^k]=\frac{1}{\sqrt{g}}e^{ijk} \tag{2.5.3}$$

对基矢量的混合积进行坐标变换,得:

$$[\boldsymbol{g}_{i'}\ \ \boldsymbol{g}_{j'}\ \ \boldsymbol{g}_{k'}]=[\beta_{i'}^{i}\boldsymbol{g}_i\ \ \beta_{j'}^{j}\boldsymbol{g}_j\ \ \beta_{k'}^{k}\boldsymbol{g}_k]=\beta_{i'}^{i}\beta_{j'}^{j}\beta_{k'}^{k}[\boldsymbol{g}_i\ \ \boldsymbol{g}_j\ \ \boldsymbol{g}_k] \tag{2.5.4}$$

混合积满足坐标转换关系,根据张量定义为三阶张量的协变分量,称这个张量为置换张量(Eddington 张量)。协变分量与逆变分量分别记为:

$$\varepsilon_{ijk}=[\boldsymbol{g}_i\ \ \boldsymbol{g}_j\ \ \boldsymbol{g}_k]=\sqrt{g}\,e_{ijk} \tag{2.5.5}$$

$$\varepsilon^{ijk}=[\boldsymbol{g}^i\ \ \boldsymbol{g}^j\ \ \boldsymbol{g}^k]=\frac{1}{\sqrt{g}}e^{ijk} \tag{2.5.6}$$

通过置换张量定义,得到协变分量和逆变分量的关系:

$$\varepsilon_{ijk} = \boldsymbol{g}_i \cdot \boldsymbol{g}_j \times \boldsymbol{g}_k = (g_{ir}\boldsymbol{g}^r) \cdot (g_{js}\boldsymbol{g}^s) \times (g_{kt}\boldsymbol{g}^t)$$
$$= g_{ir}g_{js}g_{kt}\boldsymbol{g}^r \cdot \boldsymbol{g}^s \times \boldsymbol{g}^t = g_{ir}g_{js}g_{kt}\boldsymbol{\varepsilon}^{rst} \tag{2.5.7}$$

所以,协变分量可通过逆变分量指标三次下降而得到,反之亦然。根据指标升降关系还可得到置换张量的六种混变分量,因为没有实用价值,不予讨论。置换张量是关于任意一对指标的反对称张量,其分量一般是坐标的函数。置换张量实体形式记为:

$$\boldsymbol{\varepsilon} = \varepsilon_{ijk}\boldsymbol{g}^i\boldsymbol{g}^j\boldsymbol{g}^k = \varepsilon^{ijk}\boldsymbol{g}_i\boldsymbol{g}_j\boldsymbol{g}_k = \varepsilon_{i'j'k'}\boldsymbol{g}^{i'}\boldsymbol{g}^{j'}\boldsymbol{g}^{k'} = \varepsilon^{i'j'k'}\boldsymbol{g}_{i'}\boldsymbol{g}_{j'}\boldsymbol{g}_{k'} \tag{2.5.8}$$

利用置换张量,考察基矢量的叉积,因为:

$$\boldsymbol{g}_i \times \boldsymbol{g}_j \cdot \boldsymbol{g}_k = \varepsilon_{ijk} = \varepsilon_{ijl}\delta_k^l = \varepsilon_{ijl}\boldsymbol{g}^l \cdot \boldsymbol{g}_k \tag{2.5.9}$$

比较上式两边,得:

$$\boldsymbol{g}_i \times \boldsymbol{g}_j = \varepsilon_{ijl}\boldsymbol{g}^l \tag{2.5.10}$$

同理可得:

$$\boldsymbol{g}^i \times \boldsymbol{g}^j = \varepsilon^{ijk}\boldsymbol{g}_k \tag{2.5.11}$$

回顾式(2.1.19)、式(2.1.20)以及式(2.1.31)可以发现,其形式与以上两式用置换张量表示基矢量的叉积是等价的。

2.5.2 置换符号表示行列式

置换符号式(2.5.2)关于任意两个指标均反对称,但它不是三阶张量的分量。利用置换符号,可以改写行列式的展开式为:

$$a = |a^p_{\cdot q}| = \begin{vmatrix} a^1_{\cdot 1} & a^1_{\cdot 2} & a^1_{\cdot 3} \\ a^2_{\cdot 1} & a^2_{\cdot 2} & a^2_{\cdot 3} \\ a^3_{\cdot 1} & a^3_{\cdot 2} & a^3_{\cdot 3} \end{vmatrix} = a^i_{\cdot 1}a^j_{\cdot 2}a^k_{\cdot 3}e_{ijk} = a^1_{\cdot i}a^2_{\cdot j}a^3_{\cdot k}e^{ijk} \tag{2.5.12}$$

这里令 p 为行号,q 为列号,可以把上式记为 $e_{123}a = a^i_{\cdot 1}a^j_{\cdot 2}a^k_{\cdot 3}e_{ijk}$。根据行列式的性质,如果在 $a^i_{\cdot 1}a^j_{\cdot 2}a^k_{\cdot 3}e_{ijk}$ 中对下标作任意的位置置换,譬如 $a^i_{\cdot 2}a^j_{\cdot 1}a^k_{\cdot 3}e_{ijk}$ 就相当于把行列式的第 1 列和第 2 列互换,行列式的值为 $-a = e_{213}a = a^i_{\cdot 2}a^j_{\cdot 1}a^k_{\cdot 3}e_{ijk}$;再把第 2 列和第 3 列互换,置换一次又改变了符号,其结果回到了 $+a = e_{231}a = a^i_{\cdot 2}a^j_{\cdot 3}a^k_{\cdot 1}e_{ijk}$,这个规律可以写成:

$$ae_{lmn} = a^i_{\cdot l}a^j_{\cdot m}a^k_{\cdot n}e_{ijk} = \begin{vmatrix} a^1_{\cdot l} & a^1_{\cdot m} & a^1_{\cdot n} \\ a^2_{\cdot l} & a^2_{\cdot m} & a^2_{\cdot n} \\ a^3_{\cdot l} & a^3_{\cdot m} & a^3_{\cdot n} \end{vmatrix} \tag{2.5.13}$$

因为交换行列式的两行时,行列式的值也变号,因此类似地也有:

$$ae^{lmn}=a^{l}_{\cdot i}a^{m}_{\cdot j}a^{n}_{\cdot k}e^{ijk}=\begin{vmatrix}a^{l}_{\cdot 1} & a^{l}_{\cdot 2} & a^{l}_{\cdot 3}\\ a^{m}_{\cdot 1} & a^{m}_{\cdot 2} & a^{m}_{\cdot 3}\\ a^{n}_{\cdot 1} & a^{n}_{\cdot 2} & a^{n}_{\cdot 3}\end{vmatrix} \tag{2.5.14}$$

这样相当于把行列式的唯一一种展开式通过任意列或行的排列，表达为 27 种展开式，把行列式换行、换列以及两行两列相等时的性质都包括进来，拓展了行列式的表达形式。

如果同时变换行列式的行和列，则得到一组共有 6 个自由指标的行列式，即

$$\begin{vmatrix}a^{i}_{\cdot l} & a^{i}_{\cdot m} & a^{i}_{\cdot n}\\ a^{j}_{\cdot l} & a^{j}_{\cdot m} & a^{j}_{\cdot n}\\ a^{k}_{\cdot l} & a^{k}_{\cdot m} & a^{k}_{\cdot n}\end{vmatrix}=ae^{ijk}e_{lmn}(i,j,k,l,m,n=1,2,3) \tag{2.5.15}$$

其中 $a=|a^{p}_{\cdot q}|$。上式可以这样证明，在式(2.5.13)中令 $a=|\delta^{p}_{q}|=1$ 以及考虑式(2.5.14)，可立即写出：

$$ae^{ijk}=\begin{vmatrix}a^{i}_{\cdot 1} & a^{i}_{\cdot 2} & a^{i}_{\cdot 3}\\ a^{j}_{\cdot 1} & a^{j}_{\cdot 2} & a^{j}_{\cdot 3}\\ a^{k}_{\cdot 1} & a^{k}_{\cdot 2} & a^{k}_{\cdot 3}\end{vmatrix},\ e_{lmn}=\begin{vmatrix}\delta^{1}_{l} & \delta^{1}_{m} & \delta^{1}_{n}\\ \delta^{2}_{l} & \delta^{2}_{m} & \delta^{2}_{n}\\ \delta^{3}_{l} & \delta^{3}_{m} & \delta^{3}_{n}\end{vmatrix} \tag{2.5.16}$$

把以上两式相乘，得：

$$\begin{aligned}ae^{ijk}e_{lmn}&=\begin{vmatrix}a^{i}_{\cdot 1} & a^{i}_{\cdot 2} & a^{i}_{\cdot 3}\\ a^{j}_{\cdot 1} & a^{j}_{\cdot 2} & a^{j}_{\cdot 3}\\ a^{k}_{\cdot 1} & a^{k}_{\cdot 2} & a^{k}_{\cdot 3}\end{vmatrix}\begin{vmatrix}\delta^{1}_{l} & \delta^{1}_{m} & \delta^{1}_{n}\\ \delta^{2}_{l} & \delta^{2}_{m} & \delta^{2}_{n}\\ \delta^{3}_{l} & \delta^{3}_{m} & \delta^{3}_{n}\end{vmatrix}\\ &=\begin{vmatrix}a^{i}_{\cdot r}\delta^{r}_{l} & a^{i}_{\cdot r}\delta^{r}_{m} & a^{i}_{\cdot r}\delta^{r}_{n}\\ a^{j}_{\cdot r}\delta^{r}_{l} & a^{j}_{\cdot r}\delta^{r}_{m} & a^{j}_{\cdot r}\delta^{r}_{n}\\ a^{k}_{\cdot r}\delta^{r}_{l} & a^{k}_{\cdot r}\delta^{r}_{m} & a^{k}_{\cdot r}\delta^{r}_{n}\end{vmatrix}=\begin{vmatrix}a^{i}_{\cdot l} & a^{i}_{\cdot m} & a^{i}_{\cdot n}\\ a^{j}_{\cdot l} & a^{j}_{\cdot m} & a^{j}_{\cdot n}\\ a^{k}_{\cdot l} & a^{k}_{\cdot m} & a^{k}_{\cdot n}\end{vmatrix}\end{aligned} \tag{2.5.17}$$

上式共有 6 个自由指标，代表共有 3^6 个等式。联系式(2.5.5)和式(2.5.6)，也有：

$$\begin{vmatrix}a^{i}_{\cdot l} & a^{i}_{\cdot m} & a^{i}_{\cdot n}\\ a^{j}_{\cdot l} & a^{j}_{\cdot m} & a^{j}_{\cdot n}\\ a^{k}_{\cdot l} & a^{k}_{\cdot m} & a^{k}_{\cdot n}\end{vmatrix}=a\varepsilon^{ijk}\varepsilon_{lmn} \tag{2.5.18}$$

如果考虑 a 为克罗奈克尔符号构成的行列式，即 $a=|\delta^{p}_{q}|=1$，代入式(2.5.15)，得下式：

$$\begin{vmatrix} \delta_r^i & \delta_s^i & \delta_t^i \\ \delta_r^j & \delta_s^j & \delta_t^j \\ \delta_r^k & \delta_s^k & \delta_t^k \end{vmatrix} = e^{ijk}e_{rst} = \varepsilon^{ijk}\varepsilon_{rst} = \delta_{rst}^{ijk} \tag{2.5.19}$$

称上式中 δ_{rst}^{ijk} 为广义克罗奈克尔符号，当 i、j、k 和 r、s、t 都是顺序排列或都是逆序排列时，$\delta_{rst}^{ijk}=1$；当 i、j、k 和 r、s、t 中一组顺序排列而另一组为逆序排列时，$\delta_{rst}^{ijk}=-1$；其余情况下，$\delta_{rst}^{ijk}=0$。

广义克罗奈克尔符号存在几个有用的形式。若使广义克罗奈克尔符号的 6 个自由指标有一对指标相同，即有一对哑标，则由式(2.5.19)，行列式展开后立即得：

$$\varepsilon^{ijk}\varepsilon_{ist} = e^{ijk}e_{ist} = \delta_{ist}^{ijk} = \delta_s^j\delta_t^k - \delta_t^j\delta_s^k \tag{2.5.20}$$

为便于记忆，依照上式自由指标的位置，上式右端的规则可归结为："前前后后-内内外外"。如果广义克罗奈克尔符号的 6 个指标有两对指标相同，则由式(2.5.20)得：

$$\varepsilon^{ijk}\varepsilon_{ijt} = e^{ijk}e_{ijt} = \delta_{ijt}^{ijk} = \delta_j^j\delta_t^k - \delta_t^j\delta_j^k = 2\delta_t^k \tag{2.5.21}$$

如果广义克罗奈克尔符号的 6 个指标是 3 对哑标，代入上式即得：

$$\varepsilon^{ijk}\varepsilon_{ijk} = e^{ijk}e_{ijk} = 2\delta_k^k = 6 \tag{2.5.22}$$

上式与把其左端两个表达式直接展开完全相等。

另外，改写上式哑标使其成为：

$$e_{lmn}e^{lmn} = 6 \tag{2.5.23}$$

在上式两边同乘 $a=|a^p_{\cdot q}|$ 并利用式(2.5.13)，得到：

$$a = \frac{1}{6}ae_{lmn}e^{lmn} = \frac{1}{6}e_{ijk}e^{lmn}a^i_{\cdot l}a^j_{\cdot m}a^k_{\cdot n} \tag{2.5.24}$$

上式为关于任意排列的 3×3 矩阵的行列式。

根据指标升降关系，也有：

$$\begin{aligned} \varepsilon^{ijk} &= \varepsilon_{lmn}g^{li}g^{mj}g^{nk} = \sqrt{g}\,e_{lmn}g^{li}g^{mj}g^{nk} = \sqrt{g}\,|g^{pq}|\,e^{ijk} \\ &= \sqrt{g}\cdot\frac{1}{g}e^{ijk} = \frac{1}{\sqrt{g}}e^{ijk} \end{aligned} \tag{2.5.25}$$

上式即为置换张量逆变分量的定义。

2.5.3 置换张量表示矢量的叉积

有了置换张量，可以解析表达矢量的叉积。对于两个任意给定的矢量 $\boldsymbol{a}$ 和 $\boldsymbol{b}$，在任意曲线坐标系中，令：

$$\boldsymbol{a} = a^i \boldsymbol{g}_i,\ \boldsymbol{b} = b^j \boldsymbol{g}_j \tag{2.5.26}$$

令这两个矢量的叉积为 $\boldsymbol{q}$，则有：

$$\boldsymbol{q} = q_k \boldsymbol{g}^k = \boldsymbol{a} \times \boldsymbol{b} = a^i \boldsymbol{g}_i \times b^j \boldsymbol{g}_j = a^i b^j \boldsymbol{g}_i \times \boldsymbol{g}_j = a^i b^j \boldsymbol{\varepsilon}_{ijk} \boldsymbol{g}^k \tag{2.5.27}$$

即有矢量 $\boldsymbol{q}$ 的协变分量为：

$$q_k = a^i b^j \boldsymbol{\varepsilon}_{ijk} \tag{2.5.28}$$

同理，得矢量 $\boldsymbol{q}$ 的逆变分量为：

$$q^k = a_i b_j \boldsymbol{\varepsilon}^{ijk} \tag{2.5.29}$$

3 个矢量的二重叉积，表示连续两次叉积运算，其结果仍是一个矢量，但必须注意叉积的顺序，即有：

$$\begin{aligned}
\boldsymbol{a} \times (\boldsymbol{b} \times \boldsymbol{c}) &= a^i \boldsymbol{g}_i \times (b_j c_k \boldsymbol{\varepsilon}^{jkl} \boldsymbol{g}_l) = a^i b_j c_k \boldsymbol{\varepsilon}^{jkl} \boldsymbol{g}_i \times \boldsymbol{g}_l \\
&= a^i b_j c_k \boldsymbol{\varepsilon}^{jkl} \boldsymbol{\varepsilon}_{ilm} \boldsymbol{g}^m = a^i b_j c_k (\delta_m^j \delta_i^k - \delta_i^j \delta_m^k) \boldsymbol{g}^m \\
&= a^k c_k b_m \boldsymbol{g}^m - a^j b_j c_m \boldsymbol{g}^m = (\boldsymbol{a} \cdot \boldsymbol{c}) \boldsymbol{b} - (\boldsymbol{a} \cdot \boldsymbol{b}) \boldsymbol{c}
\end{aligned} \tag{2.5.30}$$

易得：

$$(\boldsymbol{a} \times \boldsymbol{b}) \times \boldsymbol{c} = (\boldsymbol{a} \cdot \boldsymbol{c}) \boldsymbol{b} - (\boldsymbol{b} \cdot \boldsymbol{c}) \boldsymbol{a} \tag{2.5.31}$$

一组 3 个矢量的混合积也表为 $[\boldsymbol{a}\ \boldsymbol{b}\ \boldsymbol{c}]$，用矢量的逆变分量表示为：

$$\begin{aligned}
[\boldsymbol{a}\ \boldsymbol{b}\ \boldsymbol{c}] &= \boldsymbol{a} \cdot \boldsymbol{b} \times \boldsymbol{c} = a^i b^j c^k \boldsymbol{\varepsilon}_{ijk} = \sqrt{g} a^i b^j c^k e_{ijk} \\
&= \sqrt{g} \begin{vmatrix} a^1 & a^2 & a^3 \\ b^1 & b^2 & b^3 \\ c^1 & c^2 & c^3 \end{vmatrix}
\end{aligned} \tag{2.5.32}$$

另外一组 3 个矢量的混合积 $[\boldsymbol{u}\ \boldsymbol{v}\ \boldsymbol{w}]$ 用矢量的协变分量表示为：

$$\begin{aligned}
[\boldsymbol{u}\ \boldsymbol{v}\ \boldsymbol{w}] &= \boldsymbol{u} \cdot \boldsymbol{v} \times \boldsymbol{w} = u_i v_j w_k \boldsymbol{\varepsilon}^{ijk} = \frac{1}{\sqrt{g}} u_i v_j w_k e^{ijk} \\
&= \frac{1}{\sqrt{g}} \begin{vmatrix} u_1 & u_2 & u_3 \\ v_1 & v_2 & v_3 \\ w_1 & w_2 & w_3 \end{vmatrix}
\end{aligned} \tag{2.5.33}$$

把两组混合积相乘，注意矩阵行列式之积等于因子矩阵之积的行列式以及矩阵转置不影响行列式的值，得：

$$\begin{aligned}
[\boldsymbol{a}\ \boldsymbol{b}\ \boldsymbol{c}][\boldsymbol{u}\ \boldsymbol{v}\ \boldsymbol{w}] &= \begin{vmatrix} a^1 & a^2 & a^3 \\ b^1 & b^2 & b^3 \\ c^1 & c^2 & c^3 \end{vmatrix} \begin{vmatrix} u_1 & v_1 & w_1 \\ u_2 & v_2 & w_2 \\ u_3 & v_3 & w_3 \end{vmatrix} \\
&= \begin{vmatrix} a^i u_i & a^i v_i & a^i w_i \\ b^i u_i & b^i v_i & b^i w_i \\ c^i u_i & c^i v_i & c^i w_i \end{vmatrix}
\end{aligned} \tag{2.5.34}$$

利用矢量点积公式(2.1.11),显然有:

$$[\boldsymbol{a}\ \boldsymbol{b}\ \boldsymbol{c}][\boldsymbol{u}\ \boldsymbol{v}\ \boldsymbol{w}]=\begin{vmatrix}\boldsymbol{a}\cdot\boldsymbol{u} & \boldsymbol{a}\cdot\boldsymbol{v} & \boldsymbol{a}\cdot\boldsymbol{w}\\ \boldsymbol{b}\cdot\boldsymbol{u} & \boldsymbol{b}\cdot\boldsymbol{v} & \boldsymbol{b}\cdot\boldsymbol{w}\\ \boldsymbol{c}\cdot\boldsymbol{u} & \boldsymbol{c}\cdot\boldsymbol{v} & \boldsymbol{c}\cdot\boldsymbol{w}\end{vmatrix} \tag{2.5.35}$$

上述等式与坐标选择无关,它适用于任意曲线坐标系。前面提到,计算度量张量协变分量和混变分量的行列式(2.1.28)和式(2.1.29)时,直接应用了公式(2.5.35)。根据度量张量定义以及公式(2.5.35),再次考虑:

$$\begin{aligned}\varepsilon_{ijk}\varepsilon^{rst}&=[\boldsymbol{g}_i\ \ \boldsymbol{g}_j\ \ \boldsymbol{g}_k][\boldsymbol{g}^r\ \ \boldsymbol{g}^s\ \ \boldsymbol{g}^t]\\&=\begin{vmatrix}\boldsymbol{g}_i\cdot\boldsymbol{g}^r & \boldsymbol{g}_i\cdot\boldsymbol{g}^s & \boldsymbol{g}_i\cdot\boldsymbol{g}^t\\ \boldsymbol{g}_j\cdot\boldsymbol{g}^r & \boldsymbol{g}_j\cdot\boldsymbol{g}^s & \boldsymbol{g}_j\cdot\boldsymbol{g}^t\\ \boldsymbol{g}_k\cdot\boldsymbol{g}^r & \boldsymbol{g}_k\cdot\boldsymbol{g}^s & \boldsymbol{g}_k\cdot\boldsymbol{g}^t\end{vmatrix}\\&=\begin{vmatrix}\delta_i^r & \delta_i^s & \delta_i^t\\ \delta_j^r & \delta_j^s & \delta_j^t\\ \delta_k^r & \delta_k^s & \delta_k^t\end{vmatrix}=\delta_{ijk}^{rst}\end{aligned} \tag{2.5.36}$$

这与用行列式展开方法得到的式(2.5.19)是完全一致的。

习 题

1.在圆柱坐标系下,给出置换张量的非零分量,包括协变分量和逆变分量。

2.给出球坐标系的置换张量的非零分量,包括协变分量和逆变分量。

3.在曲线坐标系中,任意两个非共线的矢量 $\boldsymbol{a}$ 和 $\boldsymbol{b}$ 的叉乘为 $\boldsymbol{c}$,证明 $\boldsymbol{c}$ 与 $\boldsymbol{a}$ 和 $\boldsymbol{b}$ 都是正交的。

4.在球坐标系下,取任意 3 个非共面的 3 个线元矢量 $\mathrm{d}\boldsymbol{r}$、$\mathrm{d}\boldsymbol{s}$、$\mathrm{d}\boldsymbol{t}$,两个非共线的线元 $\mathrm{d}\boldsymbol{r}$、$\mathrm{d}\boldsymbol{s}$ 作叉积可描述一个面元矢量 $\mathrm{d}\boldsymbol{A}$,三个线元矢量 $\mathrm{d}\boldsymbol{r}$、$\mathrm{d}\boldsymbol{s}$、$\mathrm{d}\boldsymbol{t}$ 的混合积可表达一个体元标量 $\mathrm{d}V$。

(1)写出线元矢量 $\mathrm{d}\boldsymbol{r}$ 的表达式,给出沿 3 个坐标线的面元矢量表达式;

(2)给出面元矢量 $\mathrm{d}\boldsymbol{A}$ 的表达式,给出沿 3 个坐标面的面元矢量表达式;

(3)给出体元 $\mathrm{d}V$ 的表达式,给出线元矢量与基矢量一致时体元的表达式。

提示:线元:$\mathrm{d}\boldsymbol{r}=\boldsymbol{g}_i\mathrm{d}x^i$;

面元：$\mathrm{d}\boldsymbol{A}=\mathrm{d}\boldsymbol{r}\times\mathrm{d}\boldsymbol{s}=\boldsymbol{g}_i\mathrm{d}r^i\times\boldsymbol{g}_j\mathrm{d}s^j=\varepsilon_{ijk}\mathrm{d}r^i\mathrm{d}s^j\boldsymbol{g}^k$，若取 $\mathrm{d}\boldsymbol{r}=\boldsymbol{g}_1\mathrm{d}x^1=\boldsymbol{g}_1\mathrm{d}r$，$\mathrm{d}\boldsymbol{s}=\boldsymbol{g}_2\mathrm{d}x^2=\boldsymbol{g}_2\mathrm{d}\theta$，$\mathrm{d}\boldsymbol{t}=\boldsymbol{g}_3\mathrm{d}x^3=\boldsymbol{g}_3\mathrm{d}\varphi$，有 $\mathrm{d}\boldsymbol{A}_1=\mathrm{d}\boldsymbol{s}\times\mathrm{d}\boldsymbol{t}=r^2\cos\ \varphi\mathrm{d}\theta\mathrm{d}\varphi\boldsymbol{g}^1$，$\mathrm{d}\boldsymbol{A}_2=r^2\cos\ \varphi\mathrm{d}r\mathrm{d}\varphi\boldsymbol{g}^2$，$\mathrm{d}\boldsymbol{A}_3=r^2\cos\ \varphi\mathrm{d}r\mathrm{d}\theta\boldsymbol{g}^3$；

体元：$\mathrm{d}V=[\mathrm{d}\boldsymbol{r}\ \ \mathrm{d}\boldsymbol{s}\ \ \mathrm{d}\boldsymbol{t}]=r^2\cos\ \varphi\mathrm{d}r\mathrm{d}\theta\mathrm{d}\varphi$。

5.求出圆柱坐标系的线元、面元、体元表达式。

6.在曲线坐标系中证明：$\boldsymbol{u}\times(\boldsymbol{v}\times\boldsymbol{w})=(\boldsymbol{u}\cdot\boldsymbol{w})\boldsymbol{v}-(\boldsymbol{u}\cdot\boldsymbol{v})\boldsymbol{w}$。

7.在曲线坐标系中证明：$(\boldsymbol{u}\times\boldsymbol{v})\times\boldsymbol{w}=(\boldsymbol{u}\cdot\boldsymbol{w})\boldsymbol{v}-(\boldsymbol{v}\cdot\boldsymbol{w})\boldsymbol{u}$。

8.证明拉格朗日恒等式：$(\boldsymbol{a}\times\boldsymbol{b})\cdot(\boldsymbol{c}\times\boldsymbol{d})=(\boldsymbol{a}\cdot\boldsymbol{c})(\boldsymbol{b}\cdot\boldsymbol{d})-(\boldsymbol{a}\cdot\boldsymbol{d})(\boldsymbol{b}\cdot\boldsymbol{c})$。

2.6 张量代数

2.6.1 张量相等

若两个同阶张量 $\boldsymbol{T}$ 和 $\boldsymbol{S}$ 在同一个坐标系中的一种分量(譬如逆变分量)一一相等,则这两个张量的其他分量也将一一对应相等,且在任意坐标系中的分量也会一一相等,记为：

$$\boldsymbol{T}=\boldsymbol{S} \tag{2.6.1}$$

2.6.2 张量的加法

若将两个同阶张量 $\boldsymbol{T}$ 和 $\boldsymbol{S}$ 在同一个坐标系中的一种分量(譬如逆变分量)一一相加,所得结果是同阶张量的同型分量。令张量之和为 $\boldsymbol{U}$,记为：

$$\boldsymbol{U}=\boldsymbol{T}+\boldsymbol{S} \tag{2.6.2}$$

2.6.3 张量的并乘

以二阶张量为例,令 T^{ij}、$S_k^{\cdot l}$ 分别是张量 $\boldsymbol{T}$ 和 $\boldsymbol{S}$ 的分量,则张量的并乘得一新张量 $\boldsymbol{U}$,张量 $\boldsymbol{U}$ 的阶数等于张量 $\boldsymbol{T}$ 和 $\boldsymbol{S}$ 的阶数之和,其分量是 $\boldsymbol{T}$ 和 $\boldsymbol{S}$ 的各9个分量的两两乘积,所以四阶张量 $\boldsymbol{U}$ 有81个分量,其实体表示为：

$$\boldsymbol{U}=\boldsymbol{TS}=T^{ij}\boldsymbol{g}_i\boldsymbol{g}_jS_k^{\cdot l}\boldsymbol{g}^k\boldsymbol{g}_l=T^{ij}S_k^{\cdot l}\boldsymbol{g}_i\boldsymbol{g}_j\boldsymbol{g}^k\boldsymbol{g}_l=U^{ij\cdot l}_{\cdot\cdot k}\boldsymbol{g}_i\boldsymbol{g}_j\boldsymbol{g}^k\boldsymbol{g}_l \tag{2.6.3}$$

矢量并矢或张量并乘有时也记为 $\boldsymbol{U}=\boldsymbol{T}\otimes\boldsymbol{S}$,并乘运算不能调换顺序。由于广义克罗奈克尔符号为：

$$\delta^{ijk}_{rst}=e^{ijk}e_{lmn}=\varepsilon^{ijk}\varepsilon_{lmn} \tag{2.6.4}$$

它是两个置换张量的并乘,所以广义克罗奈克尔符号 δ^{ijk}_{rst} 是一个六阶张量。

2.6.4 张量的缩并

张量的缩并是把基张量中的任意两个基矢量(一般选一个协变基矢量和一个逆变基矢量)进行点积,其结果是对应分量的指标变成哑标。譬如将四阶张量 $\boldsymbol{T}=T^{ij}_{\cdot\cdot kl}\,\boldsymbol{g}_i\boldsymbol{g}_j\boldsymbol{g}^k\boldsymbol{g}^l$ 中的第 2、第 4 基矢量进行点积,或直接将张量分量的第 2、第 4 指标进行缩并,有:

$$\boldsymbol{S}=T^{ij}_{\cdot\cdot kl}\,\boldsymbol{g}_j\cdot\boldsymbol{g}^l\boldsymbol{g}_i\boldsymbol{g}^k=T^{ij}_{\cdot\cdot kl}\delta^l_j\boldsymbol{g}_i\boldsymbol{g}^k=T^{ij}_{\cdot\cdot kj}\boldsymbol{g}_i\boldsymbol{g}^k=S^i_{\cdot k}\,\boldsymbol{g}_i\boldsymbol{g}^k \tag{2.6.5}$$

张量缩并后得到一个新张量,其阶数比原张量低两阶。例如 $\boldsymbol{\varepsilon}^{ijk}\boldsymbol{\varepsilon}_{lmn}$ 是一个六阶张量,直接把第 3、第 6 指标进行缩并后可得一个四阶张量 $\boldsymbol{\varepsilon}^{ijk}\boldsymbol{\varepsilon}_{lmk}$。

2.6.5 张量的点积

两个张量 $\boldsymbol{T}$ 和 $\boldsymbol{S}$ 先并乘后缩并的运算称为点积,一般是取前一个基张量的最后一个基矢量和后一个基张量的第一个基矢量进行点积,否则须指明哪两个基矢量进行点积。两个张量点积后得到一个新张量,其阶数比两个张量阶数之和低两阶。以一个四阶张量和三阶张量的点积为例:

$$\begin{aligned}\boldsymbol{T}\cdot\boldsymbol{S}&=T^{ij}_{\cdot\cdot kl}\,\boldsymbol{g}_i\boldsymbol{g}_j\boldsymbol{g}^k\boldsymbol{g}^l\cdot S^{rs}_{\cdot\cdot t}\,\boldsymbol{g}_r\boldsymbol{g}_s\boldsymbol{g}^t=T^{ij}_{\cdot\cdot kl}S^{rs}_{\cdot\cdot t}(\boldsymbol{g}^l\cdot\boldsymbol{g}_r)\boldsymbol{g}_i\boldsymbol{g}_j\boldsymbol{g}^k\boldsymbol{g}_s\boldsymbol{g}^t\\&=T^{ij}_{\cdot\cdot kl}S^{ls}_{\cdot\cdot t}\,\boldsymbol{g}_i\boldsymbol{g}_j\boldsymbol{g}^k\boldsymbol{g}_s\boldsymbol{g}^t\end{aligned} \tag{2.6.6}$$

张量双点积是两个张量 $\boldsymbol{T}$ 和 $\boldsymbol{S}$ 并乘后进行两次缩并的运算,一般是取前一个基张量的最后两个基矢量和后一个基张量的前两个基矢量分别进行点积。双点积有两种典型形式,其中并联式是把需运算的前两个基矢量和后两个基矢量按"前前后后"次序分别进行点积,例如:

$$\begin{aligned}\boldsymbol{T}:\boldsymbol{S}&=T^{ij}_{\cdot\cdot kl}\,\boldsymbol{g}_i\boldsymbol{g}_j\boldsymbol{g}^k\boldsymbol{g}^l:S^{rs}_{\cdot\cdot t}\,\boldsymbol{g}_r\boldsymbol{g}_s\boldsymbol{g}^t=T^{ij}_{\cdot\cdot kl}S^{rs}_{\cdot\cdot t}(\boldsymbol{g}^k\cdot\boldsymbol{g}_r)(\boldsymbol{g}^l\cdot\boldsymbol{g}_s)\boldsymbol{g}_i\boldsymbol{g}_j\boldsymbol{g}^t\\&=T^{ij}_{\cdot\cdot kl}S^{kl}_{\cdot\cdot t}\,\boldsymbol{g}_i\boldsymbol{g}_j\boldsymbol{g}^t\end{aligned} \tag{2.6.7}$$

而串联式是把需运算的前两个基矢量和后两个基矢量按"里里外外"次序分别进行点积,例如:

$$\begin{aligned}\boldsymbol{T}\cdot\cdot\boldsymbol{S}&=T^{ij}_{\cdot\cdot kl}\,\boldsymbol{g}_i\boldsymbol{g}_j\boldsymbol{g}^k\boldsymbol{g}^l\cdot\cdot S^{rs}_{\cdot\cdot t}\,\boldsymbol{g}_r\boldsymbol{g}_s\boldsymbol{g}^t=T^{ij}_{\cdot\cdot kl}S^{rs}_{\cdot\cdot t}(\boldsymbol{g}^l\cdot\boldsymbol{g}_r)(\boldsymbol{g}^k\cdot\boldsymbol{g}_s)\boldsymbol{g}_i\boldsymbol{g}_j\boldsymbol{g}^t\\&=T^{ij}_{\cdot\cdot kl}S^{lk}_{\cdot\cdot t}\,\boldsymbol{g}_i\boldsymbol{g}_j\boldsymbol{g}^t\end{aligned} \tag{2.6.8}$$

以上两种双点积会得到不同的张量。

2.6.6 张量的叉积

张量的叉积是矢量叉积的推广。现以两个二阶张量 $\boldsymbol{T}$ 和 $\boldsymbol{S}$ 说明之,$\boldsymbol{T}$ 和 $\boldsymbol{S}$ 的叉积为:

$$\begin{aligned}\boldsymbol{T}\times\boldsymbol{S}&=(T_{ij}\boldsymbol{g}^i\boldsymbol{g}^j)\times(S_{kl}\boldsymbol{g}^k\boldsymbol{g}^l)=T_{ij}S_{kl}\boldsymbol{g}^i(\boldsymbol{g}^j\times\boldsymbol{g}^k)\boldsymbol{g}^l\\&=T_{ij}S_{kl}\boldsymbol{\varepsilon}^{jkm}\boldsymbol{g}^i\boldsymbol{g}_m\boldsymbol{g}^l\end{aligned} \tag{2.6.9}$$

与张量双点积规定的运算顺序相同,可以定义张量间的并联式混合积和双重叉积:

$$
\begin{aligned}
\boldsymbol{T} \overset{\times}{\cdot} \boldsymbol{S} &= (T_{ij}\boldsymbol{g}^i\boldsymbol{g}^j) \overset{\times}{\cdot} (S_{kl}\boldsymbol{g}^k\boldsymbol{g}^l) = T_{ij}S_{kl}(\boldsymbol{g}^i \cdot \boldsymbol{g}^k)(\boldsymbol{g}^j \times \boldsymbol{g}^l) \\
&= T_{ij}S_{kl}g^{ik}\varepsilon^{jlm}\boldsymbol{g}_m = T_{ij}S^i_{\cdot l}\varepsilon^{jlm}\boldsymbol{g}_m
\end{aligned}
\tag{2.6.10}
$$

$$
\begin{aligned}
\boldsymbol{T} \overset{\times}{\times} \boldsymbol{S} &= (T_{ij}\boldsymbol{g}^i\boldsymbol{g}^j) \overset{\times}{\times} (S_{kl}\boldsymbol{g}^k\boldsymbol{g}^l) = T_{ij}S_{kl}(\boldsymbol{g}^i \times \boldsymbol{g}^k)(\boldsymbol{g}^j \times \boldsymbol{g}^l) \\
&= T_{ij}S_{kl}\varepsilon^{ikm}\varepsilon^{jln}\boldsymbol{g}_m\boldsymbol{g}_n
\end{aligned}
\tag{2.6.11}
$$

在进行张量的点积运算时,一般是将一个协变基矢量和一个逆变基矢量进行点积。而在叉积运算时,总是把两个协变基矢量或者两个逆变基矢量进行叉积,这种处理会带来运算上的方便。如果条件不满足,就利用协变基矢量和逆变基矢量的转换关系,构造相应的形式再进行运算。

2.6.7　张量的转置

如果保持基张量的排列顺序不变,而调换张量分量两个指标的顺序,这种运算称为张量的转置,所得张量称为原张量的转置张量。例如,对四阶张量 $\boldsymbol{T} = T^{ij}_{\cdot\cdot kl}\,\boldsymbol{g}_i\boldsymbol{g}_j\boldsymbol{g}^k\boldsymbol{g}^l$ 的第 1、第 3 指标调换排列次序,得到一个新张量:

$$
\boldsymbol{R} = T^{\cdot ji}_{k\cdot\cdot l}\,\boldsymbol{g}_i\boldsymbol{g}_j\boldsymbol{g}^k\boldsymbol{g}^l \tag{2.6.12}
$$

张量的转置只是调换其分量指标的前后次序,不改变上下指标位置,基张量保持不变,所以这表示同阶的转置张量 $\boldsymbol{R}$ 的分量为:

$$
R^{ij}_{\cdot\cdot kl} = T^{\cdot ji}_{k\cdot\cdot l} \tag{2.6.13}
$$

因此,张量及其转置张量都具有相同的基张量,张量分量的指标和基张量具有相同的排列顺序,不同的只是转置张量的分量联系于原张量的某种分量。

2.6.8　张量的对称化和反对称化

若调换张量分量某两个指标的顺序后张量保持不变,则称该张量对这两个指标具有对称性。如四阶张量满足:

$$
T^{ij}_{\cdot\cdot kl} = T^{ji}_{\cdot\cdot kl} \tag{2.6.14}
$$

则这个张量对第 1、第 2 指标是对称的。以 $\boldsymbol{S}$ 表示其转置张量,有:

$$
\boldsymbol{T} = \boldsymbol{S} \tag{2.6.15}
$$

即对称张量与其相应的转置张量相等,但这里须指明针对张量的哪两个指标。

若调换张量分量某两个指标的顺序所得张量与原张量对应分量反号,则称该张量对于这两个指标反对称。如四阶张量满足:

$$
T^{ji}_{\cdot\cdot kl} = -T^{ij}_{\cdot\cdot kl} \tag{2.6.16}
$$

则这个张量对第 1、第 2 指标是反对称的。以 $\boldsymbol{S}$ 表示其转置张量,有:

$$\boldsymbol{T}=-\boldsymbol{S} \tag{2.6.17}$$

同样必须指明针对张量的哪两个指标。可以证明,反对称张量的对角分量(即与反对称相关的两个指标取相同值的分量)均为零。如四阶张量的分量:

$$T^{\underline{i}\,\underline{i}}_{\cdot\cdot kl}=0 \tag{2.6.18}$$

注意,上式中指标下加横杠表示不对指标进行求和。根据定义,三阶置换张量就是关于任意两个指标的反对称张量。

把任意张量 $\boldsymbol{T}$ 的分量某两个指标顺序互换,得转置张量 $\boldsymbol{S}$,则按下式构造的新张量:

$$\boldsymbol{A}=\frac{1}{2}(\boldsymbol{T}+\boldsymbol{S}) \tag{2.6.19}$$

对这两个指标具有对称性,这种运算叫做张量 $\boldsymbol{T}$ 的对称化。用张量 $\boldsymbol{T}$ 和其转置张量构成的新张量:

$$\boldsymbol{B}=\frac{1}{2}(\boldsymbol{T}-\boldsymbol{S}) \tag{2.6.20}$$

则对互换顺序的两个指标具有反对称性,这种运算称为张量 $\boldsymbol{T}$ 的反对称化。

2.6.9 张量的商法则

在介绍张量概念时已经指出,若一组 27 个有序数的集合与一个二阶张量并联式乘积后成为一个矢量,则这组数的集合必为三阶张量,这是以三阶张量为例表述的商法则。

习 题

1. 证明两个矢量 $\boldsymbol{a}$、$\boldsymbol{b}$ 的叉积可表为:

$$\boldsymbol{a}\times\boldsymbol{b}=\boldsymbol{\varepsilon}:\boldsymbol{ab}=\boldsymbol{ab}:\boldsymbol{\varepsilon}=-\boldsymbol{ba}:\boldsymbol{\varepsilon}=-\boldsymbol{\varepsilon}:\boldsymbol{ba}。$$

2. 证明三个矢量 $\boldsymbol{a}$、$\boldsymbol{b}$、$\boldsymbol{c}$ 的混合积可表为:

$$[\boldsymbol{a},\boldsymbol{b},\boldsymbol{c}]=\boldsymbol{\varepsilon}\,\vdots\,\boldsymbol{abc}=\boldsymbol{abc}\,\vdots\,\boldsymbol{\varepsilon}。$$

3. 证明二阶张量的四种分量可以表为二阶张量与基张量的双点积。

提示:$T^{ij}=\boldsymbol{T}:\boldsymbol{g}^i\boldsymbol{g}^j=\boldsymbol{g}^i\boldsymbol{g}^j:\boldsymbol{T}$(二阶张量的逆变分量可视为二阶张量在逆变基张量上的投影)。

2.7　张量的物理分量

我们已经看到,在曲线坐标系下建立的张量能够表达含有多个有序分量的物理量或几何量,这样建立的张量尽管满足了坐标变换的不变性要求,但是一般曲线坐标系中局部标架的基矢量可能是具有量纲的非单位矢量。如果将具有物理意义的张量按这些基矢量进行分解,这样得到的张量分量就可能没有原来物理意义的量纲,给物理解释以及工程应用带来不便。

例如位移矢量 $\boldsymbol{u}=u^i\boldsymbol{g}_i$ 具有长度的量纲,但在柱坐标系下的各个逆变分量具有不同的量纲。柱坐标系的 3 个协变基矢量为:

$$\boldsymbol{g}_1 = \cos\theta\,\boldsymbol{e}_1 + \sin\theta\,\boldsymbol{e}_2,\ \boldsymbol{g}_2 = -r\sin\theta\,\boldsymbol{e}_1 + r\cos\theta\,\boldsymbol{e}_2,\ \boldsymbol{g}_3 = \boldsymbol{e}_3$$

3 个协变基矢量的模为:

$$|\boldsymbol{g}_1| = \sqrt{g_{11}} = 1,\ |\boldsymbol{g}_2| = \sqrt{g_{22}} = r,\ |\boldsymbol{g}_3| = \sqrt{g_{33}} = 1$$

所以 $\boldsymbol{g}_1$ 和 $\boldsymbol{g}_3$ 是无量纲的单位矢量,但 $\boldsymbol{g}_2$ 不是单位矢量且具有长度的量纲。由于位移具有长度量纲,分量 u^1 和 u^3 都具有长度的量纲,但分量 u^2 就没有量纲,所以失去了位移分量都应具有长度量纲的一致性。

2.7.1　矢量的物理分量

要使分量都具有物理意义,就要使基矢量成为无量纲的量且最好是单位基矢量,用这样的基矢量组成局部标架,张量在这种标架下分解所得到的分量具有原来的物理量纲,称为物理分量。张量的物理分量不具有张量分量的属性,但可直接应用于实际问题。

矢量在一般的曲线坐标系下有逆变和协变两种分量,对应着协变和逆变两种基矢量。考虑到自然基矢量是沿着坐标曲线的切线方向的,若矢量沿着该方向的无量纲单位矢量进行投影就可得到矢量的物理分量。将任意一个矢量 $\boldsymbol{v}$ 表示为:

$$\boldsymbol{v} = v^i\boldsymbol{g}_i \tag{2.7.1}$$

若取与 $\boldsymbol{g}_i$ 方向一致的单位矢量表示同一个矢量 $\boldsymbol{v}$,就有:

$$\boldsymbol{v} = v^{(i)}\boldsymbol{e}_{(i)} \tag{2.7.2}$$

上式中 i 是哑标,$\boldsymbol{e}_{(i)}$ 是沿着坐标曲线切线方向的无量纲单位矢量,或称为归一化协变基矢量。它与自然基矢量的关系为:

$$\boldsymbol{e}_{(i)} = \frac{\boldsymbol{g}_i}{\sqrt{g_{\underline{i}\underline{i}}}} \tag{2.7.3}$$

注意上式中带横杠的指标表示不求和，i 还是自由指标，例如，$\boldsymbol{e}_{(1)}=\boldsymbol{g}_1/\sqrt{g_{11}}$，且自然基矢量的长度为：

$$|\boldsymbol{g}_i|=\sqrt{\boldsymbol{g}_{\underline{i}}\cdot\boldsymbol{g}_{\underline{i}}}=\sqrt{g_{\underline{i}\underline{i}}} \tag{2.7.4}$$

比较式(2.7.1)和式(2.7.2)得到矢量的逆变分量 v^i 与其物理分量 $v^{(i)}$ 之间的关系：

$$v^i=\frac{v^{(i)}}{\sqrt{g_{\underline{i}\underline{i}}}},\ v^{(i)}=v^i\sqrt{g_{\underline{i}\underline{i}}} \tag{2.7.5}$$

利用基矢量的对偶关系可定义逆变基矢量 $\boldsymbol{e}^{(i)}$ 为：

$$\boldsymbol{e}_{(i)}\cdot\boldsymbol{e}^{(j)}=\delta_i^j \tag{2.7.6}$$

显然，逆变基矢量 $\boldsymbol{e}^{(i)}$ 无量纲，但不一定是单位矢量，原因是曲线坐标系中的局部标架基矢量不一定互相正交。由式(2.7.3)和式(2.7.6)可知逆变基矢量 $\boldsymbol{e}^{(i)}$ 为：

$$\boldsymbol{e}^{(i)}=\sqrt{g_{\underline{i}\underline{i}}}\,\boldsymbol{g}^i \tag{2.7.7}$$

若令 $\boldsymbol{e}_{(i)}$ 与 $\boldsymbol{e}^{(i)}$ 之间的夹角为 α_i，由 $\boldsymbol{e}_{(\underline{i})}\cdot\boldsymbol{e}^{(\underline{i})}=1$ 以及 $|\boldsymbol{e}_{(i)}|=1$ 得无量纲逆变基矢量为：

$$|\boldsymbol{e}^{(i)}|=\frac{1}{\cos\alpha_i} \tag{2.7.8}$$

则在曲线坐标系中建立的逆变基矢量 $\boldsymbol{e}^{(i)}$ 既不互相正交也不是单位矢量。像 $\boldsymbol{e}_{(i)}$ 与 $\boldsymbol{e}^{(i)}$ 这样的基矢量并不存在相应的曲线坐标，所以这样构造的坐标系称为非完整系，相应的指标都用圆括号表示，而由 $\boldsymbol{g}_i$ 和 $\boldsymbol{g}^i$ 组成的坐标系则为完整系。利用指标升降关系，由式(2.7.5)可立即得到：

$$v^{(i)}=\sqrt{g_{\underline{i}\underline{i}}}\,g^{ij}v_j \tag{2.7.9}$$

上式为矢量的物理分量与矢量协变分量的转换关系。

2.7.2 二阶张量的物理分量

二阶张量有 4 种分量，选取二阶张量的物理分量需要针对具体问题来确定。因为二阶张量是映射量，它可把一个矢量变换为另一个矢量，如二阶张量在其右边与矢量点积，则 $\boldsymbol{v}=\boldsymbol{T}\cdot\boldsymbol{u}$，这里的矢量是选其逆变分量确定其物理分量的，以分量形式表为：

$$v^i=T^i_{\cdot j}u^j \tag{2.7.10}$$

利用式(2.7.5)，把上式中矢量的逆变分量都用物理分量代入可得：

$$v^{(i)} = T^{i}_{\cdot j}\frac{\sqrt{g_{\underline{i}\underline{i}}}}{\sqrt{g_{\underline{j}\underline{j}}}}u^{(j)} = T^{(i)}_{\cdot (j)}u^{(j)} \tag{2.7.11}$$

这里记：

$$T^{(i)}_{\cdot (j)} = \frac{\sqrt{g_{\underline{i}\underline{i}}}}{\sqrt{g_{\underline{j}\underline{j}}}}T^{i}_{\cdot j} \tag{2.7.12}$$

上式即为张量的物理分量与张量分量的转换关系，称 $T^{\ (i)}_{\cdot (j)}$ 为二阶张量的右物理分量，通过指标升降关系容易得到二阶张量物理分量与其他形式张量分量的转换关系。

如果二阶张量从左边与矢量点积，即考虑映射 $\boldsymbol{v}=\boldsymbol{u}\cdot\boldsymbol{T}$，进行类似的讨论，就可以定义二阶张量的左物理分量，矢量映射的分量形式表为：

$$v^{i} = T_{j}^{\cdot i}u^{j} \tag{2.7.13}$$

用物理分量表示上式中的逆变分量，可得：

$$v^{(i)} = T_{j}^{\cdot i}\frac{\sqrt{g_{\underline{i}\underline{i}}}}{\sqrt{g_{\underline{j}\underline{j}}}}u^{(j)} = T_{(j)}^{\cdot (i)}u^{(j)} \tag{2.7.14}$$

所以二阶张量的左物理分量为：

$$T_{(j)}^{\cdot (i)} = \frac{\sqrt{g_{\underline{i}\underline{i}}}}{\sqrt{g_{\underline{j}\underline{j}}}}T_{j}^{\cdot i} \tag{2.7.15}$$

由于一般二阶张量的两种混变分量不等，所以二阶张量的左、右物理分量也不等。利用二阶张量的指标升降关系 $T^{\ i}_{\cdot j}=g_{jm}g^{in}T^{\ m}_{\cdot n}$，容易得到二阶张量的左、右物理分量的关系：

$$T_{(j)}^{\cdot (i)} = \frac{\sqrt{g_{\underline{i}\underline{i}}g_{\underline{n}\underline{n}}}}{\sqrt{g_{\underline{j}\underline{j}}g_{\underline{m}\underline{m}}}}g_{jm}g^{in}T^{\ (m)}_{\cdot (n)} \tag{2.7.16}$$

对比二阶张量的左、右物理分量的表达式可以发现，若二阶张量是对称张量，则左物理分量与右物理分量相同。

因此，选择张量的哪种分量来确定物理分量应根据具体问题而定。一般来说，由于矢量的物理分量由逆变分量来定，在确定高阶张量的物理分量时，凡与矢量点积的指标都应选为下(协变)指标。

2.7.3　正交曲线坐标系下的物理分量

在诸如球或柱坐标系这样的正交曲线坐标系中，确定张量的物理分量则可以大为简化。在正交曲线坐标系中，3 个协变基矢量 $\boldsymbol{g}_i$ 互相正交但不一定是单位矢量,3 个逆变基矢量 $\boldsymbol{g}^i$ 与相应的协变基矢量 $\boldsymbol{g}_i$ 方向相同,显然有:

$$g^{ij} = g_{ij} = 0(i \neq j),\ g^{\underline{ii}} = \frac{1}{g_{\underline{ii}}} \tag{2.7.17}$$

按照前述定义,得归一化协变基矢量和逆变基矢量分别为:

$$\boldsymbol{e}_{(i)} = \frac{\boldsymbol{g}_i}{\sqrt{g_{\underline{ii}}}},\ \boldsymbol{e}^{(i)} = \sqrt{g_{\underline{ii}}}\boldsymbol{g}^i = \frac{1}{\sqrt{g^{\underline{ii}}}}\boldsymbol{g}^i \tag{2.7.18}$$

由上式第二个等式可知逆变基矢量 $\boldsymbol{e}^{(i)}$ 也是无量纲且归一化的基矢量。事实上,在正交曲线坐标系中这两种基矢量完全相同,可证二者关系为:

$$\boldsymbol{e}^{(i)} = \sqrt{g_{\underline{ii}}}\boldsymbol{g}^i = \sqrt{g_{\underline{ii}}}g^{ij}\boldsymbol{g}_j = \sqrt{g_{\underline{ii}}}g^{\underline{ii}}\boldsymbol{g}_i = \frac{1}{\sqrt{g_{\underline{ii}}}}\boldsymbol{g}_i = \boldsymbol{e}_{(i)} \tag{2.7.19}$$

这里利用了正交曲线坐标系下 $\boldsymbol{g}^i = g^{ij}\boldsymbol{g}_j = g^{\underline{ii}}\boldsymbol{g}_i$。在正交曲线坐标系下,由式(2.7.16)容易得到:

$$T^{\cdot(i)}_{(j)} = \frac{\sqrt{g_{\underline{ii}}g_{\underline{ii}}}}{\sqrt{g_{\underline{jj}}g_{\underline{jj}}}}g_{\underline{jj}}g^{\underline{ii}}T_{\cdot(i)}^{(j)} = T_{\cdot(i)}^{(j)} \tag{2.7.20}$$

所以二阶张量的左物理分量和右物理分量相等。

实际上,在正交曲线坐标系下,归一化基矢量 $\boldsymbol{e}_{(i)}$ 成为一组沿着正交曲线切线方向、随位置只改变方向但不改变大小的正交单位基矢量。由于这组基矢量是唯一的,具有多种分量形式的张量在这组基矢量上分解只有一组分量,即为该张量的物理分量,所以这组正交基矢量也称为物理标架。此时,协变与逆变的差别消失了,不必再区分上下指标。为表达方便,物理分量和基矢量用带尖括号的下标表示。对于矢量 $\boldsymbol{v}$,有:

$$\boldsymbol{v} = v^i\boldsymbol{g}_i = v_i\boldsymbol{g}^i = v_{<i>}\boldsymbol{e}_{<i>} \tag{2.7.21}$$

则物理分量与矢量分量的关系为:

$$v_{<i>} = \sqrt{g_{\underline{ii}}}v^i = \frac{1}{\sqrt{g_{\underline{ii}}}}v_i \tag{2.7.22}$$

对于二阶张量:

$$\boldsymbol{T} = T^{ij}\boldsymbol{g}_i\boldsymbol{g}_j = T_{ij}\boldsymbol{g}^i\boldsymbol{g}^j = T^i_{\cdot j}\boldsymbol{g}_i\boldsymbol{g}^j = T_i^{\cdot j}\boldsymbol{g}^i\boldsymbol{g}_j = T_{<ij>}\boldsymbol{e}_{<i>}\boldsymbol{e}_{<j>} \tag{2.7.23}$$

则其物理分量与张量分量的关系为:

$$T_{<ij>} = \sqrt{g_{\underline{ii}}g_{\underline{jj}}}T^{ij} = \frac{1}{\sqrt{g_{\underline{ii}}g_{\underline{jj}}}}T_{ij} = \frac{\sqrt{g_{\underline{ii}}}}{\sqrt{g_{\underline{jj}}}}T^i_{\cdot j} = \frac{\sqrt{g_{\underline{jj}}}}{\sqrt{g_{\underline{ii}}}}T_i^{\cdot j} \tag{2.7.24}$$

这种方法可直接推广至正交曲线坐标系下高阶张量的物理分量。

举例:柱坐标系下应力张量的物理分量。

下面讨论柱坐标系下应力张量的物理分量问题，首先应用坐标变换方法给出柱坐标系下的应力张量分量。应力张量为对称张量，笛卡尔坐标系下应力张量的矩阵为：

$$[\sigma_{ij}]=\begin{bmatrix}\sigma_{11} & \sigma_{12} & \sigma_{13}\\ \sigma_{21} & \sigma_{22} & \sigma_{23}\\ \sigma_{31} & \sigma_{32} & \sigma_{33}\end{bmatrix}=\begin{bmatrix}\sigma_{xx} & \sigma_{xy} & \sigma_{xz}\\ \sigma_{yx} & \sigma_{yy} & \sigma_{yz}\\ \sigma_{zx} & \sigma_{zy} & \sigma_{zz}\end{bmatrix}$$

把笛卡尔坐标系视为旧坐标系（坐标为 x、y、z），柱坐标系视为新坐标系（坐标为 r、θ、z）且柱坐标系为正交曲线坐标系。前面已经给出两种坐标系之间的协变转换系数、逆变转换系数，且得到了柱坐标系的协变基矢量和逆变基矢量。根据二阶张量的坐标变换关系，可立即得到柱坐标系下应力张量的 4 种分量。

应力张量的逆变分量为：

$$\sigma^{rr}=\cos^2\theta\sigma_{xx}+\sin^2\theta\sigma_{yy}+\sin^2\theta\sigma_{xy}$$

$$\sigma^{\theta\theta}=\frac{\sin^2\theta}{r^2}\sigma_{xx}+\frac{\cos^2\theta}{r^2}\sigma_{yy}-\frac{\sin^2\theta}{r^2}\sigma_{xy}$$

$$\sigma^{zz}=\sigma_{zz}$$

$$\sigma^{r\theta}=\sigma^{\theta r}=-\frac{\sin\theta\cos\theta}{r}\sigma_{xx}+\frac{\sin\theta\cos\theta}{r}\sigma_{yy}+\frac{\cos 2\theta}{r}\sigma_{xy}$$

$$\sigma^{rz}=\sigma^{zr}=\cos\theta\sigma_{xz}+\sin\theta\sigma_{yz}$$

$$\sigma^{\theta z}=\sigma^{z\theta}=-\frac{\sin\theta}{r}\sigma_{xz}+\frac{\cos\theta}{r}\sigma_{yz}$$

应力张量的协变分量为：

$$\sigma_{rr}=\cos^2\theta\sigma_{xx}+\sin^2\theta\sigma_{yy}+\sin^2\theta\sigma_{xy}$$

$$\sigma_{\theta\theta}=r^2\sin^2\theta\sigma_{xx}+r^2\cos^2\theta\sigma_{yy}-r^2\sin^2\theta\sigma_{xy}$$

$$\sigma_{zz}=\sigma_{zz}$$

$$\sigma_{r\theta}=\sigma_{\theta r}=-r\sin\theta\cos\theta\sigma_{xx}+r\sin\theta\cos\theta\sigma_{yy}+r\cos 2\theta\sigma_{xy}$$

$$\sigma_{rz}=\sigma_{zr}=\cos\theta\sigma_{xz}+\sin\theta\sigma_{yz}$$

$$\sigma_{\theta z}=\sigma_{z\theta}=-r\sin\theta\sigma_{xz}+r\cos\theta\sigma_{yz}$$

应力张量的混变分量为：

$$\sigma^{r}_{\cdot r}=\cos^2\theta\sigma_{xx}+\sin^2\theta\sigma_{yy}+\sin^2\theta\sigma_{xy}$$

$$\sigma^{\theta}_{\cdot\theta}=\sin^2\theta\sigma_{xx}+\cos^2\theta\sigma_{yy}-\sin^2\theta\sigma_{xy}$$

$$\sigma^{z}_{\cdot z}=\sigma_{zz}$$

$$\sigma^{r}_{\cdot\theta}=-r\sin\theta\cos\theta\sigma_{xx}+r\sin\theta\cos\theta\sigma_{yy}+r\cos 2\theta\sigma_{xy}$$

$$\sigma^{\theta}_{\cdot r}=-\frac{\sin\theta\cos\theta}{r}\sigma_{xx}+\frac{\sin\theta\cos\theta}{r}\sigma_{yy}+\frac{\cos 2\theta}{r}\sigma_{xy}$$

$$\sigma^{r}_{\cdot z}=\cos\theta\sigma_{xz}+\sin\theta\sigma_{yz}$$

$$\sigma^{z}_{\cdot r}=\cos\theta\sigma_{xz}+\sin\theta\sigma_{yz}$$

$$\sigma^{\theta}_{\cdot z}=-\frac{\sin\theta}{r}\sigma_{xz}+\frac{\cos\theta}{r}\sigma_{yz}$$

$$\sigma^{z}_{\cdot\theta}=-r\sin\theta\sigma_{xz}+r\cos\theta\sigma_{yz}$$

应力张量的另一种混变分量为：

$$\sigma_{r}^{\cdot r}=\cos^2\theta\sigma_{xx}+\sin^2\theta\sigma_{yy}+\sin^2\theta\sigma_{xy}$$

$$\sigma_{\theta}^{\cdot\theta}=\sin^2\theta\sigma_{xx}+\cos^2\theta\sigma_{yy}-\sin^2\theta\sigma_{xy}$$

$$\sigma_{z}^{\cdot z}=\sigma_{zz}$$

$$\sigma_{r}^{\cdot\theta}=-\frac{\sin\theta\cos\theta}{r}\sigma_{xx}+\frac{\sin\theta\cos\theta}{r}\sigma_{yy}+\frac{\cos 2\theta}{r}\sigma_{xy}$$

$$\sigma_{\theta}^{\cdot r}=-r\sin\theta\cos\theta\sigma_{xx}+r\sin\theta\cos\theta\sigma_{yy}+r\cos 2\theta\sigma_{xy}$$

$$\sigma_{r}^{\cdot z}=\cos\theta\sigma_{xz}+\sin\theta\sigma_{yz}$$

$$\sigma_{z}^{\cdot r}=\cos\theta\sigma_{xz}+\sin\theta\sigma_{yz}$$

$$\sigma_{\theta}^{\cdot z}=-r\sin\theta\sigma_{xz}+r\cos\theta\sigma_{yz}$$

$$\sigma_{z}^{\cdot\theta}=-\frac{\sin\theta}{r}\sigma_{xz}+\frac{\cos\theta}{r}\sigma_{yz}$$

实际应用时使用张量的物理分量，根据式(2.7.24)并注意到 $g_{rr}=1$、$g_{\theta\theta}=r^2$、$g_{zz}=1$，应力张量的四种分量都得到同样的物理分量：

$$\sigma_{<rr>}=\cos^2\theta\sigma_{xx}+\sin^2\theta\sigma_{yy}+\sin^2\theta\sigma_{xy}$$

$$\sigma_{<\theta\theta>}=\sin^2\theta\sigma_{xx}+\cos^2\theta\sigma_{yy}-\sin^2\theta\sigma_{xy}$$

$$\sigma_{<zz>}=\sigma_{zz}$$

$$\sigma_{<r\theta>}=\sigma_{<\theta r>}=-\sin\theta\cos\theta\sigma_{xx}+\sin\theta\cos\theta\sigma_{yy}+\cos 2\theta\sigma_{xy}$$

$$\sigma_{<rz>}=\sigma_{<zr>}=\cos\theta\sigma_{xz}+\sin\theta\sigma_{yz}$$

$$\sigma_{<\theta z>}=\sigma_{<z\theta>}=-\sin\theta\sigma_{xz}+\cos\theta\sigma_{yz}$$

这就是弹性力学中给出的应力分量由直角坐标系向圆柱坐标系的变换公式。

习　题

变形体位移矢量为 $\boldsymbol{u}$，给出圆柱坐标系、球坐标系下位移的实体展开式，分别给出位移分量的物理分量。

第3章 二阶张量

二阶张量在力学、物理学和工程技术中是最常遇到的张量，所以了解二阶张量的性质有特殊的重要性。本章介绍二阶张量与线性变换的关系、正则性质、特征值和特征矢量，还要介绍对称与反对称二阶张量、正交张量以及二阶张量的分解。

3.1 二阶张量与线性变换

3.1.1 二阶张量与线性变换

二阶张量 $\boldsymbol{T}$ 与矢量 $\boldsymbol{u}$ 点积，结果为矢量：

$$\boldsymbol{v} = \boldsymbol{T} \cdot \boldsymbol{u} = T^{i}_{\cdot j}\boldsymbol{g}_i\boldsymbol{g}^j \cdot u^k\boldsymbol{g}_k = T^{i}_{\cdot j}u^j\boldsymbol{g}_i = v^i\boldsymbol{g}_i \tag{3.1.1}$$

其分量表示为：

$$v^i = T^{i}_{\cdot j}u^j \tag{3.1.2}$$

所以二阶张量相当于一个算子，它把矢量空间中的任一矢量 $\boldsymbol{u}$ 变换为另一矢量 $\boldsymbol{v}$，或者说矢量 $\boldsymbol{v}$ 通过二阶张量 $\boldsymbol{T}$ 与矢量 $\boldsymbol{u}$ 相对应，这种线性变换也称为映射。

二阶张量把零矢量映射为零矢量，二阶零张量把任意矢量映射为零矢量，度量张量把任意矢量映射为该矢量本身，即有：

$$\boldsymbol{T} \cdot \boldsymbol{0} = \boldsymbol{0},\ \boldsymbol{0} \cdot \boldsymbol{u} = \boldsymbol{0},\ \boldsymbol{G} \cdot \boldsymbol{u} = \boldsymbol{u} \tag{3.1.3}$$

观察 $\boldsymbol{T} = T^{i}_{\cdot j}\boldsymbol{g}_i\boldsymbol{g}^j$，如果对确定的 j，例如 $j=1$，则 $T^{\cdot i}_{\cdot 1}\boldsymbol{g}_i$ 就代表一个矢量，记 $\boldsymbol{f}_j =$

$T^{i}_{\cdot j}\boldsymbol{g}_i$ 代表 3 个矢量,则二阶张量可写成:

$$\boldsymbol{T}=\boldsymbol{f}_j\boldsymbol{g}^j \tag{3.1.4}$$

这说明二阶张量可以表为三对并矢之和,即二阶张量是矢量的一次扩展。由于两个二阶张量的点积是二阶张量,所以二阶张量的连续 n 次点积仍为二阶张量,表为:

$$\boldsymbol{T}^n=\boldsymbol{T}\cdot\boldsymbol{T}\cdot\cdots\cdot\boldsymbol{T} \tag{3.1.5}$$

为二阶张量 $\boldsymbol{T}$ 的 n 次幂。由于 $\boldsymbol{G}\cdot\boldsymbol{T}^n=\boldsymbol{T}^n=\boldsymbol{T}^n\cdot\boldsymbol{G}$,则可以定义二阶张量的零次幂是度量张量 $\boldsymbol{T}^0=\boldsymbol{G}$。

3.1.2　二阶张量的矩阵

二阶张量的实体形式为:

$$\boldsymbol{T}=T_{ij}\boldsymbol{g}^i\boldsymbol{g}^j=T_i^{\cdot j}\boldsymbol{g}^i\boldsymbol{g}_j=T^{i}_{\cdot j}\boldsymbol{g}_i\boldsymbol{g}^j=T^{ij}\boldsymbol{g}_i\boldsymbol{g}_j \tag{3.1.6}$$

在任一给定的三维坐标系中,二阶张量存在 4 种分量形式,其中任一种分量形式都唯一地决定了二阶张量,每一种分量形式都有 9 个分量。若以第一个指标为行,第二个指标为列,这些分量可以按 3×3 矩阵的形式列出,那么二阶张量的四种分量分别对应了下面 4 个矩阵,表为:

$$[T_{ij}]=\begin{bmatrix}T_{11}&T_{12}&T_{13}\\T_{21}&T_{22}&T_{23}\\T_{31}&T_{32}&T_{33}\end{bmatrix},\quad [T_i^{\cdot j}]=\begin{bmatrix}T_1^{\cdot 1}&T_1^{\cdot 2}&T_1^{\cdot 3}\\T_2^{\cdot 1}&T_2^{\cdot 2}&T_2^{\cdot 3}\\T_3^{\cdot 1}&T_3^{\cdot 2}&T_3^{\cdot 3}\end{bmatrix}$$

$$[T^{i}_{\cdot j}]=\begin{bmatrix}T^1_{\cdot 1}&T^1_{\cdot 2}&T^1_{\cdot 3}\\T^2_{\cdot 1}&T^2_{\cdot 2}&T^2_{\cdot 3}\\T^3_{\cdot 1}&T^3_{\cdot 2}&T^3_{\cdot 3}\end{bmatrix},\quad [T^{ij}]=\begin{bmatrix}T^{11}&T^{12}&T^{13}\\T^{21}&T^{22}&T^{23}\\T^{31}&T^{32}&T^{33}\end{bmatrix}$$

在曲线坐标系中,上面这四个矩阵是不同的矩阵。考虑到指标升降关系,二阶张量的四种分量可通过度量张量相联系:

$$T_{ij}=T_i^{\cdot k}g_{kj}=g_{ik}T^{k}_{\cdot j}=g_{ik}T^{kl}g_{lj} \tag{3.1.7}$$

相应地,这四个矩阵之间的关系为:

$$[T_{ij}]=[T_i^{\cdot j}][g_{kl}]=[g_{ij}][T^{k}_{\cdot l}]=[g_{ij}][T^{kl}][g_{mn}] \tag{3.1.8}$$

注意上面矩阵中的指标只表示矩阵的行和列,不代表张量分量的指标意义。在笛卡尔坐标系中,二阶张量的四种分量形成相同的矩阵。一般地,把矩阵 $[T^{i}_{\cdot j}]$ 定义为二阶张量 $\boldsymbol{T}$ 的矩阵:

$$[\boldsymbol{T}]=[T^{i}_{\cdot j}] \tag{3.1.9}$$

与线性代数相似,可以把二阶张量的映射表为矩阵形式:

$$[\boldsymbol{v}] = [\boldsymbol{T}][\boldsymbol{u}] \tag{3.1.10}$$

因为有：

$$[\boldsymbol{T}\cdot\boldsymbol{S}] = [T^{i}_{\cdot k}S^{k}_{\cdot j}] = [T^{i}_{\cdot j}][S^{k}_{\cdot l}] = [\boldsymbol{T}][\boldsymbol{S}] \tag{3.1.11}$$

所以二阶张量点积的矩阵等于二阶张量矩阵的乘积。而度量张量的矩阵应为$[\boldsymbol{G}]=[\delta^{i}_{j}]$,零张量矩阵$[\boldsymbol{0}]$的所有元素均为零。

3.1.3 二阶张量的行列式

二阶张量的分量形成4个不同的矩阵,它们也具有不同的行列式值。根据四个矩阵之间的关系,其行列式的值满足：

$$\det[T_{ij}] = g\det[T_{i}^{\cdot j}] = g\det[T^{i}_{\cdot j}] = g^{2}\det[T^{ij}] \tag{3.1.12}$$

如果不加说明,也定义二阶张量$\boldsymbol{T}$的矩阵$[T^{i}_{\cdot j}]$的行列式为二阶张量$\boldsymbol{T}$的行列式：

$$\det\boldsymbol{T} = \det[T^{i}_{\cdot j}] \tag{3.1.13}$$

考察二阶张量的行列式的坐标变换,根据张量分量的坐标变换规律并利用协变和逆变转换系数的互逆性质,在新坐标系中有：

$$\det\boldsymbol{T}' = \det[T^{i'}_{\cdot j'}] = \det[\beta^{i'}_{i}\beta^{j}_{j'}T^{i}_{\cdot j}] = \det[T^{i}_{\cdot j}] = \det\boldsymbol{T} \tag{3.1.14}$$

由于二阶张量的行列式在坐标变换时保持不变,所以二阶张量的行列式是张量不变量。由于二阶张量点积的矩阵等于二阶张量矩阵的乘积,所以有：

$$\det(\boldsymbol{T}\cdot\boldsymbol{S}) = \det[\boldsymbol{T}]\det[\boldsymbol{S}] \tag{3.1.15}$$

而度量张量混变分量的行列式值为1,零张量的行列式值为零。

3.1.4 二阶转置张量的映射、矩阵与行列式

转置是张量的一种运算,二阶张量$\boldsymbol{T}$转置后仍是二阶张量：

$$\begin{aligned}\boldsymbol{T}^{\mathrm{T}} &= (T_{ij})^{\mathrm{T}}\boldsymbol{g}^{i}\boldsymbol{g}^{j} = (T_{i}^{\cdot j})^{\mathrm{T}}\boldsymbol{g}^{i}\boldsymbol{g}_{j} = (T^{i}_{\cdot j})^{\mathrm{T}}\boldsymbol{g}_{i}\boldsymbol{g}^{j} = (T^{ij})^{\mathrm{T}}\boldsymbol{g}_{i}\boldsymbol{g}_{j}\\ &= T_{ji}\boldsymbol{g}^{i}\boldsymbol{g}^{j} = T^{j}_{\cdot i}\boldsymbol{g}^{i}\boldsymbol{g}_{j} = T_{j}^{\cdot i}\boldsymbol{g}_{i}\boldsymbol{g}^{j} = T^{ji}\boldsymbol{g}_{i}\boldsymbol{g}_{j}\end{aligned} \tag{3.1.16}$$

转置张量通过交换分量指标的前后位置并保持基张量不变而得到。转置张量对矢量的映射作用会得到另一个矢量$\boldsymbol{w}$：

$$\boldsymbol{w} = \boldsymbol{T}^{\mathrm{T}}\cdot\boldsymbol{u} = \boldsymbol{u}\cdot\boldsymbol{T} \tag{3.1.17}$$

上式也称为张量对矢量的右作用,作用后也得到一个矢量。为了区别,把$\boldsymbol{v}=\boldsymbol{T}\cdot\boldsymbol{u}$就称为张量对矢量的左作用。一般地,$\boldsymbol{v}\neq\boldsymbol{w}$。如果二阶张量$\boldsymbol{T}$同时左右作用两个基矢量,得：

$$\boldsymbol{g}^{i}\cdot\boldsymbol{T}\cdot\boldsymbol{g}_{j} = T^{i}_{\cdot j} \tag{3.1.18}$$

则二阶张量的分量是基矢量和张量的二次点积。对于任意矢量$\boldsymbol{u}$和$\boldsymbol{v}$,有：

$$\boldsymbol{v} \cdot \boldsymbol{T} \cdot \boldsymbol{u} = \boldsymbol{u} \cdot \boldsymbol{T}^{\mathrm{T}} \cdot \boldsymbol{v} \tag{3.1.19}$$

两个二阶张量点积的转置张量为：

$$(\boldsymbol{T} \cdot \boldsymbol{S})^{\mathrm{T}} = \boldsymbol{S}^{\mathrm{T}} \cdot \boldsymbol{T}^{\mathrm{T}} \tag{3.1.20}$$

转置张量 $\boldsymbol{T}^{\mathrm{T}}$ 的矩阵为：

$$[(T^{i}_{\cdot j})^{\mathrm{T}}] = [T_{j}^{\cdot i}] = [g^{il} T^{k}_{\cdot l} g_{kj}] = [g^{ij}][T^{k}_{\cdot l}]^{\mathrm{T}}[g_{mn}] \tag{3.1.21}$$

所以一般转置张量的矩阵不等于原张量矩阵的转置。但是，转置张量的行列式为：

$$\begin{aligned} \det \boldsymbol{T}^{\mathrm{T}} &= \det[T_{j}^{\cdot i}] = \det[g_{jk} T^{k}_{\cdot l} g^{li}] \\ &= \det[g_{ij}]\det[g^{kl}]\det[T^{m}_{\cdot n}] = \det[T^{m}_{\cdot n}] = \det \boldsymbol{T} \end{aligned} \tag{3.1.22}$$

因此转置张量与原张量的行列式值相等。

习　题

1. 试证二阶张量的行列式是张量的不变量。
2. 证明二阶张量的转置不影响其行列式的值。
3. 对任意二阶张量 $\boldsymbol{T}$ 和任意矢量 $\boldsymbol{u}$，证明：$\boldsymbol{T} \cdot \boldsymbol{u} = \boldsymbol{u} \cdot \boldsymbol{T}^{\mathrm{T}}$。
4. 对于二阶张量 $\boldsymbol{A}$ 和 $\boldsymbol{B}$，试证：$\boldsymbol{A} : \boldsymbol{B} = \boldsymbol{A}^{\mathrm{T}} : \boldsymbol{B}^{\mathrm{T}}$。
5. 对于二阶张量 $\boldsymbol{A}$ 和 $\boldsymbol{B}$，试证：$(\boldsymbol{A} \cdot \boldsymbol{B})^{\mathrm{T}} = \boldsymbol{B}^{\mathrm{T}} \cdot \boldsymbol{A}^{\mathrm{T}}$。

3.2　正则与退化的二阶张量

3.2.1　正则与退化的二阶张量

二阶张量 $\boldsymbol{T}$ 对应着线性变换，它可以把空间中的任意一个矢量 $\boldsymbol{u}$ 映射为另一个矢量 $\boldsymbol{v}$。如果在三维空间中有 3 个线性无关的一组矢量 $\boldsymbol{u}$、$\boldsymbol{v}$ 和 $\boldsymbol{w}$，即 $\boldsymbol{u}$、$\boldsymbol{v}$ 和 $\boldsymbol{w}$ 这 3 个矢量不共面，则 3 个矢量的混合积构成以 3 个矢量为棱的平行六面体的体积。以二阶张量 $\boldsymbol{T}$ 分别映射这组 3 个矢量，映射后得到 3 个矢量 $\boldsymbol{T} \cdot \boldsymbol{u}$、$\boldsymbol{T} \cdot \boldsymbol{v}$ 和 $\boldsymbol{T} \cdot \boldsymbol{w}$，作 3 个矢量映射后的混合积：

$$\begin{aligned} [\boldsymbol{T} \cdot \boldsymbol{u} \quad \boldsymbol{T} \cdot \boldsymbol{v} \quad \boldsymbol{T} \cdot \boldsymbol{w}] &= \varepsilon_{ijk} T^{i}_{\cdot l} u^{l} T^{j}_{\cdot m} v^{m} T^{k}_{\cdot n} w^{n} \\ &= \varepsilon_{ijk} e_{lmn} T^{i}_{\cdot 1} T^{j}_{\cdot 2} T^{k}_{\cdot 3} u^{l} v^{m} w^{n} \\ &= e_{ijk} T^{i}_{\cdot 1} T^{j}_{\cdot 2} T^{k}_{\cdot 3} \varepsilon_{lmn} u^{l} v^{m} w^{n} \\ &= \det \boldsymbol{T} [\boldsymbol{u} \quad \boldsymbol{v} \quad \boldsymbol{w}] \end{aligned} \tag{3.2.1}$$

显然,如果二阶张量的行列式 $\det \boldsymbol{T}$ 不为零,映射后的这组矢量的混合积也不为零,即映射后的 3 个矢量 $\boldsymbol{T}\cdot\boldsymbol{u}$、$\boldsymbol{T}\cdot\boldsymbol{v}$ 和 $\boldsymbol{T}\cdot\boldsymbol{w}$ 依然线性无关。由于二阶张量的行列式 $\det \boldsymbol{T}$ 是张量不变量,这个不变量也可在几何上解释为张量对 3 个线性无关的一组矢量映射前后所构成的平行六面体的体积比。

定义行列式不为零的二阶张量为正则的二阶张量,否则称为退化的二阶张量。由于 $\det \boldsymbol{T}^{\mathrm{T}}=\det \boldsymbol{T}$,因此二阶张量 $\boldsymbol{T}$ 与其转置同时正则或退化。如果二阶张量是正则的,则二阶张量把任何线性无关的矢量组映射为线性无关的矢量组,而退化的二阶张量把线性无关的矢量组映射为线性相关的矢量组。

可以推论,对于正则的二阶张量 $\boldsymbol{T}$,如果有二阶张量的映射为零($\boldsymbol{T}\cdot\boldsymbol{u}=0$),则必有该矢量为零($\boldsymbol{u}=\boldsymbol{0}$)。而对于退化的二阶张量 $\boldsymbol{T}$,则必存在一个特定的矢量不为零($\boldsymbol{u}\neq 0$),满足二阶张量的映射为零($\boldsymbol{T}\cdot\boldsymbol{u}=\boldsymbol{0}$),此时也称矢量 $\boldsymbol{u}$ 的方向为退化的二阶张量的零向。

3.2.2 二阶张量的逆张量

对于正则的二阶张量 $\boldsymbol{T}$,它把任意一个矢量 $\boldsymbol{u}$ 映射为另一个矢量 $\boldsymbol{v}$,即 $\boldsymbol{v}=\boldsymbol{T}\cdot\boldsymbol{u}$,矢量 $\boldsymbol{v}$ 相对于矢量 $\boldsymbol{u}$,其方向和长度都发生了改变,并且映射后的矢量 $\boldsymbol{v}$ 与矢量 $\boldsymbol{u}$ 一一对应。自然想到也可把映射后的矢量 $\boldsymbol{v}$ 再映射回矢量 $\boldsymbol{u}$,为此,定义正则的二阶张量的逆 $\boldsymbol{T}^{-1}$,称为二阶张量的逆张量,它满足互逆关系:

$$\boldsymbol{T}\cdot\boldsymbol{T}^{-1}=\boldsymbol{T}^{-1}\cdot\boldsymbol{T}=\boldsymbol{G} \tag{3.2.2}$$

逆张量也是二阶张量,现在用逆张量 $\boldsymbol{T}^{-1}$ 映射矢量 $\boldsymbol{v}$,有:

$$\boldsymbol{T}^{-1}\cdot\boldsymbol{v}=\boldsymbol{T}^{-1}\cdot\boldsymbol{T}\cdot\boldsymbol{u}=\boldsymbol{G}\cdot\boldsymbol{u}=\boldsymbol{u} \tag{3.2.3}$$

这是一一对应的线性变换的逆变换。退化的二阶张量则不存在逆张量和逆变换。用矩阵表示二阶张量和其逆的点积:

$$[\boldsymbol{T}][\boldsymbol{T}^{-1}]=[\boldsymbol{T}^{-1}][\boldsymbol{T}]=[\boldsymbol{G}] \tag{3.2.4}$$

所以有:

$$[\boldsymbol{T}^{-1}]=[\boldsymbol{T}]^{-1} \tag{3.2.5}$$

即二阶张量的逆张量的矩阵等于原张量矩阵的逆,且立即有:

$$\det \boldsymbol{T}^{-1}=\frac{1}{\det \boldsymbol{T}} \tag{3.2.6}$$

考察转置张量的逆,因为:

$$\boldsymbol{T}^{\mathrm{T}}\cdot(\boldsymbol{T}^{\mathrm{T}})^{-1}=\boldsymbol{G}=(\boldsymbol{T}^{-1}\cdot\boldsymbol{T})^{\mathrm{T}}=\boldsymbol{T}^{\mathrm{T}}\cdot(\boldsymbol{T}^{-1})^{\mathrm{T}} \tag{3.2.7}$$

用 $(\boldsymbol{T}^{\mathrm{T}})^{-1}$ 左点乘上式两边,得到:

$$(\boldsymbol{T}^{\mathrm{T}})^{-1}=(\boldsymbol{T}^{-1})^{\mathrm{T}} \tag{3.2.8}$$

表明二阶张量的转置和求逆可以交换运算顺序。

两个正则的二阶张量点积仍为正则的二阶张量,利用互逆关系有:

$$(\boldsymbol{T}\cdot\boldsymbol{S})\cdot(\boldsymbol{T}\cdot\boldsymbol{S})^{-1}=\boldsymbol{G} \tag{3.2.9}$$

用 $\boldsymbol{T}^{-1}$ 和 $\boldsymbol{S}^{-1}$ 依次点乘上式的左边,得到:

$$(\boldsymbol{T}\cdot\boldsymbol{S})^{-1}=\boldsymbol{S}^{-1}\cdot\boldsymbol{T}^{-1} \tag{3.2.10}$$

即两个正则的二阶张量点积的逆等于分别求逆,然后交换次序再点积。由于二阶张量的逆是二阶张量,逆张量点积逆张量也为二阶张量,依此类推逆张量的 n 次点积仍为二阶张量。

对应于二阶张量的 n 次幂,可以定义:

$$\boldsymbol{T}^{-n}=\boldsymbol{T}^{-1}\cdot\boldsymbol{T}^{-1}\cdot\cdots\cdot\boldsymbol{T}^{-1} \tag{3.2.11}$$

为二阶张量的负整数 n 次幂。

习　题

1.已知 $\boldsymbol{T}$ 为二阶张量,$\boldsymbol{u}$、$\boldsymbol{v}$、$\boldsymbol{w}$ 为3个矢量,证明3个矢量混合积的变换关系:

$$[\boldsymbol{T}\cdot\boldsymbol{u}\quad \boldsymbol{T}\cdot\boldsymbol{v}\quad \boldsymbol{T}\cdot\boldsymbol{w}]=\det\boldsymbol{T}[\boldsymbol{u}\quad \boldsymbol{v}\quad \boldsymbol{w}]$$

2.若 $\boldsymbol{T}$ 为正则的二阶张量,证明二阶张量的转置和求逆可以交换运算顺序,即有:

$$(\boldsymbol{T}^{\mathrm{T}})^{-1}=(\boldsymbol{T}^{-1})^{\mathrm{T}}$$

3.若 $\boldsymbol{T}$ 为正则的二阶张量,证明:

$$(\boldsymbol{A}\cdot\boldsymbol{B})^{-1}=\boldsymbol{B}^{-1}\cdot\boldsymbol{A}^{-1}$$

3.3　二阶张量的特征值和特征矢量

3.3.1　二阶张量的特征方程和特征值

如果存在非零矢量 $\boldsymbol{u}$ 和数 λ,使得二阶张量 $\boldsymbol{T}$ 把 $\boldsymbol{u}$ 映射为平行于矢量 $\boldsymbol{u}$ 并放大 λ 倍,即满足:

$$\boldsymbol{T}\cdot\boldsymbol{u}=\lambda\boldsymbol{u} \tag{3.3.1}$$

或者写成:

$$(\boldsymbol{T}-\lambda\boldsymbol{G})\cdot\boldsymbol{u}=0 \tag{3.3.2}$$

此时,称 λ 为张量 $\boldsymbol{T}$ 的特征值(特征根、主值),称矢量 $\boldsymbol{u}$ 为张量 $\boldsymbol{T}$ 对应于特征值 λ 的特征矢量(主方向、主轴)。

由于特征矢量 $\boldsymbol{u}$ 是非零矢量，所以二阶张量($\boldsymbol{T}-\lambda\boldsymbol{G}$)是个退化的二阶张量，其行列式必为零，于是得到特征值 λ 满足方程：

$$\det(\boldsymbol{T}-\lambda\boldsymbol{G})=0 \tag{3.3.3}$$

这是张量 $\boldsymbol{T}$ 的特征方程。一般地，它是 λ 的实系数三次代数方程，至少有一个实根即实数特征值。把特征值 λ_i 代入式(3.3.3)，就可求出对应的特征矢量 $\boldsymbol{u}_i$。利用行列式的展开式，把特征方程表为：

$$\begin{aligned}&\det(\boldsymbol{T}-\lambda\boldsymbol{G})\\&=\frac{1}{6}e_{ijk}e^{lmn}(T^{i}_{\cdot l}-\lambda\delta^{i}_{l})(T^{j}_{\cdot m}-\lambda\delta^{j}_{m})(T^{k}_{\cdot n}-\lambda\delta^{k}_{n})=0\end{aligned} \tag{3.3.4}$$

整理张量的特征多项式为：

$$\begin{aligned}\det(\boldsymbol{T}-\lambda\boldsymbol{G})=&-\frac{1}{6}e_{lmn}e^{lmn}\lambda^{3}+\frac{1}{6}(e_{imn}e^{lmn}T^{i}_{\cdot l}+e_{ljn}e^{lmn}T^{j}_{\cdot m}+e_{lmk}e^{lmn}T^{k}_{\cdot n})\lambda^{2}\\&-\frac{1}{6}(e_{ijn}e^{lmn}T^{i}_{\cdot l}T^{j}_{\cdot m}+e_{imk}e^{lmn}T^{i}_{\cdot l}T^{k}_{\cdot n}+e_{ljk}e^{lmn}T^{j}_{\cdot m}T^{k}_{\cdot n})\lambda\\&+\frac{1}{6}e_{ijk}e^{lmn}T^{i}_{\cdot l}T^{j}_{\cdot m}T^{k}_{\cdot n}\\=&-\lambda^{3}+I_{1}\lambda^{2}-I_{2}\lambda+I_{3}\end{aligned}$$

得关于特征值 λ 的特征方程为：

$$\lambda^{3}-I_{1}\lambda^{2}+I_{2}\lambda-I_{3}=0 \tag{3.3.5}$$

这里记：

$$I_{1}=T^{i}_{\cdot i}=\operatorname{tr}\boldsymbol{T}=T^{1}_{\cdot 1}+T^{2}_{\cdot 2}+T^{3}_{\cdot 3} \tag{3.3.6}$$

$$\begin{aligned}I_{2}&=\frac{1}{2}(T^{i}_{\cdot i}T^{j}_{\cdot j}-T^{i}_{\cdot j}T^{j}_{\cdot i})=\frac{1}{2}[(\operatorname{tr}\boldsymbol{T})^{2}-\operatorname{tr}\boldsymbol{T}^{2}]\\&=\begin{vmatrix}T^{1}_{\cdot 1}&T^{1}_{\cdot 2}\\T^{2}_{\cdot 1}&T^{2}_{\cdot 2}\end{vmatrix}+\begin{vmatrix}T^{2}_{\cdot 2}&T^{2}_{\cdot 3}\\T^{3}_{\cdot 2}&T^{3}_{\cdot 3}\end{vmatrix}+\begin{vmatrix}T^{3}_{\cdot 3}&T^{3}_{\cdot 1}\\T^{1}_{\cdot 3}&T^{1}_{\cdot 1}\end{vmatrix}\end{aligned} \tag{3.3.7}$$

$$I_{3}=\frac{1}{6}e_{ijk}e^{lmn}T^{i}_{\cdot l}T^{j}_{\cdot m}T^{k}_{\cdot n}=\det\boldsymbol{T}=\begin{vmatrix}T^{1}_{\cdot 1}&T^{1}_{\cdot 2}&T^{1}_{\cdot 3}\\T^{2}_{\cdot 1}&T^{2}_{\cdot 2}&T^{2}_{\cdot 3}\\T^{3}_{\cdot 1}&T^{3}_{\cdot 2}&T^{3}_{\cdot 3}\end{vmatrix} \tag{3.3.8}$$

由于二阶张量的行列式具有坐标变换的不变性，张量 $\boldsymbol{T}$ 的特征方程也有坐标变换的不变性，故坐标变换时特征方程的 3 个系数 I_1、I_2、I_3 也不改变，分别称作张量 $\boldsymbol{T}$ 的第一、第二、第三主不变量。

若张量 $\boldsymbol{T}$ 对任意矢量 $\boldsymbol{u}$ 都有：

$$\boldsymbol{u}\cdot\boldsymbol{T}\cdot\boldsymbol{u}\geqslant 0 \tag{3.3.9}$$

则称张量 $\boldsymbol{T}$ 为非负定张量。若张量对任意非零矢量都有：

$$\boldsymbol{u}\cdot\boldsymbol{T}\cdot\boldsymbol{u} > 0 \tag{3.3.10}$$

则称张量 $\boldsymbol{T}$ 为正定张量。对于正定张量，若令 $\boldsymbol{u}$ 为与 λ 对应的特征矢量，则有：

$$\boldsymbol{u}\cdot\boldsymbol{T}\cdot\boldsymbol{u} = \boldsymbol{u}\cdot\lambda\boldsymbol{u} = \lambda\boldsymbol{u}^2 > 0 \tag{3.3.11}$$

可得 $\lambda>0$，所以正定张量的特征值均为正。

3 个主不变量最重要的几何应用是关于映射前后的体积比。如果 $\boldsymbol{u}$、$\boldsymbol{v}$ 和 $\boldsymbol{w}$ 是三维空间中 3 个线性无关的一组矢量，张量 $\boldsymbol{T}$ 的第三主不变量 I_3 是这个张量 $\boldsymbol{T}$ 对这组矢量 $\boldsymbol{u}$、$\boldsymbol{v}$ 和 $\boldsymbol{w}$ 映射前后所构成的平行六面体的体积比。现在考察另外两种映射，展开混合积：

$$\begin{aligned}[\boldsymbol{T}\cdot\boldsymbol{u}\quad\boldsymbol{v}\quad\boldsymbol{w}] &= \varepsilon_{ijk}T^{i}_{\cdot l}u^{l}v^{j}w^{k} = \varepsilon_{ijk}T^{i}_{\cdot l}u^{l}\delta^{j}_{m}v^{m}\delta^{k}_{n}w^{n}\\ &= e_{ijk}\sqrt{g}\,e_{lmn}T^{i}_{\cdot 1}\delta^{j}_{2}\delta^{k}_{3}u^{l}v^{m}w^{n}\\ &= e_{i23}T^{i}_{\cdot 1}[\boldsymbol{u}\quad\boldsymbol{v}\quad\boldsymbol{w}]\\ &= T^{1}_{\cdot 1}[\boldsymbol{u}\quad\boldsymbol{v}\quad\boldsymbol{w}]\end{aligned} \tag{3.3.12}$$

类似地得到：

$$\begin{aligned}[\boldsymbol{u}\quad\boldsymbol{T}\cdot\boldsymbol{v}\quad\boldsymbol{w}] &= T^{2}_{\cdot 2}[\boldsymbol{u}\quad\boldsymbol{v}\quad\boldsymbol{w}]\\ [\boldsymbol{u}\quad\boldsymbol{v}\quad\boldsymbol{T}\cdot\boldsymbol{w}] &= T^{3}_{\cdot 3}[\boldsymbol{u}\quad\boldsymbol{v}\quad\boldsymbol{w}]\end{aligned} \tag{3.3.13}$$

把上述 3 个混合积相加，则第一主不变量成为：

$$I_1 = \frac{[\boldsymbol{T}\cdot\boldsymbol{u}\quad\boldsymbol{v}\quad\boldsymbol{w}] + [\boldsymbol{u}\quad\boldsymbol{T}\cdot\boldsymbol{v}\quad\boldsymbol{w}] + [\boldsymbol{u}\quad\boldsymbol{v}\quad\boldsymbol{T}\cdot\boldsymbol{w}]}{[\boldsymbol{u}\quad\boldsymbol{v}\quad\boldsymbol{w}]} \tag{3.3.14}$$

此外，考察混合积：

$$\begin{aligned}[\boldsymbol{T}\cdot\boldsymbol{u}\quad\boldsymbol{T}\cdot\boldsymbol{v}\quad\boldsymbol{w}] &= [\boldsymbol{T}\cdot\boldsymbol{u}\quad\boldsymbol{T}\cdot\boldsymbol{v}\quad\boldsymbol{G}\cdot\boldsymbol{w}] = \varepsilon_{ijk}T^{i}_{\cdot l}u^{l}T^{j}_{\cdot m}v^{m}\delta^{k}_{\cdot n}w^{n}\\ &= e_{ijk}\varepsilon_{lmn}T^{i}_{\cdot 1}T^{j}_{\cdot 2}\delta^{k}_{\cdot 3}u^{l}v^{m}w^{n} = e_{ij3}T^{i}_{\cdot 1}T^{j}_{\cdot 2}[\boldsymbol{u}\quad\boldsymbol{v}\quad\boldsymbol{w}]\\ &= (T^{1}_{\cdot 1}T^{2}_{\cdot 2} - T^{2}_{\cdot 1}T^{1}_{\cdot 2})[\boldsymbol{u}\quad\boldsymbol{v}\quad\boldsymbol{w}]\end{aligned} \tag{3.3.15}$$

同理得到：

$$\begin{aligned}[\boldsymbol{u}\quad\boldsymbol{T}\cdot\boldsymbol{v}\quad\boldsymbol{T}\cdot\boldsymbol{w}] &= (T^{2}_{\cdot 2}T^{3}_{\cdot 3} - T^{3}_{\cdot 2}T^{2}_{\cdot 3})[\boldsymbol{u}\quad\boldsymbol{v}\quad\boldsymbol{w}]\\ [\boldsymbol{T}\cdot\boldsymbol{u}\quad\boldsymbol{v}\quad\boldsymbol{T}\cdot\boldsymbol{w}] &= (T^{3}_{\cdot 3}T^{1}_{\cdot 1} - T^{1}_{\cdot 3}T^{3}_{\cdot 1})[\boldsymbol{u}\quad\boldsymbol{v}\quad\boldsymbol{w}]\end{aligned} \tag{3.3.16}$$

由于第二主不变量展开为：

$$I_2 = T^{1}_{\cdot 1}T^{2}_{\cdot 2} - T^{2}_{\cdot 1}T^{1}_{\cdot 2} + T^{2}_{\cdot 2}T^{3}_{\cdot 3} - T^{3}_{\cdot 2}T^{2}_{\cdot 3} + T^{3}_{\cdot 3}T^{1}_{\cdot 1} - T^{1}_{\cdot 3}T^{3}_{\cdot 1} \tag{3.3.17}$$

所以把以上三式相加后，得第二主不变量为：

$$I_2 = \frac{[\boldsymbol{T}\cdot\boldsymbol{u}\quad\boldsymbol{T}\cdot\boldsymbol{v}\quad\boldsymbol{w}] + [\boldsymbol{u}\quad\boldsymbol{T}\cdot\boldsymbol{v}\quad\boldsymbol{T}\cdot\boldsymbol{w}] + [\boldsymbol{T}\cdot\boldsymbol{u}\quad\boldsymbol{v}\quad\boldsymbol{T}\cdot\boldsymbol{w}]}{[\boldsymbol{u}\quad\boldsymbol{v}\quad\boldsymbol{w}]} \tag{3.3.18}$$

因此,张量 $\boldsymbol{T}$ 的第一和第二主不变量分别是这组矢量 $\boldsymbol{u}$、$\boldsymbol{v}$ 和 $\boldsymbol{w}$ 关于两种映射前后所构成的平行六面体的体积比。

3.3.2 Nanson 公式

正则张量 $\boldsymbol{T}$ 对一组线性无关矢量 $\boldsymbol{u}$、$\boldsymbol{v}$ 和 $\boldsymbol{w}$ 映射前后混合积之间的关系式改写为:

$$\begin{aligned}\det \boldsymbol{T}\, \boldsymbol{u} \times \boldsymbol{v} \cdot \boldsymbol{w} &= [(\boldsymbol{T} \cdot \boldsymbol{u}) \times (\boldsymbol{T} \cdot \boldsymbol{v})] \cdot \boldsymbol{T} \cdot \boldsymbol{w} \\ &= \boldsymbol{w} \cdot \boldsymbol{T}^{\mathrm{T}} \cdot [(\boldsymbol{T} \cdot \boldsymbol{u}) \times (\boldsymbol{T} \cdot \boldsymbol{v})]\end{aligned} \tag{3.3.19}$$

上面第二个等式是把$(\boldsymbol{T} \cdot \boldsymbol{u})\times(\boldsymbol{T} \cdot \boldsymbol{v})$整体作为一个矢量。由于 $\boldsymbol{w}$ 是任意一个矢量,所以有:

$$\det \boldsymbol{T}\, \boldsymbol{u} \times \boldsymbol{v} = \boldsymbol{T}^{\mathrm{T}} \cdot [(\boldsymbol{T} \cdot \boldsymbol{u}) \times (\boldsymbol{T} \cdot \boldsymbol{v})] \tag{3.3.20}$$

由于二阶张量的转置和求逆可以交换运算顺序,用$(\boldsymbol{T}^{\mathrm{T}})^{-1}$点乘上式两边有 Nanson 公式:

$$(\boldsymbol{T} \cdot \boldsymbol{u}) \times (\boldsymbol{T} \cdot \boldsymbol{v}) = \det \boldsymbol{T}\, (\boldsymbol{T}^{-1})^{\mathrm{T}} \cdot (\boldsymbol{u} \times \boldsymbol{v}) \tag{3.3.21}$$

Nanson 公式决定了两个矢量构成的面积矢量与映射后的面积矢量的关系。

3.3.3 Cayley-Hamilton 定理

在式(3.3.14)中,用 $\boldsymbol{T}^2 \cdot \boldsymbol{w}$ 代替 $\boldsymbol{w}$,可得:

$$\begin{aligned}I_1 \boldsymbol{u} \times \boldsymbol{v} \cdot (\boldsymbol{T}^2 \cdot \boldsymbol{w}) &= (\boldsymbol{T}^2 \cdot \boldsymbol{w}) \times (\boldsymbol{T} \cdot \boldsymbol{u}) \cdot \boldsymbol{v} \\ &+ (\boldsymbol{T}^2 \cdot \boldsymbol{w}) \times \boldsymbol{u} \cdot (\boldsymbol{T} \cdot \boldsymbol{v}) + \boldsymbol{u} \times \boldsymbol{v} \cdot (\boldsymbol{T}^3 \cdot \boldsymbol{w})\end{aligned} \tag{3.3.22}$$

在式(3.3.18)中,用$-\boldsymbol{T} \cdot \boldsymbol{w}$ 代替 $\boldsymbol{w}$,可得:

$$\begin{aligned}-I_2 \boldsymbol{u} \times \boldsymbol{v} \cdot (\boldsymbol{T} \cdot \boldsymbol{w}) &= -(\boldsymbol{T} \cdot \boldsymbol{u}) \times (\boldsymbol{T} \cdot \boldsymbol{v}) \cdot (\boldsymbol{T} \cdot \boldsymbol{w}) \\ &- (\boldsymbol{T}^2 \cdot \boldsymbol{w}) \times \boldsymbol{u} \cdot (\boldsymbol{T} \cdot \boldsymbol{v}) - (\boldsymbol{T}^2 \cdot \boldsymbol{w}) \times (\boldsymbol{T} \cdot \boldsymbol{u}) \cdot \boldsymbol{v}\end{aligned} \tag{3.3.23}$$

把式(3.2.1)改写为:

$$I_3 \boldsymbol{u} \times \boldsymbol{v} \cdot \boldsymbol{w} = (\boldsymbol{T} \cdot \boldsymbol{u}) \times (\boldsymbol{T} \cdot \boldsymbol{v}) \cdot (\boldsymbol{T} \cdot \boldsymbol{w}) \tag{3.3.24}$$

把以上三式相加,得:

$$\boldsymbol{u} \times \boldsymbol{v} \cdot [(I_1 \boldsymbol{T}^2 - I_2 \boldsymbol{T} + I_3 \boldsymbol{G}) \cdot \boldsymbol{w}] = \boldsymbol{u} \times \boldsymbol{v} \cdot (\boldsymbol{T}^3 \cdot \boldsymbol{w}) \tag{3.3.25}$$

由于矢量 $\boldsymbol{u}$ 和 $\boldsymbol{v}$ 的任意性,所以有:

$$(\boldsymbol{T}^3 - I_1 \boldsymbol{T}^2 + I_2 \boldsymbol{T} - I_3 \boldsymbol{G}) \cdot \boldsymbol{w} = \boldsymbol{0} \tag{3.3.26}$$

上式表示二阶张量对任意非零矢量 $\boldsymbol{w}$ 的映射均为零矢量,所以该张量必为零张量,有:

$$\boldsymbol{T}^3 - I_1\boldsymbol{T}^2 + I_2\boldsymbol{T} - I_3\boldsymbol{G} = \boldsymbol{0} \tag{3.3.27}$$

这就是 Cayley-Hamilton 等式或 Cayley-Hamilton 定理,它是一个二阶张量方程。利用 Cayley-Hamilton 定理,二阶张量 $\boldsymbol{T}$ 二次以上的高次幂都可以用低次幂和 $\boldsymbol{T}$ 的 3 个主不变量来表示。这个方程在形式上与二阶张量 $\boldsymbol{T}$ 的特征方程相同,但一个是张量方程,一个是标量方程。

习　题

1. 已知任意二阶张量 $\boldsymbol{A}$ 和 $\boldsymbol{B}$,令 $\boldsymbol{T}=\boldsymbol{A}\cdot\boldsymbol{B}$,$\boldsymbol{S}=\boldsymbol{B}\cdot\boldsymbol{A}$,证明 $\boldsymbol{T}$ 和 $\boldsymbol{S}$ 具有相同的主不变量。

2. 已知 $\boldsymbol{T}$ 为二阶张量,$\boldsymbol{u}$、$\boldsymbol{v}$、$\boldsymbol{w}$ 为 3 个矢量,证明下面 3 个矢量混合积的变换关系:

$$[\boldsymbol{T}\cdot\boldsymbol{u}\ \ \boldsymbol{v}\ \ \boldsymbol{w}] + [\boldsymbol{u}\ \ \boldsymbol{T}\cdot\boldsymbol{v}\ \ \boldsymbol{w}] + [\boldsymbol{u}\ \ \boldsymbol{v}\ \ \boldsymbol{T}\cdot\boldsymbol{w}] = I_1[\boldsymbol{u}\ \ \boldsymbol{v}\ \ \boldsymbol{w}]。$$

3. 已知 $\boldsymbol{T}$ 为二阶张量,$\boldsymbol{u}$、$\boldsymbol{v}$、$\boldsymbol{w}$ 为 3 个矢量,证明下面 3 个矢量混合积的变换关系:

$$[\boldsymbol{T}\cdot\boldsymbol{u}\ \ \boldsymbol{T}\cdot\boldsymbol{v}\ \ \boldsymbol{w}] + [\boldsymbol{u}\ \ \boldsymbol{T}\cdot\boldsymbol{v}\ \ \boldsymbol{T}\cdot\boldsymbol{w}] + [\boldsymbol{T}\cdot\boldsymbol{u}\ \ \boldsymbol{v}\ \ \boldsymbol{T}\cdot\boldsymbol{w}] = I_2[\boldsymbol{u}\ \ \boldsymbol{v}\ \ \boldsymbol{w}]。$$

4. 已知 $\boldsymbol{T}$ 为二阶张量,$\boldsymbol{u}$、$\boldsymbol{v}$ 为两个矢量,证明 Nanson 公式:

$$(\boldsymbol{T}\cdot\boldsymbol{u}) \times (\boldsymbol{T}\cdot\boldsymbol{v}) = \det\boldsymbol{T}\,(\boldsymbol{T}^{-1})^{\mathrm{T}}\cdot(\boldsymbol{u}\times\boldsymbol{v})。$$

3.4　二阶对称张量

3.4.1　二阶对称张量

对于二阶对称张量 $\boldsymbol{N}$ 有:

$$\boldsymbol{N} = \boldsymbol{N}^{\mathrm{T}} \tag{3.4.1}$$

上式的分量形式为:

$$N_{ij} = N_{ji},\ N_i^{\cdot j} = N_{\cdot i}^{j},\ N_{\cdot j}^{i} = N_j^{\cdot i},\ N^{ij} = N^{ji} \tag{3.4.2}$$

二阶对称张量 $\boldsymbol{N}$ 的分量所对应的矩阵$[N_{ij}]$和$[N^{ij}]$是对称矩阵,而$[N_i^{\cdot j}]$和$[N^i_{\cdot j}]$一般不是对称矩阵。二阶对称张量对矢量的映射为:

$$\boldsymbol{N}\cdot\boldsymbol{u} = \boldsymbol{u}\cdot\boldsymbol{N} \tag{3.4.3}$$

如同矩阵一样,二阶对称张量也对应一个二次型:

$$f(x^i) = \boldsymbol{x} \cdot \boldsymbol{N} \cdot \boldsymbol{x} = N_{ij}x^i x^j \tag{3.4.4}$$

3.4.2 二阶对称张量的特征值是实数

已经指出二阶张量的特征方程是三次代数方程,至少有一个实根即实数特征值,但二阶对称张量的特征值必是实数。利用反证法,令特征方程有一个复数根 λ,但由于复数根必成对出现,故 λ 的共轭复数 $\bar{\lambda}$ 也是特征方程的一个根。如果 λ 对应的特征矢量是复数特征矢量 $\boldsymbol{a}$,$\bar{\lambda}$ 对应的特征矢量就应是 $\boldsymbol{a}$ 的共轭矢量 $\bar{\boldsymbol{a}}$。分别用 $\bar{\boldsymbol{a}}$ 和 $\boldsymbol{a}$ 点乘 $\boldsymbol{N} \cdot \boldsymbol{a}=\lambda\boldsymbol{a}$ 和 $\boldsymbol{N} \cdot \bar{\boldsymbol{a}}=\bar{\lambda}\bar{\boldsymbol{a}}$ 的两边,得:

$$\begin{aligned} \bar{\boldsymbol{a}} \cdot \boldsymbol{N} \cdot \boldsymbol{a} &= \lambda \bar{\boldsymbol{a}} \cdot \boldsymbol{a} \\ \boldsymbol{a} \cdot \boldsymbol{N} \cdot \bar{\boldsymbol{a}} &= \bar{\lambda} \boldsymbol{a} \cdot \bar{\boldsymbol{a}} \end{aligned} \tag{3.4.5}$$

由于 $\boldsymbol{N}$ 是对称的二阶张量,上面两式左端相等,所以有:

$$(\lambda - \bar{\lambda})\boldsymbol{a} \cdot \bar{\boldsymbol{a}} = 0 \tag{3.4.6}$$

因为 $\boldsymbol{a} \cdot \bar{\boldsymbol{a}} \neq 0$,所以有:

$$\lambda - \bar{\lambda} = 0 \tag{3.4.7}$$

这表示 λ 是实数,也即二阶对称张量的特征值必是实数。

3.4.3 二阶对称张量的特征矢量是互相正交的

当二阶对称张量 $\boldsymbol{N}$ 的 3 个实数特征值不等时,对应的特征矢量必互相正交。以任意两个不等的特征值为例,令 λ_1 不等于 λ_2 且对应的特征矢量为 $\boldsymbol{a}_1$ 和 $\boldsymbol{a}_2$,用 $\boldsymbol{a}_2$ 和 $\boldsymbol{a}_1$ 分别点乘 $\boldsymbol{N} \cdot \boldsymbol{a}_1=\lambda_1\boldsymbol{a}_1$ 和 $\boldsymbol{N} \cdot \boldsymbol{a}_2=\lambda_2\boldsymbol{a}_2$ 的两边,得到:

$$\begin{aligned} \boldsymbol{a}_2 \cdot \boldsymbol{N} \cdot \boldsymbol{a}_1 &= \lambda_1 \boldsymbol{a}_2 \cdot \boldsymbol{a}_1 \\ \boldsymbol{a}_1 \cdot \boldsymbol{N} \cdot \boldsymbol{a}_2 &= \lambda_2 \boldsymbol{a}_1 \cdot \boldsymbol{a}_2 \end{aligned} \tag{3.4.8}$$

由于 $\boldsymbol{N}$ 的对称性,以上两式的左边相等,故右边也相等,所以有:

$$(\lambda_1 - \lambda_2)\boldsymbol{a}_1 \cdot \boldsymbol{a}_2 = 0 \tag{3.4.9}$$

但因为 $\lambda_1 \neq \lambda_2$,所以有 $\boldsymbol{a}_1 \cdot \boldsymbol{a}_2=0$,同理可证另外两种情形。因此,当二阶对称张量 $\boldsymbol{N}$ 的 3 个特征值不等时,它的三个特征矢量互相正交。

如果其中两个特征值相等,设 $\lambda_1=\lambda_2 \neq \lambda_3$,此时与 λ_3 对应的特征矢量 $\boldsymbol{a}_3$ 是确定的,而与 $\boldsymbol{a}_3$ 垂直的平面内的任意矢量都可作为特征矢量,可取其中两个互相正交的单位矢量 $\boldsymbol{a}_1$ 和 $\boldsymbol{a}_2$ 为特征矢量。

当二阶对称张量 $\boldsymbol{N}$ 具有 3 个相等的特征值时,可取空间中任意一组正交标准化基作为特征矢量，这时张量的 3 个主分量相等，称为球张量。

3.4.4　二阶对称张量的特征值是张量混合分量主对角元素之极值(驻值)

坐标变换时，张量的分量随之发生变化，则张量分量就是坐标转换系数的函数。张量混合分量主对角分量的转换关系为：

$$N^{i'}_{\cdot\underline{i'}} = \beta^{i'}_{\underline{i}} \beta^{j}_{\underline{i'}} N^{i}_{\cdot j} \tag{3.4.10}$$

指标下有横杠表示不求和，上式涉及两个并不独立的坐标转换系数，它们之间满足条件：

$$\beta^{i'}_{\underline{i}} \beta^{i}_{\underline{i'}} = 1 \tag{3.4.11}$$

因此这是一个求函数的条件极值问题。引入拉格朗日乘子 λ，问题转化为求函数：

$$L = \beta^{i'}_{\underline{i}} \beta^{j}_{\underline{i'}} N^{i}_{\cdot j} - \lambda(\beta^{i'}_{\underline{i}} \beta^{i}_{\underline{i'}} - 1) \tag{3.4.12}$$

无条件的极值(驻值)问题。使函数 L 取极值的条件为变分 $\delta L = 0$，即有：

$$\delta L = (N^{i}_{\cdot j} - \lambda\delta^{i}_{j})\beta^{i'}_{\underline{i}}\,\delta\beta^{j}_{\underline{i'}} + (N^{i}_{\cdot j} - \lambda\delta^{i}_{j})\beta^{j}_{\underline{i'}}\delta\beta^{i'}_{\underline{i}} = 0 \tag{3.4.13}$$

由于变分 $\delta\beta^{j}_{\underline{i'}}$ 和 $\delta\beta^{i'}_{\underline{i}}$ 的任意性，使上式得到满足的条件是：

$$(N^{i}_{\cdot j} - \lambda\delta^{i}_{j})\beta^{i'}_{\underline{i}} = 0,\ (N^{i}_{\cdot j} - \lambda\delta^{i}_{j})\beta^{j}_{\underline{i'}} = 0 \tag{3.4.14}$$

而使 $\beta^{i'}_{\underline{i}}$ 和 $\beta^{j}_{\underline{i'}}$ 有非零解的条件为：

$$\det(N^{i}_{\cdot j} - \lambda\delta^{i}_{j}) = 0 \tag{3.4.15}$$

这正是二阶张量 $\boldsymbol{N}$ 的特征方程。从中解出拉格朗日乘子的 3 个根便可得到对应的 9 个转换系数及相应的坐标方向。这些方向就是 $N^{i'}_{\cdot\underline{i'}}$ 取极值的方向，显然与 $\boldsymbol{N}$ 的主方向一致。由上两式可知，在新坐标系 $x^{i'}$ 中，张量分量有：

$$N^{i'}_{\cdot j'} = \beta^{i'}_{i}\beta^{j}_{j'}N^{i}_{\cdot j} = \beta^{i'}_{i}\beta^{j}_{j'}\lambda\delta^{i}_{j} = \lambda\beta^{i'}_{i}\beta^{i}_{j'} = \lambda\delta^{i'}_{j'} \tag{3.4.16}$$

表明在新坐标系 $x^{i'}$ 中，张量 $\boldsymbol{N}$ 的矩阵的非对角元素均为零，而对角元素为拉格朗日乘子 λ，也就是张量 $\boldsymbol{N}$ 的特征值。

3.4.5　二阶对称张量的标准形

特征矢量所表示的方向称为主方向，沿主方向的坐标轴为主轴。二阶对称张量的 3 个主方向在映射前后始终不变，则存在正交标准化基 $\boldsymbol{e}_1$、$\boldsymbol{e}_2$ 和 $\boldsymbol{e}_3$，这组基与 3 个特征矢量方向相同。在这组正交标准基中，二阶对称张量 $\boldsymbol{N}$ 可化为对角标准形：

$$\boldsymbol{N} = N_1\boldsymbol{e}_1\boldsymbol{e}_1 + N_2\boldsymbol{e}_2\boldsymbol{e}_2 + N_3\boldsymbol{e}_3\boldsymbol{e}_3 \tag{3.4.17}$$

其中 N_1、N_2 和 N_3 为张量 $\boldsymbol{N}$ 的主值。

对于非负定张量 $\boldsymbol{N}$，存在唯一的非负定张量 $\boldsymbol{M}$，使得 $\boldsymbol{M}^2 = \boldsymbol{N}$，就说 $\boldsymbol{M}$ 是 $\boldsymbol{N}$

的平方根，记作 $\boldsymbol{M}=\sqrt{\boldsymbol{N}}$，且 $\boldsymbol{M}$ 与 $\boldsymbol{N}$ 具有相同的主方向，$\boldsymbol{M}$ 的特征值也是 $\boldsymbol{N}$ 的相应特征值的平方根，所以有：

$$\boldsymbol{M}=\sqrt{N_1}\boldsymbol{e}_1\boldsymbol{e}_1+\sqrt{N_2}\boldsymbol{e}_2\boldsymbol{e}_2+\sqrt{N_3}\boldsymbol{e}_3\boldsymbol{e}_3 \tag{3.4.18}$$

可以将这种讨论推广到非负定张量 $\boldsymbol{N}$ 的任意方次的根。如果 $\boldsymbol{N}$ 是正定张量，还可以取 $\boldsymbol{N}$ 的对数 $\ln \boldsymbol{N}$，并且有：

$$\ln \boldsymbol{N}=\ln N_1\boldsymbol{e}_1\boldsymbol{e}_1+\ln N_2\boldsymbol{e}_2\boldsymbol{e}_2+\ln N_3\boldsymbol{e}_3\boldsymbol{e}_3 \tag{3.4.19}$$

如果二阶对称张量 $\boldsymbol{N}$ 是正则的，其逆张量 $\boldsymbol{N}^{-1}$ 也是对称张量，且有：

$$\boldsymbol{N}^{-1}=\frac{1}{N_1}\boldsymbol{e}_1\boldsymbol{e}_1+\frac{1}{N_2}\boldsymbol{e}_2\boldsymbol{e}_2+\frac{1}{N_3}\boldsymbol{e}_3\boldsymbol{e}_3 \tag{3.4.20}$$

3.4.6 二阶对称张量的法分量和剪分量

上面的讨论都是关于二阶对称张量的主值和主轴，但在非主轴状态下，二阶对称张量的分量可以表示为法分量和剪分量。对于二阶对称张量 $\boldsymbol{N}$，若单位矢量 $\boldsymbol{n}$ 及 $\boldsymbol{t}$ 互相正交，那么 $\boldsymbol{n}\cdot\boldsymbol{N}$ 成为一个矢量，再将其向 $\boldsymbol{t}$ 方向投影，得到沿 $\boldsymbol{t}$ 方向的剪分量 $(\boldsymbol{n}\cdot\boldsymbol{N})\cdot\boldsymbol{t}$，而向 $\boldsymbol{n}$ 方向的投影得到沿 $\boldsymbol{n}$ 方向的法分量 $(\boldsymbol{n}\cdot\boldsymbol{N})\cdot\boldsymbol{n}$。

一个典型的例子是笛卡尔坐标系的应力张量 $\boldsymbol{\sigma}$，讨论作用于任意微斜面上的应力。微斜面的法线为 $\boldsymbol{n}$，作用于微斜面上的应力矢量则为 $\boldsymbol{n}\cdot\boldsymbol{\sigma}$，把该矢量投影在法线 $\boldsymbol{n}$ 方向上，则有 $(\boldsymbol{n}\cdot\boldsymbol{\sigma})\cdot\boldsymbol{n}$，这就是应力张量 $\boldsymbol{\sigma}$ 在斜面上的法应力分量。取斜面内的单位矢量 $\boldsymbol{t}$ 与斜面法线 $\boldsymbol{n}$ 正交，把应力矢量 $\boldsymbol{n}\cdot\boldsymbol{\sigma}$ 投影到 $\boldsymbol{t}$ 方向上，得应力张量 $\boldsymbol{\sigma}$ 在微斜面上的剪应力分量 $(\boldsymbol{n}\cdot\boldsymbol{\sigma})\cdot\boldsymbol{t}$。

习　题

1.若实数对称的二阶张量有 3 个不等的特征值，证明张量的 3 个主轴是唯一的且互相正交，给出张量的标准形。

2.若二阶对称张量 $B^{i}_{\cdot j}$ 对应的矩阵为：$\begin{bmatrix}3&2&0\\2&3&0\\0&0&9\end{bmatrix}$，求 $\boldsymbol{B}$ 的平方根 $\sqrt{\boldsymbol{B}}$。

3.请用自己的语言解读笛卡尔坐标系应力张量的正应力和剪应力，主应力和主轴，法应力分量和剪应力分量。

3.5　二阶反对称张量

3.5.1　二阶反对称张量

若二阶张量 $\boldsymbol{\Omega}$ 满足 $\boldsymbol{\Omega}=-\boldsymbol{\Omega}^{\mathrm{T}}$，则称张量 $\boldsymbol{\Omega}$ 为二阶反对称张量，二阶反对称张量只有 3 个独立分量。二阶反对称张量的矩阵一般不具有反对称性，只有在笛卡尔坐标系下，反对称张量才成为反对称矩阵：

$$[\boldsymbol{\Omega}]=[\Omega^{i}_{\cdot j}]=\begin{bmatrix}0 & \Omega^{1}_{\cdot 2} & \Omega^{1}_{\cdot 3}\\ -\Omega^{1}_{\cdot 2} & 0 & \Omega^{2}_{\cdot 3}\\ -\Omega^{1}_{\cdot 3} & -\Omega^{2}_{\cdot 3} & 0\end{bmatrix} \tag{3.5.1}$$

3.5.2　二阶反对称张量的特征值和不变量

二阶反对称张量 $\boldsymbol{\Omega}$ 的 3 个主不变量是：

$$I_1=0, I_2=(\Omega^{1}_{\cdot 2})^2+(\Omega^{2}_{\cdot 3})^2+(\Omega^{1}_{\cdot 3})^2, I_3=0 \tag{3.5.2}$$

由于第二个主不变量恒为正，令 $\rho=\sqrt{I_2}$，则 $\boldsymbol{\Omega}$ 的特征方程为：

$$\lambda^3+\rho^2\lambda=0 \tag{3.5.3}$$

这个特征方程有一个实根和一对共轭虚根：

$$\lambda_1=\rho\mathrm{i},\ \lambda_2=-\rho\mathrm{i},\ \lambda_3=0 \tag{3.5.4}$$

这里 i 为虚数单位。

由于 $\det\boldsymbol{\Omega}=0$，所以 $\boldsymbol{\Omega}$ 是个退化的二阶张量，且 $\boldsymbol{\Omega}$ 把与 λ_3 对应的任意矢量都会映射为零矢量，或任意矢量都可作为与 λ_3 对应的特征矢量。通常取单位矢量 $\boldsymbol{e}_3$ 作为与 $\boldsymbol{\lambda}_3$ 对应的特征矢量，满足 $\boldsymbol{\Omega}\cdot\boldsymbol{e}_3=0$，称 $\boldsymbol{e}_3$ 为二阶反对称张量的轴。而与 $\boldsymbol{\lambda}_1$ 和 $\boldsymbol{\lambda}_2$ 对应的特征矢量是复数矢量，不妨设为 $\boldsymbol{g}_1$ 和 $\boldsymbol{g}_2$，从而与单位矢量 $\boldsymbol{e}_3$ 构成一组线性无关的基矢量。用这组基矢量和对偶的逆变基矢量，把反对称二阶张量 $\boldsymbol{\Omega}$ 表示为：

$$\boldsymbol{\Omega}=\rho\mathrm{i}\boldsymbol{g}_1\boldsymbol{g}^1-\rho\mathrm{i}\boldsymbol{g}_2\boldsymbol{g}^2 \tag{3.5.5}$$

上式满足对特征矢量的映射要求。这样，反对称二阶张量 $\boldsymbol{\Omega}$ 的矩阵形式为：

$$[\boldsymbol{\Omega}]=[\Omega^{i}_{\cdot j}]=\begin{bmatrix}\rho\mathrm{i} & 0 & 0\\ 0 & -\rho\mathrm{i} & 0\\ 0 & 0 & 0\end{bmatrix} \tag{3.5.6}$$

然而，虚数的张量分量失去了在实数空间中的直观意义。为此，在垂直于轴

$\boldsymbol{e}_3$ 方向的平面内选取相互正交的两个单位矢量 $\boldsymbol{e}_1$ 和 $\boldsymbol{e}_2$，与 $\boldsymbol{e}_3$ 构成一组标准正交基，考察在这组标准正交基下二阶反对称张量的各个分量。

把二阶反对称张量对轴矢量的映射改写为 $\Omega_{ij}(\boldsymbol{e}_3)_j=0$，而矢量 $\boldsymbol{e}_3$ 在标准正交基下的分量为 0、0、1，由此可知 $\Omega_{i3}=0$，也就是$[\Omega_{ij}]$矩阵的第三列分量均为零。由于张量 Ω_{ij}的反对称性，则主对角和第三行的分量也为零。再考虑张量的第二不变量为 $I_2=\rho^2$，则反对称二阶张量 $\boldsymbol{\Omega}$ 的矩阵形式应为：

$$[\boldsymbol{\Omega}]=[\Omega_{ij}]=\begin{bmatrix}0 & -\rho & 0\\ \rho & 0 & 0\\ 0 & 0 & 0\end{bmatrix} \tag{3.5.7}$$

而二阶反对称张量的实体形式为：

$$\boldsymbol{\Omega}=-\rho\boldsymbol{e}_1\boldsymbol{e}_2+\rho\boldsymbol{e}_2\boldsymbol{e}_1 \tag{3.5.8}$$

这是二阶反对称张量的非对角标准形。如果在垂直于 $\boldsymbol{e}_3$ 的平面内将基矢量 $\boldsymbol{e}_1$ 和 $\boldsymbol{e}_2$ 绕 $\boldsymbol{e}_3$ 转动 φ 角，基矢量 $\boldsymbol{e}_1$ 和 $\boldsymbol{e}_2$ 变换为 $\boldsymbol{e}_{1'}$和 $\boldsymbol{e}_{2'}$，由坐标变换系数公式有：

$$\boldsymbol{e}_1=\cos\varphi\ \boldsymbol{e}_{1'}-\sin\varphi\ \boldsymbol{e}_{2'},\ \boldsymbol{e}_2=\sin\varphi\ \boldsymbol{e}_{1'}+\cos\varphi\ \boldsymbol{e}_{2'} \tag{3.5.9}$$

代入式(3.5.8)后，在新坐标系中，张量 $\boldsymbol{\Omega}$ 的形式为：

$$\boldsymbol{\Omega}=-\rho\boldsymbol{e}_{1'}\boldsymbol{e}_{2'}+\rho\boldsymbol{e}_{2'}\boldsymbol{e}_{1'} \tag{3.5.10}$$

所以，二阶反对称张量的非对角标准形对于垂直于 $\boldsymbol{e}_3$ 平面内的任意一组正交单位矢量都是不变的。

3.5.3 二阶反对称张量的轴矢量

二阶反对称张量一个重要应用是描述刚体转动。刚体上任意一点的速度是角速度矢量与该点位置矢量的叉积，$\boldsymbol{v}=\boldsymbol{\omega}\times\boldsymbol{x}$，分量形式为 $v_i=\varepsilon_{ijk}\omega^j x^k$，所以刚体上一点的速度取决于二阶反对称张量：

$$\Omega_{ij}=-\varepsilon_{ijk}\omega^k \tag{3.5.11}$$

其实体形式为：

$$\boldsymbol{\Omega}=-\boldsymbol{\varepsilon}\cdot\boldsymbol{\omega} \tag{3.5.12}$$

称 $\boldsymbol{\omega}$ 为二阶反对称张量的轴，轴矢量也可用二阶反对称张量表示为：

$$\boldsymbol{\omega}=-\frac{1}{2}\boldsymbol{\varepsilon}:\boldsymbol{\Omega} \tag{3.5.13}$$

在标准正交基下，张量 $\boldsymbol{\Omega}$ 的轴矢量成为：

$$\boldsymbol{\omega}=-\frac{1}{2}e_{ijk}\boldsymbol{e}_i\boldsymbol{e}_j\boldsymbol{e}_k:(-\rho\boldsymbol{e}_1\boldsymbol{e}_2+\rho\boldsymbol{e}_2\boldsymbol{e}_1)=\rho\boldsymbol{e}_3 \tag{3.5.14}$$

可见，张量的轴矢量沿着张量轴 $\boldsymbol{e}_3$ 的方向，轴矢量的大小为 ρ。注意，轴矢量是表达二阶反对称张量 $\boldsymbol{\Omega}$ 的等效矢量，联系式(3.5.12)，轴矢量不满足商法则，所以轴矢量是伪矢量。

3.5.4　二阶反对称张量的映射

对任意矢量 $\boldsymbol{u}$，二阶反对称张量 $\boldsymbol{\Omega}$ 的映射为：

$$\begin{aligned}\boldsymbol{\Omega}\cdot\boldsymbol{u}&=\Omega_{ij}\boldsymbol{g}^i\boldsymbol{g}^j\cdot u^k\boldsymbol{g}_k=\Omega_{ij}u^j\boldsymbol{g}^i=-\varepsilon_{ijk}\omega^k u^j\boldsymbol{g}^i\\&=\varepsilon_{ikj}\omega^k u^j\boldsymbol{g}^i=\boldsymbol{\omega}\times\boldsymbol{u}\end{aligned}\tag{3.5.15}$$

若令 $\boldsymbol{\omega}=\omega^3\boldsymbol{g}_3$，则：

$$\boldsymbol{\Omega}\cdot\boldsymbol{u}=\sqrt{g}\,\omega^3(u^1\boldsymbol{g}^2-u^2\boldsymbol{g}^1)\tag{3.5.16}$$

注意到 $\boldsymbol{g}_3$ 垂直于 $\boldsymbol{g}^2$ 和 $\boldsymbol{g}^1$，所以二阶反对称张量 $\boldsymbol{\Omega}$ 把空间任意矢量均映射到以轴矢量 $\boldsymbol{\omega}$ 为法线的平面内。在标准正交基下，$\boldsymbol{\omega}=\rho\boldsymbol{e}_3$，则有：

$$\boldsymbol{\Omega}\cdot\boldsymbol{u}=\rho(u_1\boldsymbol{e}_2-u_2\boldsymbol{e}_1)\tag{3.5.17}$$

二阶反对称张量 $\boldsymbol{\Omega}$ 对标准正交基的映射为：

$$\boldsymbol{\Omega}\cdot\boldsymbol{e}_1=\rho\boldsymbol{e}_2,\ \boldsymbol{\Omega}\cdot\boldsymbol{e}_2=-\rho\boldsymbol{e}_1,\ \boldsymbol{\Omega}\cdot\boldsymbol{e}_3=\boldsymbol{0}\tag{3.5.18}$$

这是把 $\boldsymbol{e}_1$ 和 $\boldsymbol{e}_2$ 绕 $\boldsymbol{e}_3$ 旋转90°并放大 ρ 倍，再投射到 $\boldsymbol{e}_1$ 和 $\boldsymbol{e}_2$ 所在的平面内。

习　题

1. 在任意曲线坐标系下，证明二阶反对称张量 $\boldsymbol{\Omega}$ 对任意矢量 $\boldsymbol{u}$ 的映射为：$\boldsymbol{\Omega}\cdot\boldsymbol{u}=\boldsymbol{\omega}\times\boldsymbol{u}$。

2. 两个任意矢量 $\boldsymbol{a}$ 和 $\boldsymbol{b}$ 的并乘构成二阶张量，证明并乘 $\boldsymbol{ab}-\boldsymbol{ba}$ 为二阶反对称张量，且 $\boldsymbol{a}\times\boldsymbol{b}$ 为其轴矢量。

3. 已知任意矢量 $\boldsymbol{v}$ 和任意单位矢量 $\boldsymbol{e}$，矢量 $\boldsymbol{v}$ 总可分解到一个平行于 $\boldsymbol{e}$ 的分矢量和一个垂直于 $\boldsymbol{e}$ 的分矢量，试证其表达式为：$\boldsymbol{v}=(\boldsymbol{v}\cdot\boldsymbol{e})\boldsymbol{e}+\boldsymbol{e}\times(\boldsymbol{v}\times\boldsymbol{e})$。

3.6　正交张量

3.6.1　正交张量

二阶张量对任意矢量的映射一般同时改变矢量的大小和方向，现在寻找使矢量映射后长度保持不变的二阶张量 $\boldsymbol{R}$，称这样的张量为正交张量。因此

对任意矢量 $\boldsymbol{u}$ 就应有：

$$(\boldsymbol{R}\cdot\boldsymbol{u})^2=\boldsymbol{u}^2 \tag{3.6.1}$$

上式表为 $\boldsymbol{u}\cdot\boldsymbol{R}^{\mathrm{T}}\cdot\boldsymbol{R}\cdot\boldsymbol{u}=\boldsymbol{u}\cdot\boldsymbol{u}$,所以要求：

$$\boldsymbol{R}^{\mathrm{T}}\cdot\boldsymbol{R}=\boldsymbol{G} \tag{3.6.2}$$

把满足这样条件的张量 $\boldsymbol{R}$ 称为正交张量。另外,正交张量 $\boldsymbol{R}$ 对两个任意矢量 $\boldsymbol{u}$ 和 $\boldsymbol{v}$ 映射后的点积为：

$$(\boldsymbol{R}\cdot\boldsymbol{u})\cdot(\boldsymbol{R}\cdot\boldsymbol{v})=\boldsymbol{u}\cdot\boldsymbol{R}^{\mathrm{T}}\cdot\boldsymbol{R}\cdot\boldsymbol{v}=\boldsymbol{u}\cdot\boldsymbol{v} \tag{3.6.3}$$

即映射前后矢量的点积保持不变。如果映射前矢量 $\boldsymbol{u}$ 和 $\boldsymbol{v}$ 的夹角为 θ,则映射后的矢量夹角成为：

$$\cos\theta'=\frac{(\boldsymbol{R}\cdot\boldsymbol{u})\cdot(\boldsymbol{R}\cdot\boldsymbol{v})}{|\boldsymbol{R}\cdot\boldsymbol{u}||\boldsymbol{R}\cdot\boldsymbol{v}|}=\frac{\boldsymbol{u}\cdot\boldsymbol{v}}{|\boldsymbol{u}||\boldsymbol{v}|}=\cos\theta \tag{3.6.4}$$

即映射前后两矢量的夹角也保持不变,这就是正交张量的保内积性质。正交张量所表示的变换既不改变矢量的长度又不改变两矢量之间的夹角,也就是使所有矢量的方向有相同的变化,或者说使矢量整体作了刚性转动。

因为 $\boldsymbol{R}$ 使任意矢量映射后长度保持不变,所以 $\boldsymbol{R}$ 一定是正则的,存在逆张量,它与正交张量的关系为：

$$\boldsymbol{R}^{-1}=\boldsymbol{R}^{\mathrm{T}} \tag{3.6.5}$$

即正交张量的逆是其转置张量。正交张量的逆也是正交张量,因为存在：

$$\boldsymbol{G}=(\boldsymbol{R}^{\mathrm{T}}\cdot\boldsymbol{R})^{-1}=\boldsymbol{R}^{-1}\cdot(\boldsymbol{R}^{\mathrm{T}})^{-1}=\boldsymbol{R}^{-1}\cdot(R^{-1})^{\mathrm{T}} \tag{3.6.6}$$

3.6.2 正交张量的矩阵

把正交张量满足的条件(3.6.2)写成混变分量形式：

$$\boldsymbol{R}^{\mathrm{T}}\cdot\boldsymbol{R}=R_j^{\cdot i}\boldsymbol{g}_i\boldsymbol{g}^j\cdot R_{\cdot l}^{k}\boldsymbol{g}_k\boldsymbol{g}^l=R_j^{\cdot i}R_{\cdot k}^{j}\boldsymbol{g}_i\boldsymbol{g}^k=\delta_k^i\boldsymbol{g}_i\boldsymbol{g}^k \tag{3.6.7}$$

则有：

$$R_j^{\cdot i}R_{\cdot k}^{j}=g^{im}R_{\cdot m}^{l}g_{jl}R_{\cdot k}^{j}=\delta_k^i \tag{3.6.8}$$

把上式表达为矩阵形式：

$$[g_{ij}][R_{\cdot l}^{k}]^{\mathrm{T}}[g^{mn}][R_{\cdot q}^{p}]=[\delta_j^i] \tag{3.6.9}$$

显然,在一般的斜角直线坐标系中,正交张量的矩阵也不是正交矩阵。

3.6.3 正交张量可表为正交变换前后基矢量的并矢

把正交张量表示为：

$$\boldsymbol{R}=R_{\cdot j}^{i}\boldsymbol{g}_i\boldsymbol{g}^j=R_j^{\cdot i}\boldsymbol{g}^j\boldsymbol{g}_i \tag{3.6.10}$$

而正交张量分别映射基矢量 $\boldsymbol{g}_k$ 和 $\boldsymbol{g}^k$ 成为：

$$\begin{aligned}\hat{\boldsymbol{g}}_k &= \boldsymbol{R}\cdot\boldsymbol{g}_k = R^{i}_{\cdot k}\boldsymbol{g}_i\\ \hat{\boldsymbol{g}}^k &= \boldsymbol{R}\cdot\boldsymbol{g}^k = R_j^{\cdot k}\boldsymbol{g}^j\end{aligned}\tag{3.6.11}$$

把上式代入正交张量表达式中得：

$$\boldsymbol{R} = \hat{\boldsymbol{g}}_k\boldsymbol{g}^k = \hat{\boldsymbol{g}}^k\boldsymbol{g}_k \tag{3.6.12}$$

由此可知，正交张量可以表示为正交变换前后基矢量并矢之和。如果采用正交标准化基 $\boldsymbol{e}_i$，则上式可简化为：

$$\boldsymbol{R} = \hat{\boldsymbol{e}}_i\boldsymbol{e}_i = \hat{\boldsymbol{e}}_1\boldsymbol{e}_1 + \hat{\boldsymbol{e}}_2\boldsymbol{e}_2 + \hat{\boldsymbol{e}}_3\boldsymbol{e}_3 \tag{3.6.13}$$

其中的 $\hat{\boldsymbol{e}}_i=\boldsymbol{R}\cdot\boldsymbol{e}_i$，且在正交标准化基中，取正交变换前后基矢量之间夹角的余弦：

$$\cos(\boldsymbol{e}_i,\hat{\boldsymbol{e}}_j) = \boldsymbol{e}_i\cdot\hat{\boldsymbol{e}}_j = \boldsymbol{e}_i\cdot R_{kj}\hat{\boldsymbol{e}}_k = R_{ij} \tag{3.6.14}$$

所以，正交张量的分量就是正交变换前后基矢量之间夹角的余弦。

对正交张量满足的条件(3.6.2)两边取行列式，由于两个互为转置的二阶张量的行列式相等，所以有：

$$\det\boldsymbol{R}^{\mathrm{T}}\det\boldsymbol{R} = (\det\boldsymbol{R})^2 = 1 \tag{3.6.15}$$

即 $\det\boldsymbol{R}=\pm1$，称行列式为 1 的正交张量为正常正交张量；行列式等于 -1 的正交张量为反常正交张量。任一组基矢量的混合积在正交变换前后满足：

$$[\hat{\boldsymbol{g}}_1\quad\hat{\boldsymbol{g}}_2\quad\hat{\boldsymbol{g}}_3] = \det\boldsymbol{R}[\boldsymbol{g}_1\quad\boldsymbol{g}_2\quad\boldsymbol{g}_3] \tag{3.6.16}$$

当 $\det\boldsymbol{R}=1$ 时，正常正交变换使基矢量只产生整体的刚性转动，右手系的基矢量仍变换为右手系；但当 $\det\boldsymbol{R}=-1$ 时，反常正交变换不仅有刚性转动，还带有镜面反射。

3.6.4　正交张量的特征值和轴

为考察正交张量的标准形，需要研究正交张量的特征值和特征矢量。对特征方程而言，必有一个实根，根据正交张量的定义，实根的模为 1。假设这个特征值为 $\lambda_3=\pm1$，它所对应的特征矢量为单位矢量 $\boldsymbol{e}_3$，称为正交张量的轴。正常正交变换不改变轴的大小和方向；反常正交变换对轴的方向矢量作镜面反射。

由于 $I_3=\lambda_1\lambda_2\lambda_3=\pm1$，则有 $\lambda_1\lambda_2=1$，一般情况下可假设为一对共轭复根：

$$\lambda_1 = e^{i\varphi} = \cos\varphi + i\sin\varphi,\ \lambda_2 = e^{-i\varphi} = \cos\varphi - i\sin\varphi \tag{3.6.17}$$

当 $\varphi=0,\pi$ 时为两个特例，λ_1 和 λ_2 都是实数，分别为 $1,1;-1,-1$。正交张量的复数对角标准形表示为：

$$[\boldsymbol{R}] = \begin{bmatrix} e^{i\varphi} & 0 & 0 \\ 0 & e^{-i\varphi} & 0 \\ 0 & 0 & \pm 1 \end{bmatrix} \tag{3.6.18}$$

由于复数特征值失去明确的物理意义,可根据第三不变量和 $\boldsymbol{e}_3$ 特征矢量将上式化为实数形式:

$$[\boldsymbol{R}] = \begin{bmatrix} \cos\varphi & -\sin\varphi & 0 \\ \sin\varphi & \cos\varphi & 0 \\ 0 & 0 & \pm 1 \end{bmatrix} \tag{3.6.19}$$

此时可选择垂直于 $\boldsymbol{e}_3$ 平面内的任意一对正交标准化基 $\boldsymbol{e}_1$ 和 $\boldsymbol{e}_2$ 作为特征矢量,这时,正交张量的实体形式为:

$$\boldsymbol{R} = \cos\varphi(\boldsymbol{e}_1\boldsymbol{e}_1 + \boldsymbol{e}_2\boldsymbol{e}_2) + \sin\varphi(\boldsymbol{e}_2\boldsymbol{e}_1 - \boldsymbol{e}_1\boldsymbol{e}_2) \pm \boldsymbol{e}_3\boldsymbol{e}_3 \tag{3.6.20}$$

而正交张量对特征矢量的映射成为:

$$\begin{aligned} \hat{\boldsymbol{e}}_1 &= \pm\boldsymbol{R}\cdot\boldsymbol{e}_1 = \cos\varphi\,\boldsymbol{e}_1 + \sin\varphi\,\boldsymbol{e}_2 \\ \hat{\boldsymbol{e}}_2 &= \pm\boldsymbol{R}\cdot\boldsymbol{e}_2 = -\sin\varphi\,\boldsymbol{e}_1 + \cos\varphi\,\boldsymbol{e}_2 \\ \hat{\boldsymbol{e}}_3 &= \pm\boldsymbol{R}\cdot\boldsymbol{e}_3 = \pm\boldsymbol{e}_3 \end{aligned} \tag{3.6.21}$$

正交张量对自身特征矢量的映射是绕三个主轴的转动,而正交张量代表的映射是绕空间轴作刚性转动,其转角为 φ。

习　题

1. 对于正交张量 $\boldsymbol{R}$,证明 $\boldsymbol{R}^{\mathrm{T}}=\boldsymbol{R}^{-1}$,且其转置和逆均为正交张量。

2. 已知 $\boldsymbol{R}$ 为正常正交张量,对于任意两个矢量 $\boldsymbol{a}$ 和 $\boldsymbol{b}$,证明:

$$(\boldsymbol{R}\cdot\boldsymbol{a})\times(\boldsymbol{R}\cdot\boldsymbol{b}) = \boldsymbol{R}\cdot(\boldsymbol{a}\times\boldsymbol{b})$$

3. 若 $\boldsymbol{R}$ 是正交张量,$\boldsymbol{e}$ 是矢量,且满足 $\boldsymbol{R}\cdot\boldsymbol{e}=\boldsymbol{e}$。

(1) 证明 $\boldsymbol{R}^{\mathrm{T}}\cdot\boldsymbol{e}=\boldsymbol{e}$;

(2) 若 $\boldsymbol{w}$ 是正交张量 $\boldsymbol{R}$ 的反对称部分的轴矢量,证明 $\boldsymbol{w}$ 与 $\boldsymbol{e}$ 平行。

3.7　二阶张量的分解

二阶张量可以有加法和乘法两种分解,这两种分解在几何或物理上对应的意义不同,应根据具体问题采用不同的分解。

3.7.1 加法分解

任何非对称的二阶张量 $\boldsymbol{T}$ 可以唯一地分解为对称和反对称部分之和：

$$\boldsymbol{T} = \boldsymbol{N} + \boldsymbol{\Omega} \tag{3.7.1}$$

其中 $\boldsymbol{N}$ 为对称张量，$\boldsymbol{\Omega}$ 为反对称张量，存在：

$$\boldsymbol{N} = \frac{1}{2}(\boldsymbol{T} + \boldsymbol{T}^{\mathrm{T}}),\ \boldsymbol{\Omega} = \frac{1}{2}(\boldsymbol{T} - \boldsymbol{T}^{\mathrm{T}}) \tag{3.7.2}$$

一般的二阶张量 $\boldsymbol{T}$ 具有 9 个独立的分量，而二阶对称张量有 6 个独立的分量，二阶反对称张量有 3 个独立的分量。在小变形连续介质力学中，常把位移梯度张量分解为对称的应变张量和反对称的角张量之和，其中应变张量反映了介质线元的拉压变形，而角张量表达线元的转动变形。因此，介质的小变形可以看作由拉压变形和转动变形组成。

对于对称的二阶张量 $\boldsymbol{N}$，还可以唯一地分解为偏张量 $\boldsymbol{D}$ 和球张量 $\boldsymbol{P}$ 之和：

$$\boldsymbol{N} = \boldsymbol{D} + \boldsymbol{P} \tag{3.7.3}$$

其中球张量 $\boldsymbol{P}$ 表为：

$$P = \frac{1}{3}\mathrm{tr}\ \boldsymbol{N}\ \boldsymbol{G} \tag{3.7.4}$$

这里 $\mathrm{tr}\ \boldsymbol{N}$ 为 $\boldsymbol{N}$ 的迹，所以球张量只有一个独立的分量，为球张量三个等值的对角分量。偏张量 $\boldsymbol{D}$ 表为：

$$\boldsymbol{D} = \boldsymbol{N} - \frac{1}{3}\mathrm{tr}\ \boldsymbol{N}\ \boldsymbol{G} \tag{3.7.5}$$

这里，偏张量是对称张量，但它的第一主不变量为零，所以只有 5 个独立分量。

在小变形连续介质力学中，往往把对称应变张量分解成球张量和偏张量之和，因为球张量表示介质微元体的体积变形，偏张量表示介质微元体形状的变化。不过，对于大变形的几何分析，这种建立在线性叠加原理上的简单加法分解已不适用，必须采用下面的乘法分解。

3.7.2 乘法分解

对任意正则的二阶张量 $\boldsymbol{F}$，先考察 $\boldsymbol{F}^{\mathrm{T}} \cdot \boldsymbol{F}$ 和 $\boldsymbol{F} \cdot \boldsymbol{F}^{\mathrm{T}}$ 这两个点积的性质。容易看到，它们都是对称张量。对任意矢量 $\boldsymbol{u}$ 有：

$$\boldsymbol{u} \cdot \boldsymbol{F}^{\mathrm{T}} \cdot \boldsymbol{F} \cdot \boldsymbol{u} = (\boldsymbol{F} \cdot \boldsymbol{u}) \cdot (\boldsymbol{F} \cdot \boldsymbol{u}) \geqslant \boldsymbol{0} \tag{3.7.6}$$

上式仅当 $\boldsymbol{F} \cdot \boldsymbol{u} = \boldsymbol{0}$ 时等号才成立。由于 $\boldsymbol{F}$ 是正则的，等价于仅当 $\boldsymbol{u} = \boldsymbol{0}$ 时，上式的等号才成立，即上式必定大于零，所以 $\boldsymbol{F}^{\mathrm{T}} \cdot \boldsymbol{F}$ 是对称正定张量。同理可

以说明 $\boldsymbol{F}\cdot\boldsymbol{F}^{\mathrm{T}}$ 也是对称正定张量。

设想二阶张量 $\boldsymbol{F}$ 分解为两个二阶张量的点积，且要求其中一个张量是正交张量 $\boldsymbol{R}$ 以反映转动，另一个是正定对称张量。为此，令 $\boldsymbol{F}=\boldsymbol{R}\cdot\boldsymbol{U}$，则有：

$$\boldsymbol{F}^{\mathrm{T}}\cdot\boldsymbol{F}=\boldsymbol{U}^{\mathrm{T}}\cdot\boldsymbol{R}^{\mathrm{T}}\cdot\boldsymbol{R}\cdot\boldsymbol{U}=\boldsymbol{U}^2 \tag{3.7.7}$$

同时，因为 $\boldsymbol{F}^{\mathrm{T}}\cdot\boldsymbol{F}$ 是对称正定张量，就存在唯一的对称正定张量 $\boldsymbol{U}$，其 2 次幂等于 $\boldsymbol{F}^{\mathrm{T}}\cdot\boldsymbol{F}$，即 $\boldsymbol{U}=\sqrt{\boldsymbol{F}^{\mathrm{T}}\cdot\boldsymbol{F}}$ 成立并且唯一。注意到 $\boldsymbol{R}=\boldsymbol{F}\cdot\boldsymbol{U}^{-1}$，$\boldsymbol{R}$ 也是唯一的。另一方面，若令 $\boldsymbol{F}=\boldsymbol{V}\cdot\boldsymbol{R}$，则有：

$$\boldsymbol{F}\cdot\boldsymbol{F}^{\mathrm{T}}=\boldsymbol{V}\cdot\boldsymbol{R}\cdot\boldsymbol{R}^{\mathrm{T}}\cdot\boldsymbol{V}=\boldsymbol{V}^2 \tag{3.7.8}$$

即 $\boldsymbol{V}=\sqrt{\boldsymbol{F}\cdot\boldsymbol{F}^{\mathrm{T}}}$ 可以唯一地确定对称正定张量 $\boldsymbol{V}$，正交张量 $\boldsymbol{R}$ 则由 $\boldsymbol{R}=\boldsymbol{V}^{-1}\cdot\boldsymbol{F}$ 唯一地确定。

用 $\boldsymbol{U}=\sqrt{\boldsymbol{F}^{\mathrm{T}}\cdot\boldsymbol{F}}$ 来定义对称正定张量 $\boldsymbol{U}$，并且取 $\boldsymbol{R}=\boldsymbol{F}\cdot\boldsymbol{U}^{-1}$，这表明这种分解是存在的。要证明 $\boldsymbol{F}=\boldsymbol{R}\cdot\boldsymbol{U}$ 是一个正确的乘法分解，只需证明 $\boldsymbol{R}$ 是代表转动的正交张量。因为 $\det\boldsymbol{F}>0$ 以及 $\det\boldsymbol{U}>0$，所以 $\det\boldsymbol{R}>0$。这样只要证明 $\boldsymbol{R}$ 是正交张量即可，考虑：

$$\boldsymbol{R}^{\mathrm{T}}\cdot\boldsymbol{R}=(\boldsymbol{U}^{-1})^{\mathrm{T}}\cdot\boldsymbol{F}^{\mathrm{T}}\cdot\boldsymbol{F}\cdot\boldsymbol{U}^{-1}=\boldsymbol{U}^{-1}\cdot\boldsymbol{U}^2\cdot\boldsymbol{U}^{-1}=\boldsymbol{G} \tag{3.7.9}$$

上式证明 $\boldsymbol{R}$ 是正交张量。正定张量 $\boldsymbol{U}$ 和 $\boldsymbol{V}$ 并不独立，若定义 $\boldsymbol{V}=\boldsymbol{R}\cdot\boldsymbol{U}\cdot\boldsymbol{R}^{\mathrm{T}}$，$\boldsymbol{V}$ 是对称正定张量，则 $\boldsymbol{V}\cdot\boldsymbol{R}=\boldsymbol{R}\cdot\boldsymbol{U}\cdot\boldsymbol{R}^{\mathrm{T}}\cdot\boldsymbol{R}=\boldsymbol{F}$。称 $\boldsymbol{F}=\boldsymbol{R}\cdot\boldsymbol{U}$ 是 $\boldsymbol{F}$ 的右极分解，称 $\boldsymbol{F}=\boldsymbol{V}\cdot\boldsymbol{R}$ 是 $\boldsymbol{F}$ 的左极分解。

3.7.3 正交相似张量

若令 $\boldsymbol{X}=\boldsymbol{F}\cdot\boldsymbol{F}^{\mathrm{T}}$ 和 $\boldsymbol{Y}=\boldsymbol{F}^{\mathrm{T}}\cdot\boldsymbol{F}$，由于 $\boldsymbol{X}$ 和 $\boldsymbol{Y}$ 都是正定对称的二阶张量，容易证明，$\boldsymbol{X}$ 和 $\boldsymbol{Y}$ 都具有相同的主不变量，从而 $\boldsymbol{X}$ 和 $\boldsymbol{Y}$ 具有完全相同的主值，令为 $\boldsymbol{\lambda}$。二阶对称张量存在互相正交的特征矢量，不妨对两个张量均取标准正交基 $\boldsymbol{e}_i$ 和 $\hat{\boldsymbol{e}}_i$ 作为参考坐标系，则有：

$$\begin{aligned}\boldsymbol{X}\cdot\boldsymbol{e}_i&=\lambda\boldsymbol{e}_i\\ \boldsymbol{Y}\cdot\hat{\boldsymbol{e}}_i&=\lambda\hat{\boldsymbol{e}}_i\end{aligned} \tag{3.7.10}$$

注意，这里的主值与特征矢量一一对应。因为正交张量的保内积性质，标准正交基 $\boldsymbol{e}_i$ 变换为 $\hat{\boldsymbol{e}}_i$ 是正交变换，则存在正交张量 $\boldsymbol{R}$，使得 $\hat{\boldsymbol{e}}_i=\boldsymbol{R}\cdot\boldsymbol{e}_i$，对上边第一式两边同乘 $\boldsymbol{R}$ 并利用第二式，得：

$$\boldsymbol{R}\cdot\boldsymbol{X}\cdot\boldsymbol{e}_i=\lambda\boldsymbol{R}\cdot\boldsymbol{e}_i=\lambda\hat{\boldsymbol{e}}_i=\boldsymbol{Y}\cdot\hat{\boldsymbol{e}}_i=\boldsymbol{Y}\cdot\boldsymbol{R}\cdot\boldsymbol{e}_i \tag{3.7.11}$$

显然有 $\boldsymbol{R}\cdot\boldsymbol{X}=\boldsymbol{Y}\cdot\boldsymbol{R}$，两边同时左右点乘 $\boldsymbol{R}^{\mathrm{T}}$，就有：

$$\boldsymbol{X}=\boldsymbol{R}^{\mathrm{T}}\cdot\boldsymbol{Y}\cdot\boldsymbol{R},\ \boldsymbol{Y}=\boldsymbol{R}\cdot\boldsymbol{X}\cdot\boldsymbol{R}^{\mathrm{T}} \tag{3.7.12}$$

这时,称 $\boldsymbol{X}$ 和 $\boldsymbol{Y}$ 是互为正交的相似张量。两个互为正交的相似张量具有完全相同的主值,只是它们的主轴相差一个正交变换。

习　题

1. 设 $\boldsymbol{D}$ 为二阶对称张量 $\boldsymbol{N}$ 的偏张量,试给出 $\boldsymbol{D}$ 的三个主不变量的表达式。

2. 设 $\boldsymbol{N}$ 是二阶对称张量,$\boldsymbol{R}$ 是正交张量,证明张量与其正交相似张量为 $\boldsymbol{R}\cdot\boldsymbol{N}\cdot\boldsymbol{R}^{\mathrm{T}}$ 有相同的主值;进一步证明,若 $\boldsymbol{e}$ 是 $\boldsymbol{N}$ 的一个特征矢量,则 $\boldsymbol{R}\cdot\boldsymbol{e}$ 就是 $\boldsymbol{R}\cdot\boldsymbol{N}\cdot\boldsymbol{R}^{\mathrm{T}}$ 对应于同一特征值的特征矢量。

第 4 章 张量分析

在笛卡尔坐标系中,矢量有三个分量,分量相同则矢量相同,分量不同则矢量不同,矢量分量的变化能够完全确定矢量的变化。在曲线坐标系中,矢量的变化情况则完全不同。如在图 4.1(a)所示的极坐标系中,任意两点的矢量相等,但它们的径向分量和周向分量却不相等。在图 4.1(b)中,两点的矢量并不相等,但在极坐标系中却有相同的径向分量,而周向分量均为零。

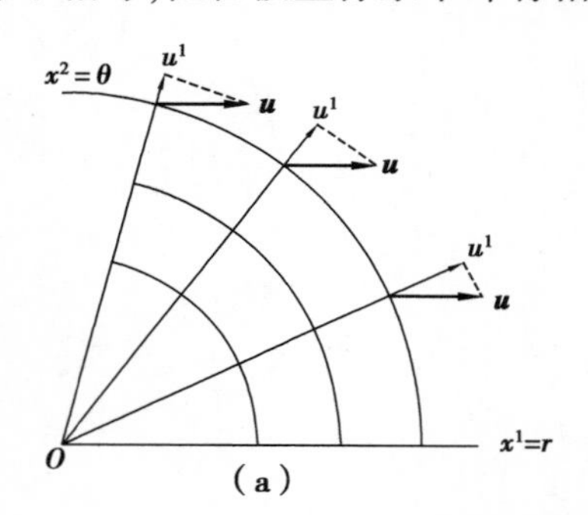

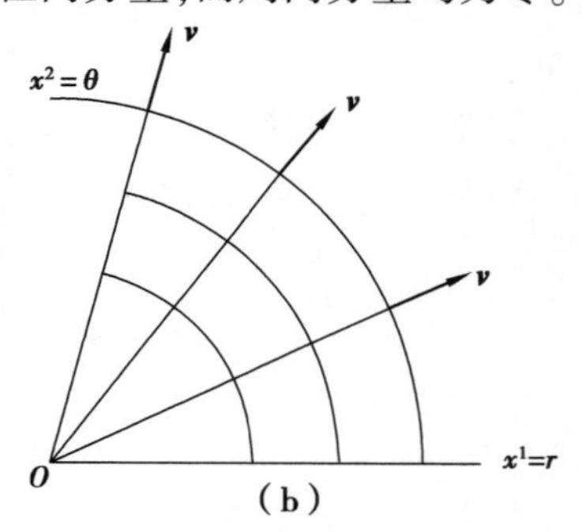

图 4.1　极坐标系中的矢量及其分量变化

在曲线坐标系中的空间各点上,可以确定一组协变基矢量和与之对偶的一组逆变基矢量,它们一般都是空间点位置即曲线坐标的函数,所以空间各点的基矢量构成了空间局部基矢量标架,而直线坐标系的基矢量在整个空间各点上处处相同,为空间整体标架。由于矢量是其分量与基矢量乘积的线性组合,作为一个整体,考察矢量的变化就必须既考察分量的变化,也考察基矢量的变化。对于图 4.1(b)中的情况,当矢量 $\boldsymbol{v}$ 沿着圆周线运动时,虽然径向分量和周向分量没有变化,但是相应的基矢量却在改变,矢量的变化体现在其基矢量的改变上。在曲线坐标系中研究张量在邻近区域各点的变化时,考察基矢量的空间变化情况是进行张量分析的基础,这是曲线坐标系有别于笛卡尔坐标系或直线坐标系的原因所在。

4.1　克里斯托夫符号及其性质

4.1.1　克里斯托夫(Christoffel)符号

考察基矢量的空间变化情况,需观察曲线坐标系下任意矢量 $\boldsymbol{v}$ 对空间坐标的导数:

$$\boldsymbol{v}_{,j} = (v^i\boldsymbol{g}_i)_{,j} = v^i_{,j}\boldsymbol{g}_i + v^i\boldsymbol{g}_{i,j} \tag{4.1.1}$$

$$\boldsymbol{v}_{,j} = (v_i\boldsymbol{g}^i)_{,j} = v_{i,j}\boldsymbol{g}^i + v_i\boldsymbol{g}^i_{,j} \tag{4.1.2}$$

这里逗号记法表示偏导数算符,例如$\dfrac{\partial \boldsymbol{v}}{\partial x^j}=\boldsymbol{v}_{,j}$,以上两式中的最后一项都涉及基矢量的导数。由于基矢量的偏导数仍是矢量,所以可以在基矢量 $\boldsymbol{g}^i$ 或 $\boldsymbol{g}_i$ 上进行展开。对协变基矢量的导数,令:

$$\boldsymbol{g}_{i,j} = \Gamma_{ijk}\boldsymbol{g}^k = \Gamma^k_{ij}\boldsymbol{g}_k \tag{4.1.3}$$

这里引进了三指标符号,称 Γ_{ijk} 为第一类克里斯托夫符号,称 Γ^k_{ij} 为第二类克里斯托夫符号,该符号含 3 个指标,所以克里斯托夫符号共有 27 个分量。尽管这里采用了张量记法,但克里斯托夫符号不是张量。若用另一个基矢量点乘上式,得:

$$\boldsymbol{g}_{i,j}\cdot\boldsymbol{g}_k = \Gamma_{ijl}\boldsymbol{g}^l\cdot\boldsymbol{g}_k = \Gamma_{ijl}\delta^l_k = \Gamma_{ijk} \tag{4.1.4}$$

$$\boldsymbol{g}_{i,j}\cdot\boldsymbol{g}^k = \Gamma^l_{ij}\boldsymbol{g}_l\cdot\boldsymbol{g}^k = \Gamma^l_{ij}\delta^k_l = \Gamma^k_{ij} \tag{4.1.5}$$

即克里斯托夫符号的分量都是由关于协变基矢量的导数与基矢量的点积构成的,这可作为克里斯托夫符号的定义。

4.1.2　克里斯托夫符号的性质

克里斯托夫符号的第三个指标满足指标升降规律。因为 $\Gamma_{ijk}\boldsymbol{g}^k=\Gamma^k_{ij}\boldsymbol{g}_k$,用 $\boldsymbol{g}_l$ 和 $\boldsymbol{g}^l$ 分别点乘等式的两边,可得:

$$\Gamma_{ijl} = \Gamma^k_{ij}g_{kl} \tag{4.1.6}$$

$$\Gamma^l_{ij} = \Gamma_{ijk}g^{kl} \tag{4.1.7}$$

即克里斯托夫符号的第三个指标可以像矢量分量的指标一样上升和下降。

克里斯托夫符号关于前两个指标是对称的。由于协变基矢量是矢径对坐标的偏导数 $\boldsymbol{g}_i=\boldsymbol{r}_{,i}$，则协变基矢量关于坐标的偏导数为：

$$\boldsymbol{g}_{i,j}=\boldsymbol{r}_{,ij}=\boldsymbol{r}_{,ji}=\boldsymbol{g}_{j,i} \tag{4.1.8}$$

由式(4.1.3)有：

$$\Gamma_{ijl}\boldsymbol{g}^l=\Gamma_{jil}\boldsymbol{g}^l,\ \Gamma_{ij}^l\boldsymbol{g}_l=\Gamma_{ji}^l\boldsymbol{g}_l \tag{4.1.9}$$

以 $\boldsymbol{g}_k$ 和 $\boldsymbol{g}^k$ 分别点乘上面两式后得：

$$\Gamma_{ijk}=\Gamma_{jik},\ \Gamma_{ij}^k=\Gamma_{ji}^k \tag{4.1.10}$$

所以克里斯托夫符号是关于前两个指标对称的。当 k 分别取 1、2、3 时，克里斯托夫符号分别存在 3 对相等的值，这样独立的分量就只有 18 个。另外，克里斯托夫符号关于前两个指标对称的前提，是矢径对坐标的二阶偏导数与求导次序无关，称这样的空间为无挠空间，否则为有挠空间，我们只讨论无挠空间。

克里斯托夫符号不是张量。克里斯托夫符号关于前面两个指标对称，第三个指标满足指标升降规律，但整体上克里斯托夫符号并不能像三阶张量那样满足坐标变换的规律。根据协变基矢量的定义，作曲线坐标变换时，第一类克里斯托夫符号的变换规律是：

$$\begin{aligned}\Gamma_{i'j'k'}&=\frac{\partial}{\partial x^{i'}}\left(\frac{\partial \boldsymbol{r}}{\partial x^{j'}}\right)\cdot\frac{\partial \boldsymbol{r}}{\partial x^{k'}}=\frac{\partial}{\partial x^{i'}}\left(\frac{\partial \boldsymbol{r}}{\partial x^{j}}\frac{\partial x^j}{\partial x^{j'}}\right)\cdot\frac{\partial \boldsymbol{r}}{\partial x^{k'}}\\&=\left(\frac{\partial^2 \boldsymbol{r}}{\partial x^i\partial x^j}\frac{\partial x^i}{\partial x^{i'}}\frac{\partial x^j}{\partial x^{j'}}+\frac{\partial \boldsymbol{r}}{\partial x^j}\frac{\partial^2 x^j}{\partial x^{i'}\partial x^{j'}}\right)\cdot\frac{\partial \boldsymbol{r}}{\partial x^k}\frac{\partial x^k}{\partial x^{k'}}\\&=\Gamma_{ijk}\beta_{i'}^i\beta_{j'}^j\beta_{k'}^k+g_{jk}\beta_{k'}^k\frac{\partial^2 x^j}{\partial x^{i'}\partial x^{j'}}\end{aligned} \tag{4.1.11}$$

由于上式中最后一项不恒为零，所以 Γ_{ijk} 的坐标变化规律不满足三阶张量的变换规律，说明第一类克里斯托夫符号不是张量。若将上式两边同乘以 $g^{k'l'}=\beta_m^{k'}\beta_n^{l'}g^{mn}$，简单运算后可得：

$$\Gamma_{i'j'}^{k'}=\Gamma_{ij}^k\beta_{i'}^i\beta_{j'}^j\beta_k^{k'}+\beta_j^{k'}\frac{\partial^2 x^j}{\partial x^{i'}\partial x^{j'}} \tag{4.1.12}$$

可见第二类克里斯托夫符号 Γ_{ij}^k 也不是张量。

4.1.3 克里斯托夫符号与度量张量的关系

由于 $g_{ij}=\boldsymbol{g}_i\cdot\boldsymbol{g}_j$，等式两边同时求空间偏导数：

$$g_{ij,k}=\boldsymbol{g}_{i,k}\cdot\boldsymbol{g}_j+\boldsymbol{g}_i\cdot\boldsymbol{g}_{j,k} \tag{4.1.13}$$

即有：

$$\Gamma_{ikj} + \Gamma_{jki} = g_{ij,k} \tag{4.1.14}$$

轮换指标,容易得到:

$$\Gamma_{kij} + \Gamma_{ijk} = g_{jk,i}, \Gamma_{jki} + \Gamma_{ijk} = g_{ki,j} \tag{4.1.15}$$

将以上三式的后两式相加再减去第一式,并利用克里斯托夫符号关于前两个指标的对称性,得:

$$\Gamma_{ijk} = \frac{1}{2}(g_{jk,i} + g_{ki,j} - g_{ij,k}) \tag{4.1.16}$$

尽管克里斯托夫符号不是张量,但可由度量张量的导数表示。利用度量张量对克里斯托夫符号第三个指标的升降关系,容易得到第二类克里斯托夫符号Γ_{ij}^k的形式:

$$\Gamma_{ij}^k = \frac{1}{2}g^{km}(g_{jm,i} + g_{mi,j} - g_{ij,m}) \tag{4.1.17}$$

当已知度量张量时,可以通过克里斯托夫符号与度量张量的关系求得克里斯托夫符号的值。由以上两式可见,克里斯托夫符号恒为零的条件是度量张量为常数张量。显然,在笛卡尔坐标系和斜线直角坐标系中,克里斯托夫符号恒为零。这一点也可证明克里斯托夫符号不构成张量。

4.1.4　缩并的克里斯托夫符号与$\sqrt{g}$的关系

我们知道,度量张量的协变分量若表达为矩阵,则该矩阵的行列式值为g。3 个协变基矢量的混合积为$\sqrt{g}$,表示以三个协变基矢量为棱的平行六面体的体积,$\boldsymbol{g}_1 \cdot \boldsymbol{g}_2 \times \boldsymbol{g}_3 = \sqrt{g}$。对该式两边求空间偏导数,有:

$$\begin{aligned}
\frac{\partial \sqrt{g}}{\partial x^k} &= \frac{\partial \boldsymbol{g}_1}{\partial x^k} \cdot \boldsymbol{g}_2 \times \boldsymbol{g}_3 + \boldsymbol{g}_1 \cdot \frac{\partial \boldsymbol{g}_2}{\partial x^k} \times \boldsymbol{g}_3 + \boldsymbol{g}_1 \cdot \boldsymbol{g}_2 \times \frac{\partial \boldsymbol{g}_3}{\partial x^k} \\
&= (\Gamma_{1k}^m \boldsymbol{g}_m) \cdot \boldsymbol{g}_2 \times \boldsymbol{g}_3 + \boldsymbol{g}_1 \cdot (\Gamma_{2k}^m \boldsymbol{g}_m) \times \boldsymbol{g}_3 + \boldsymbol{g}_1 \cdot \boldsymbol{g}_2 \times (\Gamma_{3k}^m \boldsymbol{g}_m) \\
&= \Gamma_{1k}^1 \boldsymbol{g}_1 \cdot \boldsymbol{g}_2 \times \boldsymbol{g}_3 + \Gamma_{2k}^2 \boldsymbol{g}_1 \cdot \boldsymbol{g}_2 \times \boldsymbol{g}_3 + \Gamma_{3k}^3 \boldsymbol{g}_1 \cdot \boldsymbol{g}_2 \times \boldsymbol{g}_3 \\
&= (\Gamma_{1k}^1 + \Gamma_{2k}^2 + \Gamma_{3k}^3) \boldsymbol{g}_1 \cdot \boldsymbol{g}_2 \times \boldsymbol{g}_3 \\
&= \Gamma_{ik}^i \sqrt{g}
\end{aligned} \tag{4.1.18}$$

上式利用了当 i,j,k 有相同值时 $\boldsymbol{g}_i \cdot \boldsymbol{g}_j \times \boldsymbol{g}_k$ 恒为零的性质,把上式进一步写为:

$$\Gamma_{ik}^i = \frac{1}{\sqrt{g}} \frac{\partial \sqrt{g}}{\partial x^k} = \frac{\partial \ln\sqrt{g}}{\partial x^k} = \frac{1}{2} \frac{\partial \ln g}{\partial x^k} = \frac{1}{2g} \frac{\partial g}{\partial x^k} \tag{4.1.19}$$

上式为$\sqrt{g}$或 g 与缩并的克里斯托夫符号 Γ_{ik}^i的关系。

4.1.5 逆变基矢量的导数

上面讨论的都是关于协变基矢量的导数问题,现在考察逆变基矢量的导数。为此我们自然联系到对偶条件 $\boldsymbol{g}_i \cdot \boldsymbol{g}^j = \delta_i^j$,对等式两边同时求导得:

$$\boldsymbol{g}_{i,k} \cdot \boldsymbol{g}^j + \boldsymbol{g}_i \cdot \boldsymbol{g}^j_{,k} = 0 \tag{4.1.20}$$

利用前面的定义则有:

$$\boldsymbol{g}_i \cdot \boldsymbol{g}^j_{,k} = -\boldsymbol{g}_{i,k} \cdot \boldsymbol{g}^j = -\Gamma^j_{ik} \tag{4.1.21}$$

暂设逆变基矢量的导数为 $\boldsymbol{g}^j_{,k} = \hat{\Gamma}^j_{kl}\boldsymbol{g}^l$,对其两边点积 $\boldsymbol{g}_i$ 得:

$$\boldsymbol{g}_i \cdot \boldsymbol{g}^j_{,k} = \hat{\Gamma}^j_{ki} \tag{4.1.22}$$

比较以上两式得 $\Gamma^j_{ik} = -\hat{\Gamma}^j_{ki}$,则有逆变基矢量的导数:

$$\boldsymbol{g}^i_{,j} = -\Gamma^i_{jk}\boldsymbol{g}^k \tag{4.1.23}$$

逆变基矢量的空间偏导数只需对逆变基矢量展开,其协变分量为负的第二类克里斯托夫符号。

举例:圆柱坐标系和球坐标系的克里斯托夫符号。

确定克里斯托夫符号的方法,可以按照定义,也可根据其与度量张量的关系。先按照定义来确定圆柱坐标系的克里斯托夫符号。圆柱坐标系的曲线坐标为 $x^1 = r, x^2 = \theta, x^3 = z$,协变基矢量为:

$$\boldsymbol{g}_1 = \cos\theta\, \boldsymbol{e}_1 + \sin\theta\, \boldsymbol{e}_2$$

$$\boldsymbol{g}_2 = -r\sin\theta\, \boldsymbol{e}_1 + r\cos\theta\, \boldsymbol{e}_2$$

$$\boldsymbol{g}_3 = \boldsymbol{e}_3$$

所以协变基矢量求导后非零者有:

$$\boldsymbol{g}_{1,2} = -\sin\theta\, \boldsymbol{e}_1 + \cos\theta\, \boldsymbol{e}_2$$

$$\boldsymbol{g}_{2,1} = -\sin\theta\, \boldsymbol{e}_1 + \cos\theta\, \boldsymbol{e}_2$$

$$\boldsymbol{g}_{2,2} = -r\cos\theta\, \boldsymbol{e}_1 - r\sin\theta\, \boldsymbol{e}_2$$

根据式(4.1.4),把上式与三个协变基矢量 $\boldsymbol{g}_1, \boldsymbol{g}_2, \boldsymbol{g}_3$ 分别作点积,其中非零的点积为:

$$\Gamma_{122} = \boldsymbol{g}_{1,2} \cdot \boldsymbol{g}_2 = r$$

$$\Gamma_{212} = \boldsymbol{g}_{2,1} \cdot \boldsymbol{g}_2 = r$$

$$\Gamma_{221} = \boldsymbol{g}_{2,2} \cdot \boldsymbol{g}_1 = -r$$

利用式(4.1.7),可求得第二类克里斯托夫符号为:

$$\Gamma^1_{22} = \Gamma_{221}g^{11} = -r$$

$$\Gamma_{12}^2 = \Gamma_{122} g^{22} = \frac{1}{r}$$

$$\Gamma_{21}^2 = \Gamma_{212} g^{22} = \frac{1}{r}$$

圆柱坐标系的克里斯托夫符号的非零分量只有3个，其余皆为零。

现在根据与度量张量的关系（4.1.16）来确定球坐标系的克里斯托夫符号。球坐标系的坐标为 $x^1 = r, x^2 = \theta, x^3 = \varphi$。为观察方便，把度量张量的协变分量表为矩阵：

$$[g_{ij}] = \begin{bmatrix} 1 & 0 & 0 \\ 0 & r^2\cos^2\varphi & 0 \\ 0 & 0 & r^2 \end{bmatrix}$$

由此可知，只有 $i=2,3$ 时才有非零的克里斯托夫符号。它们是：

$$\Gamma_{221} = -\frac{1}{2} g_{22,1} = -r\cos^2\varphi$$

$$\Gamma_{223} = -\frac{1}{2} g_{22,3} = r^2\cos\varphi\sin\varphi$$

$$\Gamma_{331} = -\frac{1}{2} g_{33,1} = -r$$

$$\Gamma_{212} = \Gamma_{122} = \frac{1}{2} g_{22,1} = r\cos^2\varphi$$

$$\Gamma_{232} = \Gamma_{322} = \frac{1}{2} g_{22,3} = -r^2\cos\varphi\sin\varphi$$

$$\Gamma_{313} = \Gamma_{133} = \frac{1}{2} g_{33,1} = r$$

$$\Gamma_{22}^1 = -r\cos^2\varphi$$

$$\Gamma_{22}^3 = \cos\varphi\sin\varphi$$

$$\Gamma_{33}^1 = -r$$

$$\Gamma_{21}^2 = \Gamma_{12}^2 = \frac{1}{r}$$

$$\Gamma_{32}^2 = \Gamma_{23}^2 = -\tan\varphi$$

$$\Gamma_{31}^3 = \Gamma_{13}^3 = \frac{1}{r}$$

球坐标系不为零的克里斯托夫符号有18个。

习　题

1.利用克里斯托夫符号与度量张量的关系，确定圆柱坐标系的两类克里斯托夫符号。

2.按照克里斯托夫符号定义的方法，确定球坐标系的两类克里斯托夫符号。

4.2　矢量分量的协变导数和矢量梯度

4.2.1　矢量分量的协变导数

利用克里斯托夫符号，任意矢量的偏导数现在可写成：

$$\boldsymbol{v}_{,j} = v^{i}_{,j}\boldsymbol{g}_{i} + v^{i}\boldsymbol{g}_{i,j} = v^{i}_{,j}\boldsymbol{g}_{i} + v^{i}\Gamma^{k}_{ij}\boldsymbol{g}_{k} = (v^{i}_{,j} + v^{k}\Gamma^{i}_{jk})\boldsymbol{g}_{i} = v^{i}_{;j}\boldsymbol{g}_{i} \tag{4.2.1}$$

上式中交换了哑标，记矢量逆变分量的协变导数为：

$$v^{i}_{;j} = v^{i}_{,j} + v^{k}\Gamma^{i}_{jk} \tag{4.2.2}$$

同理，可以引进矢量协变分量的协变导数：

$$\begin{aligned}\boldsymbol{v}_{,j} &= (v_{i}\boldsymbol{g}^{i})_{,j} = v_{i,j}\boldsymbol{g}^{i} + v_{i}\boldsymbol{g}^{i}_{,j} = v_{i,j}\boldsymbol{g}^{i} - v_{i}\Gamma^{i}_{jk}\boldsymbol{g}^{k} \\ &= (v_{i,j}\boldsymbol{g}^{i} - v_{k}\Gamma^{k}_{ij})\boldsymbol{g}^{i} = v_{i;j}\boldsymbol{g}^{i}\end{aligned} \tag{4.2.3}$$

$$v_{i;j} = v_{i,j} - v_{k}\Gamma^{k}_{ij} \tag{4.2.4}$$

矢量的偏导数 $\boldsymbol{v}_{,j}$ 仍然是矢量，对于固定的 j，它的逆变分量是协变导数 $v^{i}_{;j}$，它的协变分量是协变导数 $v_{i;j}$。由此可见，对矢量求导只要求矢量分量的协变导数，基矢量似乎不参与求导运算，从而保持了矢量求导与普通求导运算在形式上的一致性。

在笛卡尔坐标系中，克里斯托夫符号的所有分量均为零，所以笛卡尔坐标系中的协变导数即为普通导数。

4.2.2　矢量的微分

在曲线坐标系下，矢量的分量和局部基矢量都是空间位置的函数，当矢量 $\boldsymbol{v}$ 沿着分量为 $\mathrm{d}x^{j}$ 的线元矢量从 x^{j} 移动到相邻点 $x^{j}+\mathrm{d}x^{j}$ 时，矢量的增量或其全微分为：

$$\mathrm{d}\boldsymbol{v} = \boldsymbol{v}(x^j + \mathrm{d}x^j) - \boldsymbol{v}(x^j) = \frac{\partial \boldsymbol{v}}{\partial x^j}\mathrm{d}x^j = \boldsymbol{v}_{,j}\,\mathrm{d}x^j \tag{4.2.5}$$

应用协变导数改写上式为：

$$\mathrm{d}\boldsymbol{v} = v^i_{;j}\boldsymbol{g}_i\mathrm{d}x^j = (\mathrm{d}v)^i\boldsymbol{g}_i \tag{4.2.6}$$

$$\mathrm{d}\boldsymbol{v} = v_{i;j}\boldsymbol{g}^i\mathrm{d}x^j = (\mathrm{d}v)_i\boldsymbol{g}^i \tag{4.2.7}$$

矢量微分 $\mathrm{d}\boldsymbol{v}$ 的逆变分量$(\mathrm{d}v)^i$ 和协变分量$(\mathrm{d}v)_i$ 称为协变微分，今后协变微分可用算符 D 表示，普通微分用 d 表示，则有：

$$Dv^i = (\mathrm{d}v)^i = v^i_{;j}\,\mathrm{d}x^j = \mathrm{d}v^i + v^k\Gamma^i_{jk}\,\mathrm{d}x^j \tag{4.2.8}$$

$$Dv_i = (\mathrm{d}v)_i = v_{i;j}\,\mathrm{d}x^j = \mathrm{d}v_i - v_k\Gamma^k_{ij}\,\mathrm{d}x^j \tag{4.2.9}$$

这样，曲线坐标系下矢量的增量既有分量的变化，也有局部基矢量的变化。

4.2.3　矢量分量的协变导数是二阶张量

首先证明 $v_{i;j}$是二阶张量的协变分量。在新坐标系中，有 $\boldsymbol{v}=v_{i'}\boldsymbol{g}^{i'}$，对 $x^{j'}$求导，得：

$$\boldsymbol{v}_{,j'} = v_{i',j'}\boldsymbol{g}^{i'} + v_{i'}\boldsymbol{g}^{i'}_{,j'} = v_{i';j'}\boldsymbol{g}^{i'} \tag{4.2.10}$$

另一方面，采用链式求导法则，得到：

$$\boldsymbol{v}_{,j'} = \boldsymbol{v}_{,j}\frac{\partial x^j}{\partial x^{j'}} = v_{i;j}\boldsymbol{g}^i\beta^j_{j'} \tag{4.2.11}$$

比较以上两式有：

$$v_{i';j'}\boldsymbol{g}^{i'} = v_{i;j}\boldsymbol{g}^i\beta^j_{j'} \tag{4.2.12}$$

用基矢量 $\boldsymbol{g}_{k'}=\beta^k_{k'}\boldsymbol{g}_k$ 分别点乘上面等式两边，得：

$$v_{k';j'} = v_{k;j}\beta^k_{k'}\beta^j_{j'} \tag{4.2.13}$$

这表明 $v_{k;j}$是一个二阶张量的协变分量。接下来检验 $v^i_{;j}$是二阶张量的混变分量，在新坐标系中也有 $\boldsymbol{v}=v^{i'}\boldsymbol{g}_{i'}$，将该式对 $x^{j'}$求导，得：

$$\boldsymbol{v}_{,j'} = v^{i'}_{;j'}\boldsymbol{g}_{i'} \tag{4.2.14}$$

同时有：

$$\boldsymbol{v}_{,j'} = \boldsymbol{v}_{,j}\frac{\partial x^j}{\partial x^{j'}} = v^i_{;j}\boldsymbol{g}_i\beta^j_{j'} \tag{4.2.15}$$

比较以上两个等式得：

$$v^{i'}_{;j'}\boldsymbol{g}_{i'} = v^i_{;j}\boldsymbol{g}_i\beta^j_{j'} \tag{4.2.16}$$

对上式两边点乘 $\boldsymbol{g}^{k'}=\beta^{k'}_k\boldsymbol{g}^k$，易得：

$$v^{k'}_{;j'} = v^k_{;j}\beta^{k'}_k\beta^j_{j'} \tag{4.2.17}$$

这表明 $v^k_{;j}$是一个二阶张量的混变分量，这里指标 j 是协变指标，坐标变换时用协变转换系数,但它同时具有求导意义,所以称 $v_{k;j}$ 和 $v^k_{;j}$ 为协变导数。协变导数由两项组成,每一项都不是张量分量,其和却是二阶张量的分量。由 $v_{k;j}$ 和 $v^k_{;j}$ 的张量性质,立刻写出:

$$v_{i;j}g^{ik} = v^k_{;j} \tag{4.2.18}$$

由于协变指标 j 表示对曲线坐标 x^j 求偏导数,一般不上升这个指标,但是,根据问题需要,可以利用度量张量引入 $v_{i;j}g^{jk} = v_{i;}{}^{k}$ 这样的形式。

4.2.4　矢量的梯度为二阶张量

为讨论矢量的梯度,首先引入哈密尔顿矢量微分算子:

$$\nabla = \boldsymbol{g}^i \frac{\partial}{\partial x^i} \tag{4.2.19}$$

哈密尔顿算子在坐标变换前后满足:

$$\nabla' = \boldsymbol{g}^{i'} \frac{\partial}{\partial x^{i'}} = \beta^{i'}_i \boldsymbol{g}^i \frac{\partial x^k}{\partial x^{i'}} \frac{\partial}{\partial x^k} = \beta^{i'}_i \beta^k_{i'} \boldsymbol{g}^i \frac{\partial}{\partial x^k} = \delta^k_i \boldsymbol{g}^i \frac{\partial}{\partial x^k} = \boldsymbol{g}^i \frac{\partial}{\partial x^i} = \nabla \tag{4.2.20}$$

所以,哈密尔顿算子在坐标变换时保持不变,是不变微分算子。形式上,哈密尔顿算子可看作一个矢量,分别记其协变分量和逆变分量为:

$$\nabla_i = \frac{\partial}{\partial x^i}, \nabla^i = g^{ij} \frac{\partial}{\partial x^j} \tag{4.2.21}$$

当坐标变换时,协变分量的变换规律为:

$$\nabla_{i'} = \frac{\partial}{\partial x^{i'}} = \frac{\partial x^j}{\partial x^{i'}} \frac{\partial}{\partial x^j} = \beta^j_{i'} \frac{\partial}{\partial x^j} = \beta^j_{i'} \nabla_j \tag{4.2.22}$$

即哈密尔顿算子的协变分量满足一阶张量的坐标变换规律。哈密尔顿算子要进行两个运算,一是作为矢量进行运算,二是作为微分算子对张量进行偏导数运算。

矢量的梯度是指矢量对矢径 $\boldsymbol{r}$(矢量)的导数,不是对某一曲线坐标的导数(矢量对坐标求导还是矢量)。在曲线坐标系中,矢径增量为 $\mathrm{d}\boldsymbol{r} = \boldsymbol{g}_i \mathrm{d}x^i$。矢量的全微分为:

$$\begin{aligned} \mathrm{d}\boldsymbol{v} &= \frac{\partial \boldsymbol{v}}{\partial x^j} \mathrm{d}x^j = (\boldsymbol{g}_k \mathrm{d}x^k) \cdot \left(\boldsymbol{g}^j \frac{\partial \boldsymbol{v}}{\partial x^j} \right) \\ &= (\boldsymbol{g}_k \mathrm{d}x^k) \cdot \left(\boldsymbol{g}^j \frac{\partial}{\partial x^j} \right) \boldsymbol{v} = \mathrm{d}\boldsymbol{r} \cdot \nabla \boldsymbol{v} \end{aligned} \tag{4.2.23}$$

$$\begin{aligned} \mathrm{d}\boldsymbol{v} &= \frac{\partial \boldsymbol{v}}{\partial x^j} \mathrm{d}x^j = \left(\frac{\partial \boldsymbol{v}}{\partial x^j} \boldsymbol{g}^j \right) \cdot (\boldsymbol{g}_k \mathrm{d}x^k) \\ &= \boldsymbol{v} \left(\boldsymbol{g}^j \frac{\partial}{\partial x^j} \right) \cdot (\boldsymbol{g}_k \mathrm{d}x^k) = \boldsymbol{v} \nabla \cdot \mathrm{d}\boldsymbol{r} \end{aligned} \tag{4.2.24}$$

根据商法则,并矢$\nabla \boldsymbol{v}$和$\boldsymbol{v}\nabla$都是二阶张量,代表了矢量对矢径的空间变化率即梯度,但它们是不同的张量。它们的并矢表达式为:

$$\nabla \boldsymbol{v} = \boldsymbol{g}^j \boldsymbol{v}_{,j} = v_{i;j}\boldsymbol{g}^j\boldsymbol{g}^i = v^i_{;j}\boldsymbol{g}^j\boldsymbol{g}_i \tag{4.2.25}$$

$$\boldsymbol{v}\nabla = \boldsymbol{v}_{,j}\boldsymbol{g}^j = v_{i;j}\boldsymbol{g}^i\boldsymbol{g}^j = v^i_{;j}\boldsymbol{g}_i\boldsymbol{g}^j \tag{4.2.26}$$

若引进记法$\nabla_j(\ )=(\ )_{;j}$表示矢量分量的协变导数,上面两个式子也可写为:

$$\nabla \boldsymbol{v} = \nabla_j v_i \boldsymbol{g}^j\boldsymbol{g}^i = \nabla_j v^i \boldsymbol{g}^j\boldsymbol{g}_i \tag{4.2.27}$$

$$\boldsymbol{v}\nabla = \nabla_j v_i \boldsymbol{g}^i\boldsymbol{g}^j = \nabla_j v^i \boldsymbol{g}_i\boldsymbol{g}^j \tag{4.2.28}$$

称二阶张量$\nabla \boldsymbol{v}$为矢量的左梯度,称二阶张量$\boldsymbol{v}\nabla$为矢量的右梯度,而矢量分量的协变导数分别是矢量梯度的协变分量和混变分量。

4.2.5　标量的梯度为矢量

考察标量的空间导数,标量ϕ对x^i的导数写成$\dfrac{\partial \phi}{\partial x^i}=\phi_{,i}$,则在新坐标系中有:

$$\phi_{,i'} = \frac{\partial \phi}{\partial x^{i'}} = \frac{\partial \phi}{\partial x^i}\frac{\partial x^i}{\partial x^{i'}} = \phi_{,i}\beta^i_{i'} \tag{4.2.29}$$

这说明$\phi_{,i}$与矢量的协变分量一样进行坐标变换,必是矢量的协变分量。对于标量而言,普通导数和协变导数是相等的。为便于统一记法,可把$\phi_{,i}$直接写成$\phi_{,i}=\phi_{;i}$。由于$\phi_{;i}$是矢量的分量,它们确定一个矢量,记为:

$$\nabla \phi = \phi\nabla = \frac{\partial \phi}{\partial x^i}\boldsymbol{g}^i = \phi_{;i}\boldsymbol{g}^i \tag{4.2.30}$$

上式即为标量的梯度矢量,适合于任意曲线坐标系。进一步地,考察标量$\phi(x^i)$从x^i到$x^i+\mathrm{d}x^i$的增量:

$$\mathrm{d}\phi = \frac{\partial \phi}{\partial x^i}\mathrm{d}x^i = \phi_{;i}\boldsymbol{g}^i\cdot\boldsymbol{g}_j\mathrm{d}x^j = \nabla\phi\cdot\mathrm{d}\boldsymbol{r} \tag{4.2.31}$$

上式说明,标量的空间变化率是由标量的梯度来度量的,标量沿矢径增量的变化率就等于标量梯度在矢径增量方向上的投影,显然,当$\nabla\phi$与$\mathrm{d}\boldsymbol{r}$一致时最大,即$\nabla\phi$的方向指向标量ϕ变化最大的方向。

习　题

1.利用克里斯托夫符号给出矢量分量的协变导数,并证明其为二阶张量。

2.若 φ 为标量场，标量的梯度为矢量。

(1)请给出标量的梯度；

(2)请给出标量梯度的梯度 $\nabla\nabla\varphi$。

提示：$\nabla\varphi=\varphi_{,i}\boldsymbol{g}^i$，$\nabla\nabla\varphi=\varphi_{,j;i}\boldsymbol{g}^i\boldsymbol{g}^j=(\varphi_{,ij}-\varphi_{,k}\Gamma_{ij}^k)\boldsymbol{g}^i\boldsymbol{g}^j$。

3.证明矢量分量协变导数的指标升降规律：$v_{i;j}g^{ik}=v^k_{;j}$ 和 $v^k_{;j}g_{ki}=v_{i;j}$。

提示：利用 $\boldsymbol{v}_{,j}=v_{i;j}\boldsymbol{g}^i=v^i_{;j}\boldsymbol{g}_i$ 以及 $\boldsymbol{g}^i=g^{ij}\boldsymbol{g}_j$ 可证。

4.固体小变形的情况下，以位移 $\boldsymbol{u}$ 作为变形的基本变量。

(1)给出圆柱坐标系下位移和位移增量的表达式；

(2)在圆柱坐标系下给出位移的梯度，利用二阶张量的分解给出应变张量和角张量的表达式。

4.3 张量的协变导数和张量梯度

4.3.1 二阶张量分量的协变导数

令二阶张量为 $\boldsymbol{T}=T^{ij}\boldsymbol{g}_i\boldsymbol{g}_j$，现在求其逆变分量的协变导数表达式。二阶张量对坐标的偏导数为：

$$\begin{aligned}\boldsymbol{T}_{,k}&=(T^{ij}\boldsymbol{g}_i\boldsymbol{g}_j)_{,k}=T^{ij}_{,k}\boldsymbol{g}_i\boldsymbol{g}_j+T^{ij}\boldsymbol{g}_{i,k}\boldsymbol{g}_j+T^{ij}\boldsymbol{g}_i\boldsymbol{g}_{j,k}\\&=T^{ij}_{,k}\boldsymbol{g}_i\boldsymbol{g}_j+T^{ij}\Gamma^l_{ik}\boldsymbol{g}_l\boldsymbol{g}_j+T^{ij}\boldsymbol{g}_i\Gamma^l_{jk}\boldsymbol{g}_l\\&=T^{ij}_{,k}\boldsymbol{g}_i\boldsymbol{g}_j+T^{lj}\Gamma^i_{lk}\boldsymbol{g}_i\boldsymbol{g}_j+T^{il}\Gamma^j_{lk}\boldsymbol{g}_i\boldsymbol{g}_j\\&=(T^{ij}_{,k}+T^{lj}\Gamma^i_{lk}+T^{il}\Gamma^j_{lk})\boldsymbol{g}_i\boldsymbol{g}_j\end{aligned}\tag{4.3.1}$$

为获得公因子 $\boldsymbol{g}^i\boldsymbol{g}^j$，推导上式时交换了哑标。观察上式，定义二阶张量的分量对坐标的协变导数为：

$$T^{ij}_{;k}=T^{ij}_{,k}+T^{lj}\Gamma^i_{kl}+T^{il}\Gamma^j_{kl}\tag{4.3.2}$$

上式中 $T^{ij}_{;k}$ 为二阶张量逆变分量的协变导数，事实上它是一个三阶张量。这样，二阶张量对坐标的偏导数成为：

$$\boldsymbol{T}_{,k}=T^{ij}_{;k}\boldsymbol{g}_i\boldsymbol{g}_j\tag{4.3.3}$$

采用类似的方法可定义另外三种分量的协变导数：

$$T_{ij;k}=T_{ij,k}-T_{lj}\Gamma^l_{ik}-T_{il}\Gamma^l_{kj}\tag{4.3.4}$$

$$T^{i}_{\cdot j;k}=T^{i}_{\cdot j,k}+T^{l}_{\cdot j}\Gamma^i_{kl}-T^{i}_{\cdot l}\Gamma^l_{jk}\tag{4.3.5}$$

$$T_{i;k}^{\cdot j}=T_{i,k}^{\cdot j}-T_{l}^{\cdot j}\Gamma^l_{jk}+T_{i}^{\cdot l}\Gamma^j_{kl}\tag{4.3.6}$$

可见,张量分量的协变导数等于张量分量的偏导数、张量分量所有逆变指标与 Γ_{ij}^{k}缩并或者张量分量所有协变指标与$-\Gamma_{ij}^{k}$缩并结果的总和。有了二阶张量分量的协变导数,求张量对坐标的偏导数时,保持基张量形式不变,可直接对其分量取坐标的协变导数。

4.3.2　二阶张量的梯度

正如讨论矢量梯度一样,二阶张量的梯度是指二阶张量对矢径的导数。若 $\boldsymbol{T}$ 表示二阶张量,把二阶张量的全微分写为:

$$
\begin{aligned}
\mathrm{d}\boldsymbol{T} &= \frac{\partial \boldsymbol{T}}{\partial x^{k}}\mathrm{d}x^{k} = (\boldsymbol{g}_{l}\mathrm{d}x^{l}) \cdot \left(\boldsymbol{g}^{k} \frac{\partial \boldsymbol{T}}{\partial x^{k}}\right) \\
&= (\boldsymbol{g}_{l}\mathrm{d}x^{l}) \cdot \left(\boldsymbol{g}^{k} \frac{\partial}{\partial x^{k}}\right)\boldsymbol{T} = \mathrm{d}\boldsymbol{r} \cdot \nabla\boldsymbol{T}
\end{aligned} \tag{4.3.7}
$$

$$
\begin{aligned}
\mathrm{d}\boldsymbol{T} &= \frac{\partial \boldsymbol{T}}{\partial x^{k}}\mathrm{d}x^{k} = \left(\frac{\partial \boldsymbol{T}}{\partial x^{k}}\boldsymbol{g}^{k}\right) \cdot (\boldsymbol{g}_{l}\mathrm{d}x^{l}) \\
&= \boldsymbol{T}\left(\boldsymbol{g}^{k} \frac{\partial}{\partial x^{k}}\right) \cdot (\boldsymbol{g}_{l}\mathrm{d}x^{l}) = \boldsymbol{T}\nabla \cdot \mathrm{d}\boldsymbol{r}
\end{aligned} \tag{4.3.8}
$$

根据商法则,并乘$\nabla\boldsymbol{T}$ 和 $\boldsymbol{T}\nabla$都是三阶张量,表达了二阶张量的空间梯度。与矢量情况类似,称$\nabla\boldsymbol{T}$ 为二阶张量的左梯度,称 $\boldsymbol{T}\nabla$为二阶张量的右梯度,展开它们的并矢表达式:

$$
\begin{aligned}
\nabla\boldsymbol{T} &= \boldsymbol{g}^{k}\boldsymbol{T}_{,k} = \boldsymbol{g}^{k}T_{ij;k}\boldsymbol{g}^{i}\boldsymbol{g}^{j} = T_{ij;k}\boldsymbol{g}^{k}\boldsymbol{g}^{i}\boldsymbol{g}^{j} \\
&= T^{ij}_{;k}\boldsymbol{g}^{k}\boldsymbol{g}_{i}\boldsymbol{g}_{j} = T^{i}_{\cdot j;k}\boldsymbol{g}^{k}\boldsymbol{g}_{i}\boldsymbol{g}^{j} = T_{i;k}^{\cdot j}\boldsymbol{g}^{k}\boldsymbol{g}^{i}\boldsymbol{g}_{j}
\end{aligned} \tag{4.3.9}
$$

$$
\begin{aligned}
\boldsymbol{T}\nabla &= \boldsymbol{T}_{,k}\boldsymbol{g}^{k} = T_{ij;k}\boldsymbol{g}^{i}\boldsymbol{g}^{j}\boldsymbol{g}^{k} = T^{ij}_{;k}\boldsymbol{g}_{i}\boldsymbol{g}_{j}\boldsymbol{g}^{k} \\
&= T^{i}_{\cdot j;k}\boldsymbol{g}_{i}\boldsymbol{g}^{j}\boldsymbol{g}^{k} = T_{i;k}^{\cdot j}\boldsymbol{g}^{i}\boldsymbol{g}_{j}\boldsymbol{g}^{k}
\end{aligned} \tag{4.3.10}
$$

所以,二阶张量分量的协变导数是其二阶张量梯度,也即三阶张量的分量。

4.3.3　高阶张量的协变导数

推广二阶张量协变导数的方法,就可以定义高阶张量的协变导数。任意一个张量对坐标取偏导数,基张量保持不变,只要将张量分量对坐标取协变导数即可。张量分量的协变导数是比原张量高一阶的张量,也就是原张量的梯度张量。张量的左梯度与右梯度一般而言是不同的张量,只有对标量而言,协变导数即为普通偏导数,其左梯度与右梯度相等。

在曲线坐标系中,张量分量的普通偏导数不构成张量的分量,协变导数才成为张量的分量。只有在整体坐标系(如笛卡尔坐标系)中,克里斯托夫符号恒为零,普通偏导数等于协变导数。利用这个性质,可以先在笛卡尔坐标系中得到张量方程,再根据张量方程的坐标不变性原则,把普通偏导数换为协变导数,就可得到任意曲线坐标系中的张量方程。

4.3.4 度量张量和置换张量的协变导数均为零

当把协变导数用到度量张量和置换张量时,能够得到两个重要论断。在笛卡尔坐标系中,$g_{ij}=\delta_{ij}$,$\varepsilon_{ijk}=e_{ijk}$,由于这些都是常数,所以有:$g_{ij,k}=0$,$\varepsilon_{ijk,l}=0$。笛卡尔坐标系中的偏导数和协变导数相等,直接推广到曲线坐标系中的形式为:

$$g_{ij;k}=0,g^{ij}_{;k}=0,\delta^{i}_{j;k}=0 \tag{4.3.11}$$

$$\varepsilon_{ijk;l}=0,\varepsilon^{ijk}_{;l}=0 \tag{4.3.12}$$

以上两式表示相应的三阶或四阶张量的一切分量为零的两组张量方程。因此,如果遇到度量张量和置换张量是某个乘积中的一个因子时,则在求此乘积的协变导数过程中,可以把它提到微分算符之外,例如:

$$(v^{i}g_{ij})_{;k}=g_{ij}v^{i}_{;k} \tag{4.3.13}$$

在曲线坐标系中,度量张量的分量不总是常数,其普通偏导数一般不为零,但其协变导数恒为零。或者说,度量张量的梯度恒为零,因此,度量张量作为张量实体是不随空间点的位置变化而改变的。同理,置换张量作为张量实体也不随空间点的位置变化而改变。

4.3.5 张量乘积的协变导数

首先讨论张量分量乘积的协变导数的运算法则。用两个矢量 $\boldsymbol{u}^{i}$ 和 $\boldsymbol{v}^{j}$ 点乘一个二阶张量 T_{ij},得到一个标量:

$$\phi=T_{ij}u^{i}v^{j} \tag{4.3.14}$$

把它对 x^{k} 求导,得到:

$$\phi_{,k}=T_{ij,k}u^{i}v^{j}+T_{ij}u^{i}_{,k}v^{j}+T_{ij}u^{i}v^{j}_{,k} \tag{4.3.15}$$

把上式中的偏导数都用前面所定义的协变导数代替,并注意到标量的偏导数即为协变导数,容易得到如下形式:

$$\phi_{;k}=(T_{ij}u^{i}v^{j})_{;k}=T_{ij;k}u^{i}v^{j}+T_{ij}u^{i}_{;k}v^{j}+T_{ij}u^{i}v^{j}_{;k} \tag{4.3.16}$$

由此可见,张量分量乘积的协变导数所遵循的法则与普通导数的莱布尼茨法则相同。

涉及张量实体之间乘积的空间求导运算时,由于基张量也参与运算,不能简单应用上述法则,必须针对具体情况作具体分析。例如,ϕ 为标量,$\boldsymbol{v}$ 为

矢量,有:

$$\nabla(\phi \boldsymbol{v}) = \boldsymbol{g}^i \frac{\partial}{\partial x^i}(\phi \boldsymbol{v}) = \boldsymbol{g}^i \frac{\partial \phi}{\partial x^i}\boldsymbol{v} + \phi \boldsymbol{g}^i \frac{\partial \boldsymbol{v}}{\partial x^i} = (\nabla\phi)\boldsymbol{v} + \phi(\nabla \boldsymbol{v}) \quad (4.3.17)$$

当 $\boldsymbol{u}$ 和 $\boldsymbol{v}$ 均为矢量时,有:

$$\begin{aligned}\nabla(\boldsymbol{u} \cdot \boldsymbol{v}) &= \boldsymbol{g}^i \frac{\partial}{\partial x^i}(\boldsymbol{u} \cdot \boldsymbol{v}) = \boldsymbol{g}^i \frac{\partial \boldsymbol{u}}{\partial x^i} \cdot \boldsymbol{v} + \boldsymbol{g}^i \boldsymbol{u} \cdot \frac{\partial v}{\partial x^i} \\ &= \boldsymbol{g}^i \frac{\partial \boldsymbol{u}}{\partial x^i} \cdot \boldsymbol{v} + \boldsymbol{g}^i \frac{\partial \boldsymbol{v}}{\partial x^i} \cdot \boldsymbol{u} = \nabla \boldsymbol{u} \cdot \boldsymbol{v} + \nabla \boldsymbol{v} \cdot \boldsymbol{u}\end{aligned} \quad (4.3.18)$$

当 $\boldsymbol{T}$ 为二阶张量,$\boldsymbol{v}$ 为矢量,有:

$$\begin{aligned}\nabla(\boldsymbol{T} \cdot \boldsymbol{v}) &= \boldsymbol{g}^i \frac{\partial}{\partial x^i}(\boldsymbol{T} \cdot \boldsymbol{v}) = \boldsymbol{g}^i \frac{\partial \boldsymbol{T}}{\partial x^i} \cdot \boldsymbol{v} + \boldsymbol{g}^i \boldsymbol{T} \cdot \frac{\partial \boldsymbol{v}}{\partial x^i} \\ &= \boldsymbol{g}^i \frac{\partial \boldsymbol{T}}{\partial x^i} \cdot \boldsymbol{v} + \boldsymbol{g}^i \frac{\partial \boldsymbol{v}}{\partial x^i} \cdot \boldsymbol{T}^{\mathrm{T}} = (\nabla \boldsymbol{T}) \cdot \boldsymbol{v} + (\nabla \boldsymbol{v}) \cdot \boldsymbol{T}^{\mathrm{T}} \\ &= (\nabla \boldsymbol{T}) \cdot \boldsymbol{v} + [\boldsymbol{T} \cdot (\boldsymbol{v} \nabla)]^{\mathrm{T}}\end{aligned} \quad (4.3.19)$$

当 $\boldsymbol{A}$ 和 $\boldsymbol{B}$ 均为张量时,则有不等式:

$$\nabla(\boldsymbol{A} \cdot \boldsymbol{B}) \neq (\nabla \boldsymbol{A}) \cdot \boldsymbol{B} + \boldsymbol{A} \cdot (\nabla \boldsymbol{B}) \quad (4.3.20)$$

因为在上式中,有:

$$\nabla(\boldsymbol{A} \cdot \boldsymbol{B}) = \boldsymbol{g}^i \frac{\partial}{\partial x^i}(\boldsymbol{A} \cdot \boldsymbol{B}) = \boldsymbol{g}^i \frac{\partial \boldsymbol{A}}{\partial x^i} \cdot \boldsymbol{B} + \boldsymbol{g}^i \boldsymbol{A} \cdot \frac{\partial \boldsymbol{B}}{\partial x^i} \quad (4.3.21)$$

$$(\nabla \boldsymbol{A}) \cdot \boldsymbol{B} + \boldsymbol{A} \cdot (\nabla \boldsymbol{B}) = \boldsymbol{g}^i \frac{\partial \boldsymbol{A}}{\partial x^i} \cdot \boldsymbol{B} + \boldsymbol{A} \cdot \boldsymbol{g}^i \frac{\partial \boldsymbol{B}}{\partial x^i} \quad (4.3.22)$$

以上两式中右端第二项并不相等,所以涉及张量实体乘积时,必须小心处理。

4.3.6　黎曼-克里斯托夫张量

我们已经熟悉 $v_{i;j}$ 是二阶张量的协变张量,为方便起见,现令:

$$v_{i;j} = v_{i,j} - v_m \Gamma_{ij}^m = A_{ij} \quad (4.3.23)$$

应用二阶张量协变导数的展开式(4.3.4),形成对 x^k 的协变导数,于是有:

$$\begin{aligned}v_{i;j;k} = v_{i;jk} = A_{ij;k} &= (v_{i,j} - v_m \Gamma_{ij}^m)_{,k} - (v_{l,j} - v_m \Gamma_{lj}^m)\Gamma_{ik}^l \\ &\quad - (v_{i,l} - v_m \Gamma_{il}^m)\Gamma_{kj}^l\end{aligned} \quad (4.3.24)$$

这是矢量的协变分量连续两次对空间坐标的协变导数。在数学分析中已知,函数对空间坐标的混合偏导是可以交换次序的。人们自然联想到,张量的二阶协变导数是否可以交换协变导数的次序,即这里 $v_{i;jk}$ 是否和 $v_{i;kj}$ 相同的问题。为此，直接写出 $v_{i;kj}$，通过简单交换指标 j 和 k，立即得：

$$v_{i;kj} = (v_{i,k} - v_m\Gamma_{ik}^m)_{,j} - (v_{l,k} - v_m\Gamma_{lk}^m)\Gamma_{ij}^l - (v_{i,l} - v_m\Gamma_{il}^m)\Gamma_{jk}^l \tag{4.3.25}$$

把两式相减，并注意到 $\Gamma_{kj}^l=\Gamma_{jk}^l, v_{i,jk}=v_{i,kj}$，得：

$$\begin{aligned} v_{i;jk} - v_{i;kj} &= - v_{m,k}\Gamma_{ij}^m + v_{m,j}\Gamma_{ik}^m - v_m\Gamma_{ij,k}^m + v_m\Gamma_{ik,j}^m - v_{l,j}\Gamma_{ik}^l + \\ &\quad + v_{l,k}\Gamma_{ij}^l + v_m\Gamma_{lj}^m\Gamma_{ik}^l - v_m\Gamma_{lk}^m\Gamma_{ij}^l \\ &= v_m(\Gamma_{ik,j}^m - \Gamma_{ij,k}^m + \Gamma_{lj}^m\Gamma_{ik}^l - \Gamma_{lk}^m\Gamma_{ij}^l) \end{aligned} \tag{4.3.26}$$

引用记号：

$$R_{\cdot ijk}^m = \Gamma_{ik,j}^m - \Gamma_{ij,k}^m + \Gamma_{lj}^m\Gamma_{ik}^l - \Gamma_{lk}^m\Gamma_{ij}^l \tag{4.3.27}$$

则有：

$$v_{i;jk} - v_{i;kj} = v_m R_{\cdot ijk}^m \tag{4.3.28}$$

上面这个等式左边是三阶协变张量，v_m 是矢量，根据商法则，$R_{\cdot ijk}^m$ 必是个四阶张量，称为黎曼-克里斯托夫(Riemann-Christoffel)张量或曲率张量。二阶协变导数是否可以交换次序的问题，等价于是否 $R_{\cdot ijk}^m=0$ 的问题，因为这是一个张量方程，它或者在一切坐标系中成立，或者在一切坐标系中都不成立。在笛卡尔坐标系中，$\Gamma_{ij}^k=0$，因此，也有 $R_{\cdot ijk}^m=0$。这说明求导次序可以交换。

黎曼-克里斯托夫张量是由张量的连续协变导数引出来的张量，但是却与原张量没有任何关系。实际上，它取决于度量张量以及度量张量的偏导数，所以说，黎曼-克里斯托夫张量由空间的度量性质所决定。我们知道，空间的度量由线元的二次型给出：

$$ds^2 = g_{ij}dx^i dx^j \tag{4.3.29}$$

度量张量决定了空间线元的长度和夹角，为空间的基本度量。当$|g_{ij}|=g$ 不等于零时，称该空间为黎曼空间；当 $g>0$ 时，称该空间为欧几里得空间。欧氏空间的特点是在各种曲线坐标系中存在一个笛卡尔直角坐标系，简言之，欧氏空间的黎曼-克里斯托夫张量是零张量，一般的讨论限于欧氏空间。

习　题

1.利用二阶张量的协变导数，证明度量张量的协变导数为零。

提示：$g_{ij;k}=g_{ij,k}-g_{lj}\Gamma_{ik}^l-g_{il}\Gamma_{jk}^l=g_{ij,k}-\Gamma_{ikj}-\Gamma_{jki}=0$，类似地可证 $g_{;k}^{ij}$和 $\delta_{j;k}^i$。

2.证明二阶张量分量的协变导数为三阶张量。

提示：二阶张量 T_{ij}与两个矢量 u^i 和 v^j连续点乘得一个标量，$\varphi=T_{ij}u^iv^j$，取其偏导数，整理得 $T_{ij;k}u^iv^j=\varphi_{;k}-T_{ij}u_{;k}^iv^j-T_{ij}u^iv_{;k}^j$，该式右端均是矢量则左端也

是矢量,故有 $T_{i'j';k'}u^{i'}v^{j'}=\beta^k_{k'}T_{i'j';k}u^iv^j=T_{ij;k}\beta^i_{i'}\beta^j_{j'}\beta^k_{k'}u^{i'}v^{j'}$,比较两端后知 $T_{ij;k}$ 是三阶协变张量。

4.4　张量的散度和旋度以及拉普拉斯算子

4.4.1　张量的散度

正如张量存在左梯度和右梯度,张量也有所谓的左散度和右散度。张量 $\boldsymbol{T}$ 的左散度和右散度分别定义为:

$$\nabla\cdot\boldsymbol{T}=\boldsymbol{g}^l\cdot\frac{\partial\boldsymbol{T}}{\partial x^l},\ \boldsymbol{T}\cdot\nabla=\frac{\partial\boldsymbol{T}}{\partial x^l}\cdot\boldsymbol{g}^l \tag{4.4.1}$$

显然,对于一阶或一阶以上的张量才可以定义散度,张量散度是一个比原张量低一阶的张量。一般而言其左右散度不相等。

如果张量 $\boldsymbol{T}$ 是一个二阶张量,取其逆变分量,左右散度可分别表为:

$$\nabla\cdot\boldsymbol{T}=\boldsymbol{g}^k\cdot\frac{\partial\boldsymbol{T}}{\partial x^k}=T^{ij}_{;i}\boldsymbol{g}_j=\nabla_iT^{ij}\boldsymbol{g}_j \tag{4.4.2}$$

$$\boldsymbol{T}\cdot\nabla=\frac{\partial\boldsymbol{T}}{\partial x^k}\cdot\boldsymbol{g}^k=T^{ij}_{;j}\boldsymbol{g}_i=\nabla_jT^{ij}\boldsymbol{g}_i \tag{4.4.3}$$

当张量 $\boldsymbol{T}$ 是一个二阶对称张量时,即 $T^{ij}=T^{ji}$,则有$\nabla\cdot\boldsymbol{T}=\boldsymbol{T}\cdot\nabla$。

当张量 $\boldsymbol{T}$ 为矢量 $\boldsymbol{v}$ 时,其左散度为:

$$\begin{aligned}\nabla\cdot\boldsymbol{v}&=\boldsymbol{g}^j\cdot\frac{\partial\boldsymbol{v}}{\partial x^j}=\boldsymbol{g}^j\cdot(v^i_{;j}\boldsymbol{g}_i)=v^i_{;i}\\&=\boldsymbol{g}^j\cdot(v_{i;j}\boldsymbol{g}^i)=v_{i;j}g^{ij}=v^i_{;i}=v_i^{;i}\end{aligned} \tag{4.4.4}$$

矢量 $\boldsymbol{v}$ 的右散度为:

$$\begin{aligned}\boldsymbol{v}\cdot\nabla&=\frac{\partial\boldsymbol{v}}{\partial x^j}\cdot\boldsymbol{g}^j=(v^i_{;j}\boldsymbol{g}_i)\cdot\boldsymbol{g}^j=v^i_{;i}\\&=(v_{i;j}\boldsymbol{g}^i)\cdot\boldsymbol{g}^j=v_{i;j}g^{ij}=v^i_{;i}=v_i^{;i}\end{aligned} \tag{4.4.5}$$

因此,矢量 $\boldsymbol{v}$ 的左右散度为标量且完全相等,记作:

$$\nabla\cdot\boldsymbol{v}=\boldsymbol{v}\cdot\nabla=v^i_{;i}=v_i^{;i} \tag{4.4.6}$$

矢量的散度是矢量分量的协变导数(二阶张量)的缩并或其迹(第一主不变量)。可以利用式(4.1.19),进一步展开矢量的散度为:

$$\nabla\cdot \boldsymbol{v}=v^i_{;i}=v^i_{,i}+v^k\Gamma^i_{ik}=\frac{\partial v^k}{\partial x^k}+v^k\frac{1}{\sqrt{g}}\frac{\partial\sqrt{g}}{\partial x^k}=\frac{1}{\sqrt{g}}\frac{\partial(v^k\sqrt{g})}{\partial x^k}\tag{4.4.7}$$

很明显,在笛卡尔坐标系中$\sqrt{g}=1$且协变和逆变分量相等,式(4.4.7)退化为:

$$\nabla\cdot \boldsymbol{v}=\frac{\partial v_x}{\partial x}+\frac{\partial v_y}{\partial y}+\frac{\partial v_z}{\partial z}\tag{4.4.8}$$

这是高等数学中大家熟悉的矢量散度的定义。张量的散度是矢量散度概念的推广,但张量的散度可应用于一阶及一阶以上的任意阶张量,且适合于任意空间曲线坐标系。

4.4.2 张量的旋度

定义任意阶张量 $\boldsymbol{T}$ 的旋度为:

$$\nabla\times \boldsymbol{T}=\boldsymbol{g}^l\times\frac{\partial \boldsymbol{T}}{\partial x^l}\tag{4.4.9}$$

$$\boldsymbol{T}\times\nabla=\frac{\partial \boldsymbol{T}}{\partial x^l}\times\boldsymbol{g}^l\tag{4.4.10}$$

称$\nabla\times\boldsymbol{T}$为张量 $\boldsymbol{T}$ 的左旋度而 $\boldsymbol{T}\times\nabla$为张量 $\boldsymbol{T}$ 的右旋度,以上两式也可分别记作:

$$\nabla\times\boldsymbol{T}=\boldsymbol{\varepsilon}:(\nabla\boldsymbol{T})\tag{4.4.11}$$

$$\boldsymbol{T}\times\nabla=(\boldsymbol{T}\nabla):\boldsymbol{\varepsilon}\tag{4.4.12}$$

现以三阶张量 $\boldsymbol{T}=T_{ijk}\boldsymbol{g}^i\boldsymbol{g}^j\boldsymbol{g}^k$ 为例证明以上两式:

$$\begin{aligned}\nabla\times\boldsymbol{T}&=\boldsymbol{g}^s\times\frac{\partial\boldsymbol{T}}{\partial x^s}=\boldsymbol{g}^s\times T_{ijk;s}\boldsymbol{g}^i\boldsymbol{g}^j\boldsymbol{g}^k=\varepsilon^{sil}T_{ijk;s}\boldsymbol{g}_l\boldsymbol{g}^j\boldsymbol{g}^k\\&=\varepsilon^{lmn}\boldsymbol{g}_l\boldsymbol{g}_m\boldsymbol{g}_n:\boldsymbol{g}^s\frac{\partial}{\partial x^s}(T_{ijk}\boldsymbol{g}^i\boldsymbol{g}^j\boldsymbol{g}^k)=\boldsymbol{\varepsilon}:(\nabla\boldsymbol{T})\end{aligned}\tag{4.4.13}$$

$$\begin{aligned}\boldsymbol{T}\times\nabla&=\frac{\partial\boldsymbol{T}}{\partial x^s}\times\boldsymbol{g}^s=T_{ijk;s}\boldsymbol{g}^i\boldsymbol{g}^j\boldsymbol{g}^k\times\boldsymbol{g}^s=T_{ijk;s}\varepsilon^{ksl}\boldsymbol{g}^i\boldsymbol{g}^j\boldsymbol{g}_l\\&=\frac{\partial}{\partial x^s}(T_{ijk}\boldsymbol{g}^i\boldsymbol{g}^j\boldsymbol{g}^k)\boldsymbol{g}^s:\varepsilon^{mnl}\boldsymbol{g}_m\boldsymbol{g}_n\boldsymbol{g}_l=(\boldsymbol{T}\nabla):\boldsymbol{\varepsilon}\end{aligned}\tag{4.4.14}$$

一般地,张量的左右旋度并不相等,且张量的旋度是与张量同阶的张量。

对于矢量 $\boldsymbol{v}$ 而言,其左右旋度也不相等,但由于哈密尔顿算子具有矢量性质,所以矢量 $\boldsymbol{v}$ 的左右旋度只差一个负号:

$$\nabla\times\boldsymbol{v}=-\boldsymbol{v}\times\nabla \tag{4.4.15}$$

为保持矢量旋度的右手螺旋法则，可定义矢量的旋度为左旋度，具体展开为：

$$\begin{aligned}\nabla\times\boldsymbol{v}&=\boldsymbol{g}^i\times\frac{\partial\boldsymbol{v}}{\partial x^i}=\boldsymbol{g}^i\times v_{j;i}\boldsymbol{g}^j=\boldsymbol{\varepsilon}^{ijk}v_{j;i}\boldsymbol{g}_k=\boldsymbol{\varepsilon}^{ijk}\nabla_i v_j\boldsymbol{g}_k\\&=\frac{1}{\sqrt{g}}\begin{vmatrix}\boldsymbol{g}_1&\boldsymbol{g}_2&\boldsymbol{g}_3\\\nabla_1&\nabla_2&\nabla_3\\v_1&v_2&v_3\end{vmatrix}\end{aligned}\tag{4.4.16}$$

上式还可进一步简化为：

$$\nabla\times\boldsymbol{v}=\boldsymbol{\varepsilon}^{ijk}v_{j;i}\boldsymbol{g}_k=\boldsymbol{\varepsilon}^{ijk}(v_{j,i}-v_m\Gamma_{ij}^m)\boldsymbol{g}_k=\boldsymbol{\varepsilon}^{ijk}v_{j,i}\boldsymbol{g}_k-v_m\boldsymbol{\varepsilon}^{ijk}\Gamma_{ij}^m\boldsymbol{g}_k \tag{4.4.17}$$

由于 $\boldsymbol{\varepsilon}^{ijk}$ 关于指标 i、j 反对称，而 Γ_{ij}^m 关于指标 i、j 对称，所以上式中第二项为零，故有：

$$\nabla\times\boldsymbol{v}=\boldsymbol{\varepsilon}^{ijk}v_{j,i}\boldsymbol{g}_k=\frac{1}{\sqrt{g}}\begin{vmatrix}\boldsymbol{g}_1&\boldsymbol{g}_2&\boldsymbol{g}_3\\\dfrac{\partial}{\partial x^1}&\dfrac{\partial}{\partial x^2}&\dfrac{\partial}{\partial x^3}\\v_1&v_2&v_3\end{vmatrix}\tag{4.4.18}$$

根据式(4.4.16)，矢量分量的协变导数 $v_{j;i}$ 是二阶张量，而乘积 $\boldsymbol{\varepsilon}^{ijk}v_{j;i}$ 是与二阶张量 $v_{j;i}$ 反对称部分联系的矢量，所以矢量的旋度是与矢量分量的协变导数 $v_{j;i}$ 反对称部分相关的一个矢量。又因为式(4.4.18)，矢量的协变导数变成偏导数，则矢量的旋度又与空间度量无关。

在笛卡尔坐标系中，矢量 $\boldsymbol{v}$ 的旋度简化为：

$$\begin{aligned}\nabla\times\boldsymbol{v}&=e_{ijk}v_{j,i}\boldsymbol{e}_k=\begin{vmatrix}\boldsymbol{e}_1&\boldsymbol{e}_2&\boldsymbol{e}_3\\\dfrac{\partial}{\partial x}&\dfrac{\partial}{\partial y}&\dfrac{\partial}{\partial z}\\v_x&v_y&v_z\end{vmatrix}\\&=\left(\frac{\partial v_z}{\partial y}-\frac{\partial v_y}{\partial z}\right)\boldsymbol{e}_1+\left(\frac{\partial v_x}{\partial z}-\frac{\partial v_z}{\partial x}\right)\boldsymbol{e}_2+\left(\frac{\partial v_y}{\partial x}-\frac{\partial v_x}{\partial y}\right)\boldsymbol{e}_3\end{aligned}\tag{4.4.19}$$

这是我们熟悉的高等数学中关于矢量旋度的定义。因此，张量的旋度是笛卡尔坐标系下矢量旋度概念的推广，但张量的旋度可应用于一阶及一阶以上的张量，并且适合于任意空间曲线坐标系。

4.4.3 张量的拉普拉斯算子

张量的拉普拉斯(Laplace)算子定义为张量梯度的散度，拉普拉斯算子对任意阶张量 $\boldsymbol{T}$ 作用的结果是：

$$\nabla^2 \boldsymbol{T} = \nabla \cdot \nabla \boldsymbol{T} = \boldsymbol{g}^r \cdot \frac{\partial}{\partial x^r}\left(\boldsymbol{g}^s \frac{\partial \boldsymbol{T}}{\partial x^s}\right) \tag{4.4.20}$$

式中右端括号为张量的左梯度，张量的拉普拉斯运算结果还是张量，其阶数与原张量一致。以三阶张量 $\boldsymbol{T}=T^{ijk}\boldsymbol{g}_i\boldsymbol{g}_j\boldsymbol{g}_k$ 为例说明之，展开后得：

$$\begin{aligned}\nabla^2 \boldsymbol{T} &= \nabla \cdot \nabla \boldsymbol{T} = \boldsymbol{g}^r \cdot \frac{\partial}{\partial x^r}(T^{ijk}_{;s}\boldsymbol{g}^s\boldsymbol{g}_i\boldsymbol{g}_j\boldsymbol{g}_k) \\ &= g^{rs}T^{ijk}_{;sr}\boldsymbol{g}_i\boldsymbol{g}_j\boldsymbol{g}_k = g^{rs}\nabla_r\nabla_s T^{ijk}\boldsymbol{g}_i\boldsymbol{g}_j\boldsymbol{g}_k\end{aligned} \tag{4.4.21}$$

式中 $T^{ijk}_{;rs}$ 为三阶张量分量的二阶协变导数，所以拉普拉斯算子等同于二阶标量微分算子。

一个标量的拉普拉斯算子运算为标量梯度的散度，即有：

$$\nabla^2\phi = \nabla\cdot\nabla\phi = g^{ij}\nabla_i\nabla_j\phi = g^{ij}\phi_{;ji} \tag{4.4.22}$$

式中记 $\boldsymbol{u}=\nabla\phi=\phi_{;i}\boldsymbol{g}^i=u_i\boldsymbol{g}^i$，即 $u_i=\phi_{;i}$，有 $u^i=g^{ik}u_k$，则上式右端 $g^{ij}\phi_{;ji}$ 可改写为 $u^i_{;i}$，联系式(4.4.7)，又得：

$$\nabla^2\phi = \frac{1}{\sqrt{g}}\frac{\partial(\sqrt{g}g^{ij}\phi_{,j})}{\partial x^i} \tag{4.4.23}$$

只有在笛卡尔坐标系下，上式退化为：

$$\nabla^2\phi = \frac{\partial^2\phi}{\partial x^2}+\frac{\partial^2\phi}{\partial y^2}+\frac{\partial^2\phi}{\partial z^2} \tag{4.4.24}$$

这即是高等数学中熟悉的结果。因此，张量的拉普拉斯算子运算是标量拉普拉斯算子的推广，不仅适用于任意阶张量，也适用于任意空间曲线坐标系。

最后，考察标量梯度之旋度和矢量旋度之散度。展开标量场 $\phi(x^i)$ 的梯度之旋度为：

$$\nabla\times(\nabla\phi) = \nabla\times(\phi_{;j}\boldsymbol{g}^j) = \phi_{;ji}\varepsilon^{ijk}\boldsymbol{g}_k \tag{4.4.25}$$

容易证明，对标量而言，$\phi_{;ji}=\phi_{;ij}$，由于 $\phi_{;ji}$ 关于 j、i 对称而 ε^{ijk} 关于 i、j 指标反对称，所以上式最后一个等号右端为零，则有：

$$\nabla\times(\nabla\phi)=0 \tag{4.4.26}$$

即标量梯度场没有旋度，称梯度场是无旋场或有势场。展开矢量场 $\boldsymbol{v}(x^i)$ 的旋度之散度为：

$$\nabla\cdot(\nabla\times\boldsymbol{v}) = \nabla\cdot(v_{j;i}\varepsilon^{ijk}\boldsymbol{g}_k) = (v_{j;i}\varepsilon^{ijk})_{;k} = v_{j;ik}\varepsilon^{ijk} \tag{4.4.27}$$

由于在欧氏空间中 $v_{j;ik}=v_{j;ki}$，所以上式最后一个等号右端为零，即得：

$$\nabla\cdot(\nabla\times\boldsymbol{v})=0 \tag{4.4.28}$$

上式表明矢量旋度场没有散度，称矢量的旋度场为管量场或无源场。如果一个标量函数 φ 所构成的梯度场(它是无旋场)是个无源场，则称为调和场。根

据这个定义,有:

$$\nabla\cdot(\nabla\varphi)=\nabla^2\varphi=0 \tag{4.2.29}$$

这里 φ 称为调和函数,即调和函数满足拉普拉斯方程。

习　题

1. 在小变形情况下,$\boldsymbol{u}$ 代表固体位移,定义位移的散度为体积应变,给出圆柱坐标系下的体积应变。

2. 曲线坐标系下哈密尔顿微分算子的梯度为$\nabla\nabla$,试给出其实体展开式。

提示:$\nabla\nabla=\boldsymbol{g}^i(\nabla_j\boldsymbol{g}^j)_{,i}=\nabla_{j;i}\boldsymbol{g}^i\boldsymbol{g}^j=(\nabla_{j,i}-\nabla_k\boldsymbol{\Gamma}_{ji}^k)\boldsymbol{g}^i\boldsymbol{g}^j=\left(\dfrac{\partial^2}{\partial x^i\partial x^j}-\dfrac{\partial}{\partial x^k}\boldsymbol{\Gamma}_{ji}^k\right)\boldsymbol{g}^i\boldsymbol{g}^j$。

3. 试给出曲线坐标系下拉普拉斯算子$\nabla^2=\nabla\cdot\nabla$的展开式,并给出其圆柱坐标系的表达式。

提示:$\nabla^2=\left(\dfrac{\partial^2}{\partial x^i\partial x^j}-\dfrac{\partial}{\partial x^k}\boldsymbol{\Gamma}_{ji}^k\right)g^{ij}$,

$$\nabla^2=\left(\frac{\partial^2}{\partial r^2}-\frac{\partial}{\partial x^k}\boldsymbol{\Gamma}_{11}^k\right)+\frac{1}{r^2}\left(\frac{\partial^2}{\partial\theta^2}-\frac{\partial}{\partial x^k}\boldsymbol{\Gamma}_{22}^k\right)+\left(\frac{\partial^2}{\partial z^2}-\frac{\partial}{\partial x^k}\boldsymbol{\Gamma}_{33}^k\right)$$

$$=\frac{\partial^2}{\partial r^2}+\frac{1}{r^2}\left(\frac{\partial^2}{\partial\theta^2}+r\frac{\partial}{\partial r}\right)+\frac{\partial^2}{\partial z^2}=\frac{\partial^2}{\partial r^2}+\frac{1}{r}\frac{\partial}{\partial r}+\frac{1}{r^2}\frac{\partial^2}{\partial\theta^2}+\frac{\partial^2}{\partial z^2}。$$

4. 利用克里斯托夫符号,推导球坐标系下拉普拉斯算子$\nabla^2=\nabla\cdot\nabla$的表达式。

5. 证明矢量的左右旋度相差一个负号。

4.5　积分定理

一般在矢量分析中会给出两个重要的积分定理,即高斯(Gauss)散度定理和斯托克斯(Stokes)旋度定理,现在我们建立在一般曲线坐标系中的这两个积分定理。

4.5.1　高斯散度定理

考虑一个有限区域 V,包围该区域的闭合曲面为 A,曲面的单位外法向矢量为 $\boldsymbol{n}$,令矢量 $\boldsymbol{u}$ 是定义在区域 V 和曲面 A 上的连续矢量场。首先在区域 V

中选择图 4.2 所示的一个平行六面体微元,它的三条棱边分别是线元$\mathrm{d}r^i\boldsymbol{g}_i$、$\mathrm{d}s^j\boldsymbol{g}_j$、$\mathrm{d}t^k\boldsymbol{g}_k$,要求计算它的面积分:$\int \boldsymbol{u}\cdot\mathrm{d}\boldsymbol{A}=\int u^l\,\mathrm{d}A_l$。六面体元中的每个面元矢量都可表为$\mathrm{d}A_l\boldsymbol{g}^l$,其方向为面元的外法线方向。

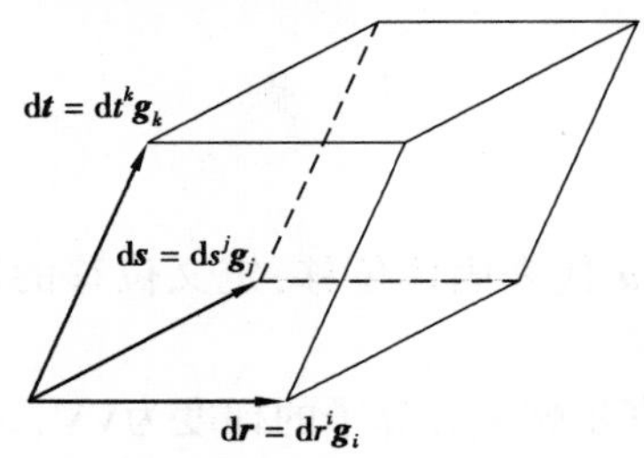

图 4.2　有限区域内三个非共面线元矢量构成的平行六面体微元

对右边那个面,有$\mathrm{d}A_l=\mathrm{d}s^j\mathrm{d}t^k\varepsilon_{jkl}$。对左边那个面,表达式相同但符号相反。相应的矢量分量值在左面上为u^l,在右面上为$u^l+u^l_{;i}\mathrm{d}r^i$。左右两面乘积之和为:

$$u^l(-\mathrm{d}A_l)+(u^l+u^l_{;i}\mathrm{d}r^i)\mathrm{d}A_l=u^l_{;i}\mathrm{d}r^i\mathrm{d}A_l=u^l_{;i}\mathrm{d}r^i\mathrm{d}s^j\mathrm{d}t^k\varepsilon_{jkl}\tag{4.5.1}$$

利用式(2.5.21),改写上式中的$u^l_{;i}\varepsilon_{jkl}$,有:

$$\begin{aligned}u^l_{;i}\varepsilon_{jkl}&=u^l_{;m}\delta^m_i\varepsilon_{jkl}=\frac{1}{2}u^l_{;m}\varepsilon^{mpq}\varepsilon_{ipq}\varepsilon_{ljk}\\&=\frac{1}{2}u^l_{;m}\varepsilon_{ipq}(\delta^m_l\delta^p_j\delta^q_k+\delta^m_k\delta^p_l\delta^q_j+\delta^m_j\delta^p_k\delta^q_l-\delta^m_l\delta^p_k\delta^q_j-\delta^m_k\delta^p_j\delta^q_l-\delta^m_j\delta^p_l\delta^q_k)\\&=\frac{1}{2}[u^l_{;l}(\varepsilon_{ijk}-\varepsilon_{ikj})+u^l_{;k}(\varepsilon_{ilj}-\varepsilon_{ijl})+u^l_{;j}(\varepsilon_{ikl}-\varepsilon_{ilk})]\\&=u^l_{;l}\varepsilon_{ijk}-u^l_{;k}\varepsilon_{ijl}-u^l_{;j}\varepsilon_{ilk}\end{aligned}\tag{4.5.2}$$

可用循环置换自由指标i、j、k,容易得到微元体上另外两对面上所得值。在体元 6 个面上总的乘积之和为积分:

$$\begin{aligned}\int u^l\mathrm{d}A_l&=(u^l_{;l}\varepsilon_{ijk}-u^l_{;k}\varepsilon_{ijl}-u^l_{;j}\varepsilon_{ilk}+u^l_{;l}\varepsilon_{jki}-u^l_{;i}\varepsilon_{jkl}-u^l_{;k}\varepsilon_{jli}+\\&\qquad u^l_{;l}\varepsilon_{kij}-u^l_{;j}\varepsilon_{kil}-u^l_{;i}\varepsilon_{klj})\mathrm{d}r^i\mathrm{d}s^j\mathrm{d}t^k\\&=(3u^l_{;l}\varepsilon_{ijk}-2u^l_{;i}\varepsilon_{ljk}-2u^l_{;j}\varepsilon_{ilk}-2u^l_{;k}\varepsilon_{ijl})\mathrm{d}r^i\mathrm{d}s^j\mathrm{d}t^k\end{aligned}\tag{4.5.3}$$

注意观察上式右端括号内的第二、三、四项,乘积因子中哑标l必须与置换张量的其他两个指标不同,所以遍及哑标l的和实际上至多包括一项非零项。现在考察i、j、k取 1、2、3 的两个典型序列。当所有这 3 个指标都不同时,例如

当取 i、j、k 分别取 1、2、3 时,上式右端括号中的表达式成为:

$$\begin{aligned}&3u^l_{;l}\varepsilon_{ijk} - 2u^l_{;i}\varepsilon_{ljk} - 2u^l_{;j}\varepsilon_{ilk} - 2u^l_{;k}\varepsilon_{ijl}\\&= 3u^l_{;l}\varepsilon_{123} - 2u^1_{;1}\varepsilon_{123} - 2u^2_{;2}\varepsilon_{123} - 2u^3_{;3}\varepsilon_{123} = u^l_{;l}\varepsilon_{123}\end{aligned} \tag{4.5.4}$$

当三个指标中有两个相等时,例如当取 i、j、k 分别为 2、2、3 时,该表达式成为:

$$\begin{aligned}&3u^l_{;l}\varepsilon_{ijk} - 2u^l_{;i}\varepsilon_{ljk} - 2u^l_{;j}\varepsilon_{ilk} - 2u^l_{;k}\varepsilon_{ijl}\\&= 0 - 2u^1_{;2}\varepsilon_{123} - 2u^1_{;2}\varepsilon_{213} - 0 = 0\end{aligned} \tag{4.5.5}$$

这就是说,右端括号内的表达式当且仅当 $i\neq j\neq k$ 时不为零,并等于 $u^l_{;l}\varepsilon_{ijk}$,所以有:

$$\int u^l \mathrm{d}A_l = u^l_{;l}\varepsilon_{ijk}\mathrm{d}r^i\mathrm{d}s^j\mathrm{d}t^k \tag{4.5.6}$$

如果对组成区域 V 的所有体元进行同样的运算,由于相邻体元公共面上的乘积在全部积分之和中都抵消掉了,只剩下在该区域边界面 A 的积分,因此,有高斯散度定理:

$$\int_V u^l_{;l}\varepsilon_{ijk}\mathrm{d}r^i\mathrm{d}s^j\mathrm{d}t^k = \int_A u^l \mathrm{d}A_l \tag{4.5.7}$$

高斯散度定理的实体记法为:

$$\int_V \nabla\cdot \boldsymbol{u}\mathrm{d}V = \int_A \boldsymbol{u}\cdot \boldsymbol{n}\mathrm{d}A \tag{4.5.8}$$

高斯散度定理说明,矢量的散度在整个区域的积分等于该矢量的法向分量在区域边界上的积分。

4.5.2　斯托克斯旋度定理

考虑以有向闭合曲线 l 为边界的曲面 A,曲面 A 上的单位法向矢量为 $\boldsymbol{n}$。曲线 l 的正向满足右手螺旋法则:当右手四指沿曲线的正向时,右手拇指指向法向矢量 $\boldsymbol{n}$ 的正向。令矢量 $\boldsymbol{u}=u_i\boldsymbol{g}^i$ 是定义在曲面 A 及其边界 l 上的连续矢量场。将一个无限小三角形(图 4.3)置于曲面上,这个三角形可表示为面积矢量:

$$\mathrm{d}\boldsymbol{A} = \frac{1}{2}\mathrm{d}\boldsymbol{r}\times\mathrm{d}\boldsymbol{t} = \frac{1}{2}\mathrm{d}r^i\,\mathrm{d}t^j\varepsilon_{ijk}\boldsymbol{g}^k \tag{4.5.9}$$

现在要求按逆时针方向沿周线 $ABCA$ 计算积分 $\int u_i\mathrm{d}l^i$,积分路径取图示箭头方向并令 $\mathrm{d}l^i$ 依次等于 $\mathrm{d}r^i$、$\mathrm{d}t^i-\mathrm{d}r^i$ 和 $-\mathrm{d}t^i$。对三角形的每条边,取两个端点 u_i 值的平均值作为 u_i 的值,于是有:

$$\int u_i\,\mathrm{d}l^i = \left(u_i + \frac{1}{2}u_{i;j}\mathrm{d}r^j\right)\mathrm{d}r^i + \left[u_i + \frac{1}{2}u_{i;j}(\mathrm{d}r^j + \mathrm{d}t^j)\right](\mathrm{d}t^i - \mathrm{d}r^i) + \left(u_i + \frac{1}{2}u_{i;j}\mathrm{d}t^j\right)(-\mathrm{d}t^i)$$

$$= \frac{1}{2}u_{i;j}(\mathrm{d}r^j\mathrm{d}t^i - \mathrm{d}r^i\mathrm{d}t^j) = u_{i;j}(\delta^j_m\delta^i_n - \delta^j_n\delta^i_m)\frac{1}{2}\mathrm{d}r^m\mathrm{d}t^n \tag{4.5.10}$$

$$= u_{i;j}\varepsilon^{jik}\varepsilon_{mnk}\frac{1}{2}\mathrm{d}r^m\mathrm{d}t^n$$

上式就是矢量旋度的逆变分量与面积矢量的协变分量的乘积,改写成实体形式为$(\nabla\times\boldsymbol{u})\cdot\mathrm{d}\boldsymbol{A}$。

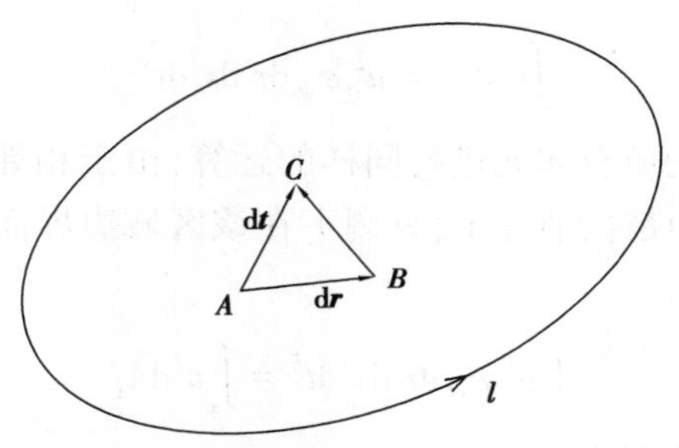

图 4.3　闭合曲线所围合曲面上的三角形面元

平面或曲面上周线为 l 的任何面积 A,可以用许多这样的三角形面元来覆盖。当我们对 $u_i\,\mathrm{d}l^i$ 沿所有这些闭合三角形的每条边作积分求和时,相邻三角形的公共边上的贡献互相抵消,只剩下沿周线 l 的积分。这个积分就是上式等号右边遍及整个面域 A 的积分:

$$\int_l u_i\,\mathrm{d}l^i = \int_A \frac{1}{2}u_{i;j}\varepsilon^{jik}\varepsilon_{mnk}\,\mathrm{d}r^m\,\mathrm{d}t^n \tag{4.5.11}$$

或者以实体记法表示为:

$$\int_l \boldsymbol{u}\cdot\mathrm{d}\boldsymbol{l} = \int_A \nabla\times\boldsymbol{u}\cdot\mathrm{d}\boldsymbol{A} \tag{4.5.12}$$

这就是斯托克斯旋度定理,左边的积分称为矢量 $\boldsymbol{u}$ 沿闭合曲线 l 的环量。

4.6　张量方程形式的转换

建立几何方程或力学方程时,要选择坐标系,所建立的方程形式必然与具体坐标系有关,所以经常会遇到不同坐标系下方程的转换问题。利用张量坐标变换下的不变性,可以方便地建立各种坐标系的方程形式。若把曲线坐标系的方程转化为直角坐标系的方程,由于直角坐标系是曲线坐标系的特例,所以这种转化就是一个复杂问题向简单问题的化简过程,因此比较简单。若把直角坐标系的方程转化为曲线坐标系的方程,问题当然要复杂一些,而这种转换广泛存在于各种工程应用中,也更为重要。实际上,人们一般都是参考直角坐标系建立数学方程,利用张量法则,可以方便获得各种曲线坐标系下的方程。

这里只简单介绍一下方程由参考直角坐标系向曲线坐标系转换的4个步骤:

① 建立直角坐标系的张量方程。以弹性体动量守恒方程为例,其张量形式为:

$$\boldsymbol{\sigma}_{ij,j}+\rho b_i=\rho\ddot{u}_i$$

② 把方程写成任何曲线坐标系都适用的张量形式。一种是写成实体形式:

$$\nabla\cdot\boldsymbol{\sigma}+\rho\boldsymbol{b}=\rho\ddot{\boldsymbol{u}}$$

但分量形式便于具体计算。写分量形式的方程时,注意使哑标一上一下,自由指标处于相同水平位置。直接改写方程为:

$$\boldsymbol{\sigma}^{ij}_{,j}+\rho b^i=\rho\ddot{u}^i,\ \boldsymbol{\sigma}_{i,j}^{\cdot j}+\rho b_i=\rho\ddot{u}_i$$

可以根据需要和方便,选择张量的协变、逆变或混变分量,选择一种方程形式即可。接下来作替换:$\delta^{ij}\to g^{ij},\delta_{ij}\to g_{ij},\delta^i_j\to g^i_j,e_{ijk}\to\varepsilon_{ijk},e^{ijk}\to\varepsilon^{ijk},\boldsymbol{e}_i\to\boldsymbol{g}_i,\boldsymbol{e}^i\to\boldsymbol{g}^i$以及把偏导数改作协变导数。因此,动量守恒方程的张量形式为:

$$\boldsymbol{\sigma}^{ij}_{;j}+\rho b^i=\rho\ddot{u}^i,\ \boldsymbol{\sigma}_{i;j}^{\cdot j}+\rho b_i=\rho\ddot{u}_i$$

③ 把张量方程转化到具体曲线坐标系的形式。这一步是根据需要把张量方程转换到某一具体坐标系的形式,例如转换到柱坐标系的形式。就动量守恒方程而言,主要涉及二阶张量分量的协变导数以及克里斯多夫符号的运算。

④ 把曲线坐标系的张量分量用物理分量替换,最后得到以物理分量表达的曲线坐标方程。

第 5 章
刚体的定点运动

刚体的运动分解为刚体平动和刚体转动,因此,刚体转动是刚体一种基本的运动形式。刚体转动的一般情况是刚体的定点转动,而定轴转动只是定点转动的极端情况。定轴转动时,由于转轴不变,转角、角速度、角加速度仅涉及转角一个变量及其时间的速率,所以容易进行数学描述。但是,对于定点转动,由于转轴关于时间和空间同时变化,情况要复杂得多。由于刚体运动是认识其他复杂运动的基础,所以在力学和物理等专业都有重点介绍,然而,迄今关于有限转角、角速度以及运动的合成等方面,还存在着似是而非甚至争议之处。

譬如,一个典型例子是刚体绕两个正交定轴连续转动的合成。假设转角为矢量,且绕 $\boldsymbol{e}_3$ 轴转动的转角矢量为 $\boldsymbol{a}$、绕 $\boldsymbol{e}_2$ 轴转动的转角矢量为 $\boldsymbol{b}$,为简单起见,设每次转动的转角大小均为$\frac{\pi}{2}$,如图 5.1 所示。一种转动是先绕 $\boldsymbol{e}_3$ 转$\frac{\pi}{2}$再绕 $\boldsymbol{e}_2$ 转$\frac{\pi}{2}$,所以有 $\boldsymbol{a}=\frac{\pi}{2}\boldsymbol{e}_3,\boldsymbol{b}=\frac{\pi}{2}\boldsymbol{e}_2$;第二种转动是先绕 $\boldsymbol{e}_2$ 转$\frac{\pi}{2}$再绕 $\boldsymbol{e}_3$ 转$\frac{\pi}{2}$,所以有 $\boldsymbol{b}=\frac{\pi}{2}\boldsymbol{e}_2,\boldsymbol{a}=\frac{\pi}{2}\boldsymbol{e}_3$。按照矢量加法合成定理,应有:$\boldsymbol{a}+\boldsymbol{b}=\boldsymbol{b}+\boldsymbol{a}$,即矢量加法满足交换律,加法顺序不改变合成结果。图 5.1 表明,两次有序转动后刚体呈现完全不同的姿态,这意味着:

$$\boldsymbol{a}+\boldsymbol{b}\neq\boldsymbol{b}+\boldsymbol{a}$$

形成这个问题的根本原因在于:转角不是矢量而是一个二阶反对称张量。既然转角不是矢量,自然不能按照矢量的加法进行转动的合成,或者说,这种合成本身是不存在的。矢量既有大小也有方向,但矢量的大小是沿矢量

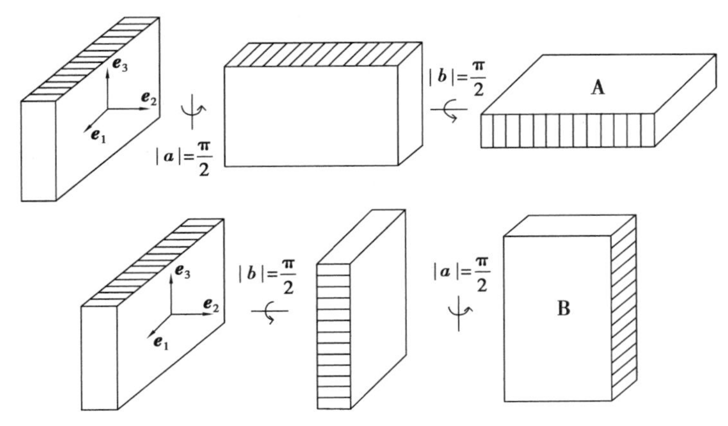

图 5.1　刚体做顺序不同的两次转动呈现不同的姿态

方向进行度量的。转角则不然,转角的方向为转轴,而其大小是在垂直于转轴的平面内进行度量的,这种性质显然有别于矢量。事实上,虽然转角以及角速度和角加速度都可用对应的矢量来表达,但本质上皆为二阶反对称张量,这些量自然不能按照矢量的运算法则进行求和等代数运算。如果仍以矢量来处理转角这样的运动量,必然产生运动描述的不相容。因此,描述刚体的定点转动,不能局限于矢量的视角,必须按照刚体运动的固有属性,在张量的框架下进行数学描述。

5.1　刚体定点转动的正交张量

为描述定点运动前后刚体质点的位置变化,引进一个不动的笛卡尔坐标系作为观察刚体运动的参考系,可选定点为参考系的原点,记参考系的基矢量为 $\boldsymbol{e}_i^1(i=1,2,3)$。刚体转动前,任一质点的初始位置矢量为:

$$\boldsymbol{x}^0 = x_i^0 \boldsymbol{e}_i^1 \tag{5.1.1}$$

其中 x_i^0 表示质点位置的初始坐标。转动后,该质点运动到当前位置:

$$\boldsymbol{x}^1 = x_i^1 \boldsymbol{e}_i^1 \tag{5.1.2}$$

其中 x_i^1 表示质点运动后的当前坐标。由于定点转动对应着正交变换,所以转动前后该质点的位置矢量必满足:

$$\boldsymbol{x}^1 = \boldsymbol{R}^{10} \cdot \boldsymbol{x}^0 \tag{5.1.3}$$

这里正交张量 $\boldsymbol{R}^{10}$的上标 1 和 0 代表刚体转动前后的两个状态。

显然,转动前后质点位置的变换关系完全依赖于正交张量 $\boldsymbol{R}^{10}$。为构造

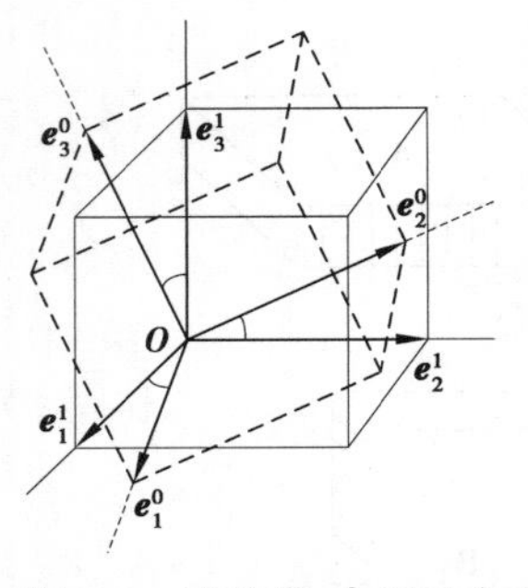

图 5.2　连体基 e_i^0 相对参考基 e_i^1 做定点运动

正交张量,引进另一个笛卡尔坐标系固连在刚体上,该坐标系与刚体共同运动,记其基矢量为 $\boldsymbol{e}_i^0$,$(i=1,2,3)$,称为连体基,如图 5.2 所示。由于刚体的运动,连体基必为时间的函数。设想初始时刻两个坐标系完全重合,当刚体绕坐标系原点做定点运动时,连体基与参考基彼此分离。实际上,连体基相对参考基的运动也代表了刚体的定点运动。把参考基投射到连体基上,或把连体基投射到参考基上,立即有两组标准正交基的转换关系为:

$$\boldsymbol{e}_i^1=(\boldsymbol{e}_i^1\cdot\boldsymbol{e}_j^0)\boldsymbol{e}_j^0,\ \boldsymbol{e}_i^0=(\boldsymbol{e}_i^0\cdot\boldsymbol{e}_j^1)\boldsymbol{e}_j^1 \tag{5.1.4}$$

因为标准正交基的模都是 1,$\boldsymbol{e}_i^1\cdot\boldsymbol{e}_j^0=\cos(\boldsymbol{e}_i^1,\boldsymbol{e}_j^0)$,$\boldsymbol{e}_i^0\cdot\boldsymbol{e}_j^1=\cos(\boldsymbol{e}_i^0,\boldsymbol{e}_j^1)$,所以两组基矢量的点积就是参考基与连体基夹角的方向余弦,也是两组基矢量之间的转换系数,共计 9 个分量。为清晰起见,把以上两式写成矩阵形式:

$$\begin{Bmatrix}\boldsymbol{e}_1^1\\\boldsymbol{e}_2^1\\\boldsymbol{e}_3^1\end{Bmatrix}=\begin{bmatrix}\boldsymbol{e}_1^1\cdot\boldsymbol{e}_1^0 & \boldsymbol{e}_1^1\cdot\boldsymbol{e}_2^0 & \boldsymbol{e}_1^1\cdot\boldsymbol{e}_3^0\\\boldsymbol{e}_2^1\cdot\boldsymbol{e}_1^0 & \boldsymbol{e}_2^1\cdot\boldsymbol{e}_2^0 & \boldsymbol{e}_2^1\cdot\boldsymbol{e}_3^0\\\boldsymbol{e}_3^1\cdot\boldsymbol{e}_1^0 & \boldsymbol{e}_3^1\cdot\boldsymbol{e}_2^0 & \boldsymbol{e}_3^1\cdot\boldsymbol{e}_3^0\end{bmatrix}\begin{Bmatrix}\boldsymbol{e}_1^0\\\boldsymbol{e}_2^0\\\boldsymbol{e}_3^0\end{Bmatrix}$$

$$\begin{Bmatrix}\boldsymbol{e}_1^0\\\boldsymbol{e}_2^0\\\boldsymbol{e}_3^0\end{Bmatrix}=\begin{bmatrix}\boldsymbol{e}_1^1\cdot\boldsymbol{e}_1^0 & \boldsymbol{e}_2^1\cdot\boldsymbol{e}_1^0 & \boldsymbol{e}_3^1\cdot\boldsymbol{e}_1^0\\\boldsymbol{e}_1^1\cdot\boldsymbol{e}_2^0 & \boldsymbol{e}_2^1\cdot\boldsymbol{e}_2^0 & \boldsymbol{e}_3^1\cdot\boldsymbol{e}_2^0\\\boldsymbol{e}_1^1\cdot\boldsymbol{e}_3^0 & \boldsymbol{e}_2^1\cdot\boldsymbol{e}_3^0 & \boldsymbol{e}_3^1\cdot\boldsymbol{e}_3^0\end{bmatrix}\begin{Bmatrix}\boldsymbol{e}_1^1\\\boldsymbol{e}_2^1\\\boldsymbol{e}_3^1\end{Bmatrix}$$

观察可发现,上面第二个方阵是第一个方阵的转置。利用两个矢量点积的可交换性,将转换系数记为:

$$R_{ij}^{10}=\boldsymbol{e}_i^1\cdot\boldsymbol{e}_j^0 \tag{5.1.5}$$

所以,两组基矢量之间的转换关系成为:

$$\boldsymbol{e}_i^1=R_{ij}^{10}\boldsymbol{e}_j^0,\ \boldsymbol{e}_i^0=R_{ji}^{10}\boldsymbol{e}_j^1 \tag{5.1.6}$$

取转换系数 R_{ij}^{10} 的第一个下标为行而第二个下标为列,有对应的正交矩阵:

$$[R_{ij}^{10}]=[\boldsymbol{e}_i^1\cdot\boldsymbol{e}_j^0]=\begin{bmatrix}\boldsymbol{e}_1^1\cdot\boldsymbol{e}_1^0 & \boldsymbol{e}_1^1\cdot\boldsymbol{e}_2^0 & \boldsymbol{e}_1^1\cdot\boldsymbol{e}_3^0\\\boldsymbol{e}_2^1\cdot\boldsymbol{e}_1^0 & \boldsymbol{e}_2^1\cdot\boldsymbol{e}_2^0 & \boldsymbol{e}_2^1\cdot\boldsymbol{e}_3^0\\\boldsymbol{e}_3^1\cdot\boldsymbol{e}_1^0 & \boldsymbol{e}_3^1\cdot\boldsymbol{e}_2^0 & \boldsymbol{e}_3^1\cdot\boldsymbol{e}_3^0\end{bmatrix} \tag{5.1.7}$$

我们已经熟悉,描述正交变换的正交张量 $\boldsymbol{R}^{10}$ 是连体基 $\boldsymbol{e}_i^0$ 与参考基 $\boldsymbol{e}_i^1$ 的有序并矢:

$$\boldsymbol{R}^{10}=\boldsymbol{e}_i^0\boldsymbol{e}_i^1 \tag{5.1.8}$$

这里强调，正交张量 $\boldsymbol{R}^{10}$ 的第一个上标 1 代表不动的参考基，第二个上标 0 代表运动的连体基，所以，描述刚体定点转动的正交张量要定义在两组正交基上，属于两点张量。此外，正交张量还可表为关于参考基和连体基的两种实体形式。把式(5.1.6)分别代入式(5.1.8)，立即有正交张量的另外两种并矢式：

$$\boldsymbol{R}^{10} = R_{ij}^{10}\boldsymbol{e}_i^1\boldsymbol{e}_j^1,\ \boldsymbol{R}^{10} = R_{ij}^{10}\boldsymbol{e}_i^0\boldsymbol{e}_j^0 \tag{5.1.9}$$

因此，形式上，正交张量 $\boldsymbol{R}^{10}$ 在连体基和参考基上具有相同的分量 R_{ij}^{10}。刚体相对连体基没有运动，只有在参考基系下才能观察刚体的运动，所以正交张量实际上定义在参考基下，而连体基下的表达只是该张量的映像，不代表真实转动。初始时刻没有转动时，该正交张量退化为二阶单位张量。

正交张量的转置依次可表为：

$$(\boldsymbol{R}^{10})^{\mathrm{T}} = \boldsymbol{e}_i^1\boldsymbol{e}_i^0,\ (\boldsymbol{R}^{10})^{\mathrm{T}} = R_{ji}^{10}\boldsymbol{e}_i^1\boldsymbol{e}_j^1,\ (\boldsymbol{R}^{10})^{\mathrm{T}} = R_{ji}^{10}\boldsymbol{e}_i^0\boldsymbol{e}_j^0 \tag{5.1.10}$$

由此可见，对于刚体转动而言，正交张量的转置表示参考系的转换，把原来的连体基置换为参考基而原来的参考基视作连体基，所以这种转置运算有具体的运动学背景。正交张量与其转置的内积为二阶单位张量，容易证明：

$$\begin{aligned}\boldsymbol{R}^{10}\cdot(\boldsymbol{R}^{10})^{\mathrm{T}} &= (\boldsymbol{e}_i^0\boldsymbol{e}_i^1)\cdot(\boldsymbol{e}_j^1\boldsymbol{e}_j^0) = \delta_{ij}\boldsymbol{e}_i^0\boldsymbol{e}_j^0 = \boldsymbol{e}_i^0\boldsymbol{e}_i^0 = \boldsymbol{I}\\ (\boldsymbol{R}^{10})^{\mathrm{T}}\cdot\boldsymbol{R}^{10} &= (\boldsymbol{e}_i^1\boldsymbol{e}_i^0)\cdot(\boldsymbol{e}_j^0\boldsymbol{e}_j^1) = \delta_{ij}\boldsymbol{e}_i^1\boldsymbol{e}_j^1 = \boldsymbol{e}_i^1\boldsymbol{e}_i^1 = \boldsymbol{I}\end{aligned} \tag{5.1.11}$$

由于二阶单位张量 $\boldsymbol{I}$ 是参考基和连体基下的不变张量，所以这里不必区分参考基和连体基下的克罗奈克尔符号 δ_{ij} 以及二阶单位张量。把正交张量在参考基和连体基下的表达式(5.1.9)代入上面的恒等式，易得上述正交张量恒等式的另外两种分量形式：

$$R_{ik}^{10}R_{jk}^{10} = \delta_{ij},\ R_{ki}^{10}R_{kj}^{10} = \delta_{ij} \tag{5.1.12}$$

其中第一个等式是在连体基下的运算而第二个等式是参考基下的运算。把上式按照矩阵乘法展开，容易发现，正交张量矩阵的每行元素平方和为 1，每两行对应元素的乘积之和为零，所以正交张量虽有 9 个分量但存在 6 个约束条件，即正交张量只有 3 个独立分量。

有了正交张量，现在可以回到由于定点转动引起质点位置的变化关系(5.1.3)。把在参考基下表达的正交张量代入式(5.1.3)中，有：

$$\boldsymbol{x}^1 = R_{ij}^{10}\boldsymbol{e}_i^1\boldsymbol{e}_j^1\cdot x_k^0\boldsymbol{e}_k^1 = R_{ij}^{10}x_j^0\boldsymbol{e}_i^1 \tag{5.1.13}$$

观察上式在参考基下的分量，注意到式(5.1.2)，有转动前后质点位置变化的分量形式：

$$x_i^1 = R_{ij}^{10}x_j^0 \tag{5.1.14}$$

为清晰起见，写出质点坐标变换的矩阵形式：

$$\begin{Bmatrix} x_1^1 \\ x_2^1 \\ x_3^1 \end{Bmatrix} = \begin{bmatrix} R_{11}^{10} & R_{12}^{10} & R_{13}^{10} \\ R_{21}^{10} & R_{22}^{10} & R_{23}^{10} \\ R_{31}^{10} & R_{32}^{10} & R_{33}^{10} \end{bmatrix} \begin{Bmatrix} x_1^0 \\ x_2^0 \\ x_3^0 \end{Bmatrix} = \begin{bmatrix} \boldsymbol{e}_1^1 \cdot \boldsymbol{e}_1^0 & \boldsymbol{e}_1^1 \cdot \boldsymbol{e}_2^0 & \boldsymbol{e}_1^1 \cdot \boldsymbol{e}_3^0 \\ \boldsymbol{e}_2^1 \cdot \boldsymbol{e}_1^0 & \boldsymbol{e}_2^1 \cdot \boldsymbol{e}_2^0 & \boldsymbol{e}_2^1 \cdot \boldsymbol{e}_3^0 \\ \boldsymbol{e}_3^1 \cdot \boldsymbol{e}_1^0 & \boldsymbol{e}_3^1 \cdot \boldsymbol{e}_2^0 & \boldsymbol{e}_3^1 \cdot \boldsymbol{e}_3^0 \end{bmatrix} \begin{Bmatrix} x_1^0 \\ x_2^0 \\ x_3^0 \end{Bmatrix}$$

如果把连体基下的正交张量代入变换关系(5.1.3)并利用式(5.1.12),有:

$$\boldsymbol{x}^1 = R_{ij}^{10} \boldsymbol{e}_i^0 \boldsymbol{e}_j^0 \cdot x_k^0 \boldsymbol{e}_k^1 = R_{ij}^{10} R_{kj}^{10} x_k^0 \boldsymbol{e}_i^0 = \delta_{ik} x_k^0 \boldsymbol{e}_i^0 = x_i^0 \boldsymbol{e}_i^0 \tag{5.1.15}$$

这是同一质点在连体基下的位置矢量,容易检验上式与式(5.1.13)完全等价。由于连体基与刚体共同运动,在连体基下观察同一质点,其位置矢量是不变量。若把正交张量的并矢式(5.1.8)代入式(5.1.3),也会得到同样的结果。质点位置的坐标 x_i^0,既是转动前质点位置矢量的分量,也是该质点在连体基下位置矢量的分量,并且无论怎样转动,后者始终不变。因此,这组分量 x_i^0 就像标签一样,具有识别质点的功能。但是,要确定质点的空间位置变化,正如式(5.1.13)所示,还要在参考基下进行观察。另外,在参考基下作位置矢量的内积,易得:

$$\boldsymbol{x}^1 \cdot \boldsymbol{x}^1 = [\boldsymbol{x}^0 \cdot (\boldsymbol{R}^{10})^{\mathrm{T}}] \cdot [\boldsymbol{R}^{10} \cdot \boldsymbol{x}^0] = \boldsymbol{x}^0 \cdot \boldsymbol{x}^0 \tag{5.1.16}$$

正交张量对矢量的作用是使矢量发生转动但不改变矢量的大小,所以定点运动前后同一质点相对原点的距离保持不变。

5.2 刚体定点运动的角张量及其角矢量

在定点运动过程中,通过具体的转轴和绕轴转角,刚体由初始状态运动到当前状态,所以转轴和转角的表达是基本问题。转轴和转角都是瞬态量,它们都是时间的连续函数,都依赖于正交张量。

对于刚体定点转动,规定轴-角表达满足右手法则,所以只需考虑正常正交张量。正交张量有多种表达形式,由于存在6个约束条件,所以9个分量只有3个独立分量。正交张量有3个特征值,有一个实数特征值和两个复数特征值,实数特征值为1,另外两个特征值为 $e^{i\alpha}$ 和 $e^{-i\alpha}$,其中 α 为绕轴转角的大小,且在垂直于轴矢量的平面内进行度量。实数特征值对应的特征矢量是正交张量的单位轴矢量,表为 $\boldsymbol{n}$。轴矢量必是参考系下的矢量,定点转动等效于连体基相对参考基的运动,所以轴矢量应在参考基下进行观察和描述。选择垂直于 $\boldsymbol{n}$ 平面内的任意一对相互正交的单位基矢量 $\boldsymbol{e}_{1'}$ 和 $\boldsymbol{e}_{2'}$ 作为特征矢量,正交张量对应的实数矩阵形式为:

$$[\boldsymbol{R}^{10}]=\begin{bmatrix}\cos\alpha & -\sin\alpha & 0\\ \sin\alpha & \cos\alpha & 0\\ 0 & 0 & 1\end{bmatrix} \tag{5.2.1}$$

而在这组正交标准化基下,正交张量的实体形式为:

$$\boldsymbol{R}^{10}=\cos\alpha(\boldsymbol{e}_{1'}\boldsymbol{e}_{1'}+\boldsymbol{e}_{2'}\boldsymbol{e}_{2'})+\sin\alpha(\boldsymbol{e}_{2'}\boldsymbol{e}_{1'}-\boldsymbol{e}_{1'}\boldsymbol{e}_{2'})+\boldsymbol{n}\boldsymbol{n} \tag{5.2.2}$$

在参考系下决定单位轴矢量 $\boldsymbol{n}$ 只需两个独立参数,连同绕轴转角 α,共 3 个独立参数,这与正交张量具有 3 个独立参数是一致的。

轴矢量代表刚体运动的转轴。尽管概念上明确了轴矢量,但难以直接确定轴矢量。为此,需要进一步建立正交张量关于反对称张量的表达形式。设 $\boldsymbol{u}$ 为任意矢量,它可分解为沿轴矢量 $\boldsymbol{n}$ 和垂直于轴矢量 $\boldsymbol{n}$ 的两个分矢量:

$$\boldsymbol{u}=(\boldsymbol{u}\cdot\boldsymbol{n})\boldsymbol{n}+[\boldsymbol{u}-(\boldsymbol{u}\cdot\boldsymbol{n})\boldsymbol{n}] \tag{5.2.3}$$

令上式右端后一个矢量 $\boldsymbol{u}-(\boldsymbol{u}\cdot\boldsymbol{n})\boldsymbol{n}$ 绕轴 $\boldsymbol{n}$ 转动 $\dfrac{\pi}{2}$,则该矢量成为:

$$\boldsymbol{n}\times[\boldsymbol{u}-(\boldsymbol{u}\cdot\boldsymbol{n})\boldsymbol{n}]=\boldsymbol{n}\times\boldsymbol{u} \tag{5.2.4}$$

矢量 $\boldsymbol{u}$ 绕轴 $\boldsymbol{n}$ 逆时针转动 α 角后变换为 $\boldsymbol{R}^{10}\cdot\boldsymbol{u}$,参考图 5.3 以及矢量合成法则,有下式:

$$\boldsymbol{R}^{10}\cdot\boldsymbol{u}=(\boldsymbol{u}\cdot\boldsymbol{n})\boldsymbol{n}+\cos\alpha[\boldsymbol{u}-(\boldsymbol{u}\cdot\boldsymbol{n})\boldsymbol{n}]+\sin\alpha\,\boldsymbol{n}\times\boldsymbol{u} \tag{5.2.5}$$

这里保留 $\boldsymbol{R}^{10}$的上标,原因在于正交张量代表转动前后两个状态的相对运动。改写上式为:

$$\boldsymbol{R}^{10}\cdot\boldsymbol{u}=\boldsymbol{u}+(1-\cos\alpha)[(\boldsymbol{u}\cdot\boldsymbol{n})\boldsymbol{n}-\boldsymbol{u}]+\sin\alpha\,\boldsymbol{n}\times\boldsymbol{u} \tag{5.2.6}$$

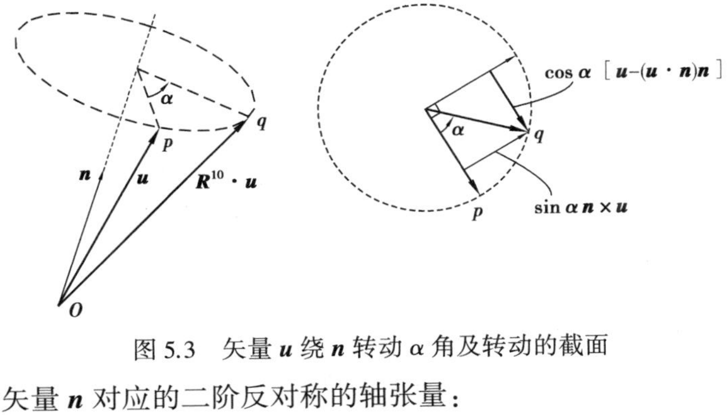

图 5.3　矢量 $\boldsymbol{u}$ 绕 $\boldsymbol{n}$ 转动 α 角及转动的截面

引入与轴矢量 $\boldsymbol{n}$ 对应的二阶反对称的轴张量:

$$\boldsymbol{N}=-\boldsymbol{e}\cdot\boldsymbol{n} \tag{5.2.7}$$

其中 $\boldsymbol{e}$ 为置换张量,则有:

$$\boldsymbol{N}\cdot\boldsymbol{u}=\boldsymbol{n}\times\boldsymbol{u} \tag{5.2.8}$$

且有:

$$N^2 \cdot u = N \cdot (n \times u) = n \times (n \times u) = (u \cdot n)n - u \tag{5.2.9}$$

所以式(5.2.6)进一步改写为：

$$R^{10} \cdot u = u + \sin\alpha N \cdot u + (1 - \cos\alpha) N^2 \cdot u \tag{5.2.10}$$

由上式,正交张量必为：

$$R^{10} = I + \sin\alpha N + (1 - \cos\alpha) N^2 \tag{5.2.11}$$

上式为罗德里格斯转动公式。与式(5.2.2)比较,罗德里格斯转动公式表明,正交张量只需以转角大小和反对称轴张量 N 来表达,无须引进与 n 垂直的正交基 $e_{1'}$ 和 $e_{2'}$。此外,注意到：

$$N^3 \cdot u = N \cdot N^2 \cdot u = n \times [(u \cdot n)n - u] = - n \times u = - N \cdot u \tag{5.2.12}$$

$$N^4 \cdot u = N \cdot N^3 \cdot u = - N^2 \cdot u \tag{5.2.13}$$

以此类推,可以发现 N 的幂循环规律为：

$$I, N, N^2, -N, -N^2, N, N^2, -N, -N^2, \cdots \tag{5.2.14}$$

利用下面的级数展开式：

$$\begin{aligned} \sin\alpha N &= \sum_{k=0}^{\infty} \frac{(-1)^k \alpha^{2k+1}}{(2k+1)!} N = \sum_{k=0}^{\infty} \frac{\alpha^{2k+1} N^{2k+1}}{(2k+1)!} \\ &= \sum_{k=odd} \frac{(\alpha N)^k}{k!} \end{aligned} \tag{5.2.15}$$

$$\begin{aligned} (1 - \cos\alpha) N^2 &= \sum_{k=1}^{\infty} \frac{(-1)^{k-1} \alpha^{2k}}{(2k)!} N^2 = \sum_{k=1}^{\infty} \frac{\alpha^{2k} N^{2k}}{(2k)!} \\ &= \sum_{k=even} \frac{(\alpha N)^k}{k!} \end{aligned} \tag{5.2.16}$$

利用以上两式,得：

$$I + \sin\alpha N + (1 - \cos\alpha) N^2 = \sum_{k=0}^{\infty} \frac{(\alpha N)^k}{k!} = e^{\alpha N} \tag{5.2.17}$$

二阶反对称的角张量记为：

$$A^{10} = \alpha N \tag{5.2.18}$$

则正交张量的指数形式为：

$$R^{10} = e^{A^{10}} \tag{5.2.19}$$

由上式,得角张量为：

$$A^{10} = \ln R^{10} \tag{5.2.20}$$

上式建立了角张量与正交张量的关系,注意到二者都是二阶张量以及都有三个独立分量。关于角张量与角矢量的关系,有：

$$\boldsymbol{A}^{10} = -\boldsymbol{e}\cdot(\alpha\boldsymbol{n}) = -\boldsymbol{e}\cdot\boldsymbol{\alpha} \tag{5.2.21}$$

式中 $\boldsymbol{\alpha}=\alpha\boldsymbol{n}$ 为角矢量，所以角矢量是角张量的反偶矢量。

根据角张量的定义可知，刚体运动的转角是二阶反对称张量。转动涉及转轴和转角的大小，而转角的大小是在垂直于转轴的平面内度量的，概念上不同于矢量。角张量作为二阶反对称张量，尽管独立分量是 3 个，但是存在 6 个非零分量而非 3 个分量。正是因为角张量有 3 个独立分量，所以角张量可以用角矢量来表达。虽然使用角矢量给角张量的表达带来方便，但是容易对转角的张量属性带来困扰。如果把本质上是二阶反对称张量的转角作为矢量来对待，就会影响刚体定点转动的数学描述。因为角矢量不能描述转角的完备性，所以这种矢量属于伪矢量。譬如，刚体定点转动不能按照角矢量的加法进行转动的合成，后面还将具体讨论转动的合成问题。

借助一个六面体元可以给三维空间的角张量一个形象描述。参考基下的角矢量为：

$$\boldsymbol{\alpha} = \alpha_1\boldsymbol{e}_1^1 + \alpha_2\boldsymbol{e}_2^1 + \alpha_3\boldsymbol{e}_3^1 = \alpha n_1\boldsymbol{e}_1^1 + \alpha n_2\boldsymbol{e}_2^1 + \alpha n_3\boldsymbol{e}_3^1 \tag{5.2.22}$$

角矢量可向基矢量上投影，得到其分矢量，但不可赋予其绕轴转动的意义。考虑式（5.1.9）的第一式以及式（5.2.20）和式（5.2.21），参考基下的角张量成为：

$$\begin{aligned}\boldsymbol{A}^{10} &= A_{12}^{10}\boldsymbol{e}_1^1\boldsymbol{e}_2^1 + A_{13}^{10}\boldsymbol{e}_1^1\boldsymbol{e}_3^1 + A_{23}^{10}\boldsymbol{e}_2^1\boldsymbol{e}_3^1\\ &\quad - A_{12}^{10}\boldsymbol{e}_2^1\boldsymbol{e}_1^1 - A_{13}^{10}\boldsymbol{e}_3^1\boldsymbol{e}_1^1 - A_{23}^{10}\boldsymbol{e}_3^1\boldsymbol{e}_2^1\\ &= -\alpha_3\boldsymbol{e}_1^1\boldsymbol{e}_2^1 + \alpha_2\boldsymbol{e}_1^1\boldsymbol{e}_3^1 - \alpha_1\boldsymbol{e}_2^1\boldsymbol{e}_3^1\\ &\quad + \alpha_3\boldsymbol{e}_2^1\boldsymbol{e}_1^1 - \alpha_2\boldsymbol{e}_3^1\boldsymbol{e}_1^1 + \alpha_1\boldsymbol{e}_3^1\boldsymbol{e}_2^1\end{aligned} \tag{5.2.23}$$

为方便观察，给出参考基下角张量的矩阵形式：

$$[\boldsymbol{A}^{10}] = \begin{bmatrix} 0 & A_{12}^{10} & A_{13}^{10} \\ -A_{12}^{10} & 0 & A_{23}^{10} \\ -A_{13}^{10} & -A_{23}^{10} & 0 \end{bmatrix} = \begin{bmatrix} 0 & -\alpha_3 & \alpha_2 \\ \alpha_3 & 0 & -\alpha_1 \\ -\alpha_2 & \alpha_1 & 0 \end{bmatrix} \tag{5.2.24}$$

二阶张量可作为两个矢量的并乘，第一个矢量代表作用面法向，第二个矢量表示发生在作用面上且使作用面发生的转动，其中正负号满足右手法则。利用六面体元，角张量可用图 5.4 来说明。与二阶对称张量进行比较，二阶反对称的角张量在相邻面的对应分量刚好反号。对二阶对称张量，在六面体元的相邻面上，存在对应切向分量的互等定理；对反对称张量，则对应切向分量的大小相等但互为负数。

根据参考基下的角张量（5.2.23）以及基矢量的转换关系（5.1.6），立即有：

$$\boldsymbol{A}^{10} = A_{kl}^{10} R_{ki}^{10} R_{lj}^{10} \boldsymbol{e}_i^0 \boldsymbol{e}_j^0 \tag{5.2.25}$$

上式是连体基下的角张量。利用式(5.2.22)和式(5.1.6),立即得到连体基下的角矢量:

$$\boldsymbol{\alpha} = \alpha_j R_{ji}^{10} \boldsymbol{e}_i^0 \tag{5.2.26}$$

这里强调,参考基下的角张量以及角矢量代表真实的转动,在连体基下虽然也能得到它们的分量,但这些分量不代表实际转动。

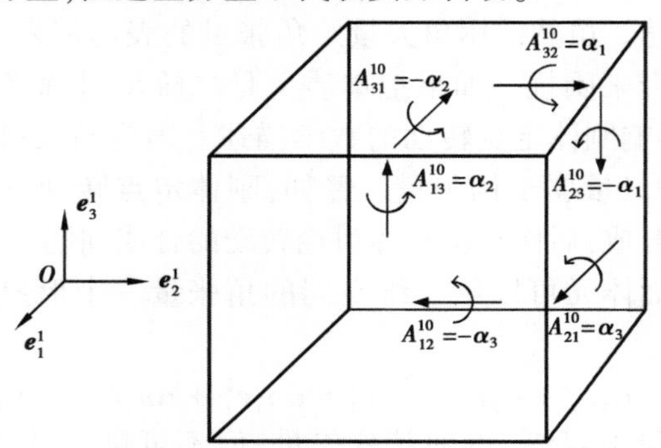

图 5.4　二阶反对称的角张量状态

5.3　刚体定点转动的合成

5.3.1　刚体连续两次定点转动的合成

在参考坐标系下,刚体质点的初始坐标为 x_i^0,第一次转动后的坐标为 x_i^1,第二次转动后的坐标为 x_i^2。由于每次转动都是正交张量表达的线性变换,为此引入一组连体基 $\boldsymbol{e}_i^0$ 以及两组参考基 $\boldsymbol{e}_i^1$ 和 $\boldsymbol{e}_i^2$。在初始时刻,连体基以及两组参考基完全重合。刚体第一次转动是连体基 $\boldsymbol{e}_i^0$ 相对于第一组参考基 $\boldsymbol{e}_i^1$ 的转动(这时,第二组参考基 $\boldsymbol{e}_i^2$ 与 $\boldsymbol{e}_i^1$ 重合),第二次转动是第一组参考基 $\boldsymbol{e}_i^1$ 相对第二组参考基 $\boldsymbol{e}_i^2$ 的转动(这时,连体基 $\boldsymbol{e}_i^0$ 与第一组参考基 $\boldsymbol{e}_i^1$ 共同运动)。由于连体基 $\boldsymbol{e}_i^0$ 和第一组参考基 $\boldsymbol{e}_i^1$ 相对第二组参考基 $\boldsymbol{e}_i^2$ 都有运动,所以第二组参考基就是观察两次转动的当前参考基。

第一次转动是刚体相对于第一组参考基 $\boldsymbol{e}_i^1$ 的转动,刚体质点的位置转换关系应为 $\boldsymbol{x}^1 = \boldsymbol{R}^{10} \cdot \boldsymbol{x}^0$,其中 $\boldsymbol{x}^0 = x_i^0 \boldsymbol{e}_i^1$ 而 $x^1 = x_i^1 \boldsymbol{e}_i^1$,问题是第一次转动相对参考坐标系而言,还存在相对转动。为了在一个参考坐标系统一描述两次连续的

转动过程，或者说，两次转动的正交变换关系都应在同一参考基 $\boldsymbol{e}_i^2$ 下进行处理，要利用第二次转动形成的正交张量，把第一次转动的变换关系映射到当前参考基上。

参考正交张量的构造方法(5.1.5)，第二次转动的正交张量 $\boldsymbol{R}^{21}$ 是参考基 $\boldsymbol{e}_i^1$ 与 $\boldsymbol{e}_i^2$ 的有序并乘：

$$\boldsymbol{R}^{21} = \boldsymbol{e}_i^1\boldsymbol{e}_i^2 = R_{ij}^{21}\boldsymbol{e}_i^2\boldsymbol{e}_j^2 \tag{5.3.1}$$

正交张量 $\boldsymbol{R}^{21}$ 的分量是两组基矢量 $\boldsymbol{e}_i^2$ 与 $\boldsymbol{e}_i^1$ 之间的夹角余弦：

$$R_{ij}^{21} = \boldsymbol{e}_i^2 \cdot \boldsymbol{e}_j^1 \tag{5.3.2}$$

且两组基矢量 $\boldsymbol{e}_i^2$ 与 $\boldsymbol{e}_i^1$ 满足坐标转换关系：

$$\boldsymbol{e}_i^2 = R_{ij}^{21}\boldsymbol{e}_j^1,\ \boldsymbol{e}_i^1 = R_{ji}^{21}\boldsymbol{e}_j^2 \tag{5.3.3}$$

刚体相对于第一组参考基 $\boldsymbol{e}_i^1$ 转动之正交张量，是连体基 $\boldsymbol{e}_i^0$ 与参考基 $\boldsymbol{e}_i^1$ 的有序并乘 $\boldsymbol{e}_i^0\boldsymbol{e}_i^1$，要利用第二次转动的正交张量把 $\boldsymbol{e}_i^0\boldsymbol{e}_i^1$ 映射到当前的参考基 $\boldsymbol{e}_i^2$ 上。因此，两次连续转动时，第一次转动的正交张量 $\boldsymbol{R}^{10}$ 成为：

$$\boldsymbol{R}^{10} = (R^{21})^{\mathrm{T}} \cdot (\boldsymbol{e}_j^0\boldsymbol{e}_j^1) \cdot R^{21} = \boldsymbol{e}_i^2\boldsymbol{e}_i^1 \cdot \boldsymbol{e}_j^0\boldsymbol{e}_j^1 \cdot \boldsymbol{e}_k^1\boldsymbol{e}_k^2 = R_{ij}^{10}\boldsymbol{e}_i^2\boldsymbol{e}_j^2 \tag{5.3.4}$$

把上式与一次独立转动的正交张量(5.1.9)作比较，张量分量不变，只是基张量由第二次转动的参考基来表达。

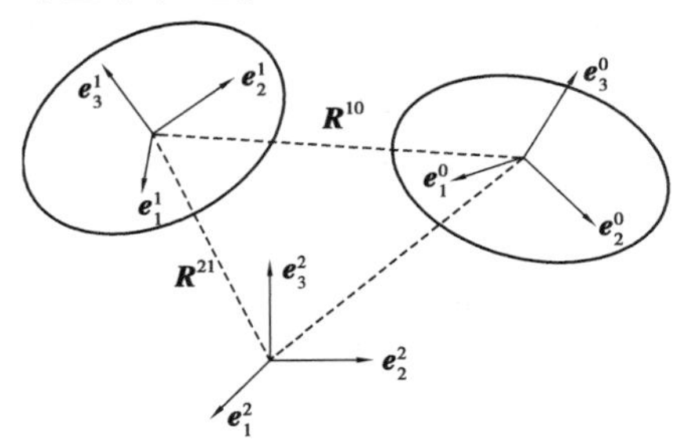

图 5.5　两次连续转动的连体基和参考基

在当前参考基 $\boldsymbol{e}_i^2$ 下，转动前刚体质点的位置矢量为：

$$\boldsymbol{x}^0 = x_i^0\boldsymbol{e}_i^2 \tag{5.3.5}$$

第一次转动后，质点运动到：

$$\boldsymbol{x}^1 = \boldsymbol{R}^{10} \cdot \boldsymbol{x}^0 = R_{ij}^{10}\boldsymbol{e}_i^2\boldsymbol{e}_j^2 \cdot x_k^0\boldsymbol{e}_k^2 = R_{ij}^{10}x_j^0\boldsymbol{e}_i^2 = x_i^1\boldsymbol{e}_i^2 \tag{5.3.6}$$

则第一次转动的质点坐标变换关系为：

$$x_i^1 = R_{ij}^{10}x_j^0 \tag{5.3.7}$$

第二次转动使质点运动到当前位置：

$$\boldsymbol{x}^2 = \boldsymbol{R}^{21} \cdot \boldsymbol{x}^1 = R_{ij}^{21}\boldsymbol{e}_i^2\boldsymbol{e}_j^2 \cdot x_k^1\boldsymbol{e}_k^2 = R_{ij}^{21}x_j^1\boldsymbol{e}_i^2 = x_i^2\boldsymbol{e}_i^2 \tag{5.3.8}$$

则第二次转动的质点坐标变换关系为：

$$x_i^2 = R_{ij}^{21} x_j^1 \tag{5.3.9}$$

利用第一次转动变换(5.3.6),得第二次转动的合成:

$$\boldsymbol{x}^2 = \boldsymbol{R}^{21} \cdot \boldsymbol{R}^{10} \cdot \boldsymbol{x}^0 = \boldsymbol{R}^{20} \cdot \boldsymbol{x}^0 \tag{5.3.10}$$

式中 $\boldsymbol{R}^{20}$ 表示两次转动合成的正交张量,有:

$$\boldsymbol{R}^{20} = \boldsymbol{R}^{21} \cdot \boldsymbol{R}^{10} = R_{ik}^{21} \boldsymbol{e}_i^2 \boldsymbol{e}_k^2 \cdot R_{lj}^{10} \boldsymbol{e}_l^2 \boldsymbol{e}_j^2 = R_{ik}^{21} R_{kj}^{10} \boldsymbol{e}_i^2 \boldsymbol{e}_j^2 = R_{ij}^{20} \boldsymbol{e}_i^2 \boldsymbol{e}_j^2 \tag{5.3.11}$$

其中合成正交张量的分量表为:

$$R_{ij}^{20} = R_{ik}^{21} R_{kj}^{10} \tag{5.3.12}$$

利用式(5.3.3)的第二式和式(5.1.6)第一式,合成正交张量又写成:

$$\boldsymbol{R}^{20} = R_{ik}^{21} R_{kj}^{10} \boldsymbol{e}_i^2 \boldsymbol{e}_j^2 = R_{kj}^{10} \boldsymbol{e}_k^1 \boldsymbol{e}_j^2 = \boldsymbol{e}_j^0 \boldsymbol{e}_j^2 \tag{5.3.13}$$

所以合成正交张量也是连体基 $\boldsymbol{e}_i^0$ 与第二次转动参考基 $\boldsymbol{e}_i^2$ 的有序并乘,它具有与一次独立转动之正交张量相同的结构。与此同时,由式(5.3.7)和式(5.3.9),质点坐标的转换关系为:

$$x_i^2 = R_{ij}^{21} x_j^1 = R_{ij}^{21} R_{jk}^{10} x_k^0 = R_{ik}^{20} x_k^0 \tag{5.3.14}$$

所以两次转动等价于一次转动。另外,利用式(5.3.10)和式(5.3.13),质点当前位置又表为:

$$\boldsymbol{x}^2 = \boldsymbol{R}^{20} \cdot \boldsymbol{x}^0 = \boldsymbol{e}_i^0 \boldsymbol{e}_i^2 \cdot x_k^0 \boldsymbol{e}_k^2 = x_i^0 \boldsymbol{e}_i^0 \tag{5.3.15}$$

这是质点在连体基下的位置矢量,表示在连体基下观察质点没有任何运动。

正如式(5.3.10)和式(5.3.11)表明的那样,刚体定点转动的合成是顺序正交张量的点积。按照角张量与正交张量的关系(5.2.20),设第一次和第二次转动的角张量分别为:

$$\boldsymbol{A}^{10} = \ln \boldsymbol{R}^{10},\ \boldsymbol{A}^{21} = \ln \boldsymbol{R}^{21} \tag{5.3.16}$$

这里 $\boldsymbol{R}^{10}$ 和 $\boldsymbol{R}^{21}$ 分别由式(5.3.4)和式(5.3.1)决定,两次转动合成的角张量为:

$$\boldsymbol{A}^{20} = \ln \boldsymbol{R}^{20} \tag{5.3.17}$$

一般而言,两个正交张量的点积不满足交换律:

$$\boldsymbol{R}^{10} \cdot \boldsymbol{R}^{21} \neq \boldsymbol{R}^{21} \cdot \boldsymbol{R}^{10} \tag{5.3.18}$$

其点积的对数不等于因子张量的对数之和:

$$\ln \boldsymbol{R}^{20} \neq \ln \boldsymbol{R}^{21} + \ln \boldsymbol{R}^{10} \tag{5.3.19}$$

这表示两次转动合成的角张量不等于每次转动的角张量之和:

$$\boldsymbol{A}^{20} \neq \boldsymbol{A}^{21} + \boldsymbol{A}^{10} \tag{5.3.20}$$

若用 $\boldsymbol{\alpha}^{20}$ 代表合成的角矢量,$\boldsymbol{\alpha}^{10}$ 和 $\boldsymbol{\alpha}^{21}$ 代表第一次和第二次转动的角矢量,忆及角矢量与角张量的反偶关系,立即有:

$$\boldsymbol{\alpha}^{20} \neq \boldsymbol{\alpha}^{21} + \boldsymbol{\alpha}^{10} \tag{5.3.21}$$

因此,两次定点转动的角矢量不满足矢量的加法。两次转动的合成不可通过角张量或角矢量的加法,应进行正交张量的有序内积,然后对合成的正交张量取自然对数得到合成的角张量,再利用反偶关系确定合成的角矢量。

5.3.2　刚体连续三次定点转动的合成

连续三次定点转动的合成与两次转动情况类似,为讨论方便,下面给出连续三次定点转动的合成。引进与刚体共同运动的连体基 $\boldsymbol{e}_i^0$ 以及三组参考基 $\boldsymbol{e}_i^1$、$\boldsymbol{e}_i^2$、$\boldsymbol{e}_i^3$(图 5.6),转动前,这些标准正交基完全重合。第一次转动是刚体相对第一组参考基 $\boldsymbol{e}_i^1$ 的转动,第二次转动是第一组参考基 $\boldsymbol{e}_i^1$ 相对第二组参考基 $\boldsymbol{e}_i^2$ 的转动,第三次转动是第二组参考基 $\boldsymbol{e}_i^2$ 相对第三组参考基 $\boldsymbol{e}_i^3$ 的转动,所以第三组参考基 $\boldsymbol{e}_i^3$ 作为观察三次转动的当前参考基,另外两组参考基都有相对当前参考基的运动。转动的次序从连体基开始,依次排序到当前参考基。

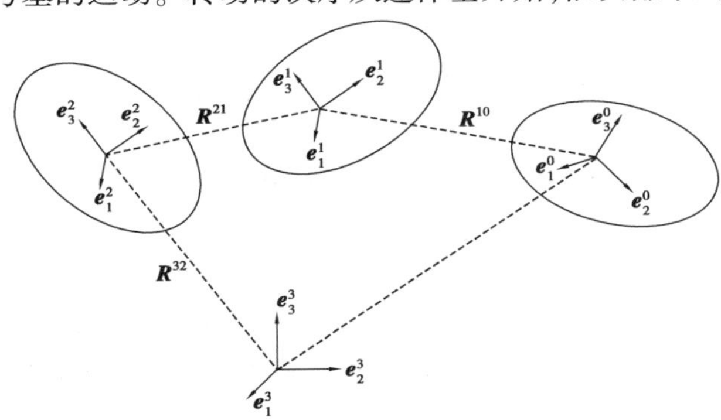

图 5.6　三次连续转动的连体基和参考基

第三次转动的正交张量 $\boldsymbol{R}^{32}$ 表为:

$$\boldsymbol{R}^{32} = \boldsymbol{e}_i^2\boldsymbol{e}_i^3 = R_{ij}^{32}\boldsymbol{e}_i^3\boldsymbol{e}_j^3 \tag{5.3.22}$$

其中正交张量的分量为:

$$R_{ij}^{32} = \boldsymbol{e}_i^3 \cdot \boldsymbol{e}_j^2 \tag{5.3.23}$$

利用 $\boldsymbol{R}^{32}$ 把有序并乘 $\boldsymbol{e}_i^1\boldsymbol{e}_i^2$ 映射到当前的参考基 $\boldsymbol{e}_i^3$ 上,得第二次转动的正交张量:

$$\boldsymbol{R}^{21} = (\boldsymbol{R}^{32})^{\mathrm{T}} \cdot (\boldsymbol{e}_j^1\boldsymbol{e}_j^2) \cdot \boldsymbol{R}^{32} = \boldsymbol{e}_i^3\boldsymbol{e}_i^2 \cdot \boldsymbol{e}_j^1\boldsymbol{e}_j^2 \cdot \boldsymbol{e}_k^2\boldsymbol{e}_k^3 = R_{ij}^{21}\boldsymbol{e}_i^3\boldsymbol{e}_j^3 \tag{5.3.24}$$

式中正交张量的分量为:

$$R_{ij}^{21} = \boldsymbol{e}_i^2 \cdot \boldsymbol{e}_j^1 \tag{5.3.25}$$

对于第一次转动,连体基 $\boldsymbol{e}_i^0$ 与参考基 $\boldsymbol{e}_i^1$ 的并乘 $\boldsymbol{e}_i^0\boldsymbol{e}_i^1$ 须经过两次连续映射,先要通过并乘 $\boldsymbol{e}_i^1\boldsymbol{e}_i^2$ 映射到参考基 $\boldsymbol{e}_i^2$ 上,再由并乘 $\boldsymbol{e}_i^2\boldsymbol{e}_i^3$ 映射到当前参考基 $\boldsymbol{e}_i^3$ 上,所以,第一次转动的正交张量成为:

$$\boldsymbol{R}^{10} = (\boldsymbol{e}_i^2\boldsymbol{e}_i^3)^{\mathrm{T}} \cdot (\boldsymbol{e}_j^1\boldsymbol{e}_j^2)^{\mathrm{T}} \cdot (\boldsymbol{e}_k^0\boldsymbol{e}_k^1) \cdot (\boldsymbol{e}_l^1\boldsymbol{e}_l^2) \cdot (\boldsymbol{e}_m^2\boldsymbol{e}_m^3) = R_{ij}^{10}\boldsymbol{e}_i^3\boldsymbol{e}_j^3 \tag{5.3.26}$$

其中正交张量 $\boldsymbol{R}^{10}$的分量为：

$$R_{ij}^{10} = \boldsymbol{e}_i^1 \cdot \boldsymbol{e}_j^0 \tag{5.3.27}$$

在当前参考基 $\boldsymbol{e}_i^3$ 下，刚体质点的初始坐标为 x_i^0，第一次转动后坐标为 x_i^1，第二次转动后坐标为 x_i^2，第三次转动后质点的当前坐标为 x_i^3。刚体质点位置矢量的变化序列为：

$$\boldsymbol{x}^0 = x_i^0\boldsymbol{e}_i^3,\ \boldsymbol{x}^1 = x_i^1\boldsymbol{e}_i^3,\ \boldsymbol{x}^2 = x_i^2\boldsymbol{e}_i^3,\ \boldsymbol{x}^3 = x_i^3\boldsymbol{e}_i^3 \tag{5.3.28}$$

三次连续转动的位置变换关系为：

$$\boldsymbol{x}^3 = \boldsymbol{R}^{32} \cdot \boldsymbol{x}^2 = \boldsymbol{R}^{32} \cdot \boldsymbol{R}^{21} \cdot \boldsymbol{x}^1 = \boldsymbol{R}^{32} \cdot \boldsymbol{R}^{21} \cdot \boldsymbol{R}^{10} \cdot \boldsymbol{x}^0 = \boldsymbol{R}^{30} \cdot \boldsymbol{x}^0 \tag{5.3.29}$$

三次连续转动的质点坐标变换关系为：

$$x_i^3 = R_{ij}^{32}x_j^2 = R_{ij}^{32}R_{jk}^{21}x_k^1 = R_{ij}^{32}R_{jk}^{21}R_{kl}^{10}x_l^0 = R_{ij}^{30}x_j^0 \tag{5.3.30}$$

三次转动合成的正交张量为：

$$\boldsymbol{R}^{30} = \boldsymbol{R}^{32} \cdot \boldsymbol{R}^{21} \cdot \boldsymbol{R}^{10} = R_{ik}^{32}R_{kl}^{21}R_{lj}^{10}\boldsymbol{e}_i^3\boldsymbol{e}_j^3 = R_{ij}^{30}\boldsymbol{e}_i^3\boldsymbol{e}_j^3 \tag{5.3.31}$$

合成正交张量的分量为：

$$R_{ij}^{30} = R_{ik}^{32}R_{kl}^{21}R_{lj}^{10} \tag{5.3.32}$$

因此，刚体三次连续转动等价于一次转动，以此类推，容易确定多次转动后刚体质点在当前参考系的位置、合成的正交张量以及合成的角张量。

5.3.3 刚体绕两个正交轴连续转动的合成

现在考虑刚体绕横轴和竖轴两个正交轴的连续有序转动。一种转动是先绕竖轴转动 θ_1 角然后绕横轴转动 θ_2 角，另一种转动是先绕横轴转动 θ_2 角再绕竖轴转动 θ_1 角。特别注意，连体基与刚体共同运动，而转动合成的排序是从连体基到当前参考基的排序。根据前面关于每次转动形成的正交张量，其分量是转动前后两组基矢量之间夹角余弦，而基张量都由当前参考基组成。只考虑简单情况，设 $\theta_1 = \theta_1 = \dfrac{\pi}{2}$，下面直接给出正交张量的矩阵。

对第一种转动，转动合成的次序是先绕横轴再绕竖轴，两个正交张量矩阵表为：

$$[\boldsymbol{B}_1] = \begin{bmatrix} \cos\theta_2 & 0 & \sin\theta_2 \\ 0 & 1 & 0 \\ -\sin\theta_2 & 0 & \cos\theta_2 \end{bmatrix} = \begin{bmatrix} 0 & 0 & 1 \\ 0 & 1 & 0 \\ -1 & 0 & 0 \end{bmatrix} \tag{5.3.33}$$

$$[\boldsymbol{B}_2]=\begin{bmatrix}\cos\theta_1 & -\sin\theta_1 & 0\\ \sin\theta_1 & \cos\theta_1 & 0\\ 0 & 0 & 1\end{bmatrix}=\begin{bmatrix}0 & -1 & 0\\ 1 & 0 & 0\\ 0 & 0 & 1\end{bmatrix}\tag{5.3.34}$$

第一种转动合成的正交张量矩阵为：

$$[\boldsymbol{R}_1]=[\boldsymbol{B}_2][\boldsymbol{B}_1]=\begin{bmatrix}0 & -1 & 0\\ 0 & 0 & 1\\ -1 & 0 & 0\end{bmatrix}\tag{5.3.35}$$

第一种转动合成的角张量表为：

$$[\boldsymbol{A}_1]=[\ln\boldsymbol{R}_1]\doteq\frac{2\pi}{3}\begin{bmatrix}0 & -\frac{\sqrt{3}}{3} & \frac{\sqrt{3}}{3}\\ \frac{\sqrt{3}}{3} & 0 & \frac{\sqrt{3}}{3}\\ -\frac{\sqrt{3}}{3} & -\frac{\sqrt{3}}{3} & 0\end{bmatrix}\tag{5.3.36}$$

第一种转动合成的角矢量为：

$$\boldsymbol{\alpha}_1\doteq\frac{2\pi}{3}\boldsymbol{n}_1=\frac{2\pi}{3}\left(-\frac{\sqrt{3}}{3}\boldsymbol{e}_1+\frac{\sqrt{3}}{3}\boldsymbol{e}_2+\frac{\sqrt{3}}{3}\boldsymbol{e}_3\right)\tag{5.3.37}$$

其中 $\boldsymbol{n}_1$ 为单位轴矢量，代表参考系下的转轴方向。

第二种转动的合成次序是先绕竖轴再绕横轴，合成正交张量的矩阵为：

$$[\boldsymbol{R}_2]=[\boldsymbol{B}_1][\boldsymbol{B}_2]=\begin{bmatrix}0 & 0 & 1\\ 1 & 0 & 0\\ 0 & 1 & 0\end{bmatrix}\tag{5.3.38}$$

第二种转动合成的角张量表为：

$$[\boldsymbol{A}_2]=[\ln\boldsymbol{R}_2]\doteq\frac{2\pi}{3}\begin{bmatrix}0 & -\frac{\sqrt{3}}{3} & \frac{\sqrt{3}}{3}\\ \frac{\sqrt{3}}{3} & 0 & -\frac{\sqrt{3}}{3}\\ -\frac{\sqrt{3}}{3} & \frac{\sqrt{3}}{3} & 0\end{bmatrix}\tag{5.3.39}$$

第二种转动合成的角矢量为：

$$\boldsymbol{\alpha}_2\doteq\frac{2\pi}{3}\boldsymbol{n}_2=\frac{2\pi}{3}\left(\frac{\sqrt{3}}{3}e_1+\frac{\sqrt{3}}{3}e_2+\frac{\sqrt{3}}{3}e_3\right)\tag{5.3.40}$$

其中 $\boldsymbol{n}_2$ 为单位轴矢量。比较 $\boldsymbol{n}_1$ 和 $\boldsymbol{n}_2$，它们表示两种完全不同的转动方向，但

两种转动合成的转角均为$\frac{2\pi}{3}$。由于正交张量内积的不可交换性,刚体两种转动的复合产生两种完全不同的运动姿态。

5.3.4 刚体定轴转动的角张量及其角矢量

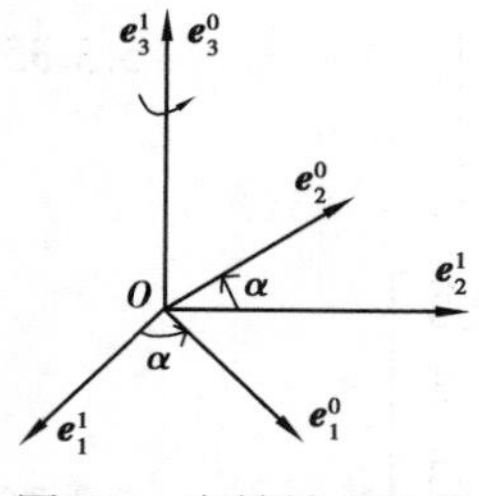

图 5.7 定轴转动的参考基和连体基

由于转轴不变,刚体定轴转动的情况简单很多,但关于正交张量、角张量以及角矢量的概念与定点转动是完全一致的。定轴转动时,取参考基的第三个基矢量 $\boldsymbol{e}_3^1$ 为定轴,令刚体绕 $\boldsymbol{e}_3^1$ 轴的转角大小为 α,参见图 5.7。初始状态时,参考基 $\boldsymbol{e}_i^1$ 和连体基 $\boldsymbol{e}_i^0$ 重合,转动后 $\boldsymbol{e}_1^0$ 与 $\boldsymbol{e}_1^1$、$\boldsymbol{e}_2^0$ 与 $\boldsymbol{e}_2^1$ 的夹角均为 α,而 $\boldsymbol{e}_3^0$ 与 $\boldsymbol{e}_3^1$ 重合。

根据式(5.1.7),易得定轴转动的正交张量矩阵形式:

$$[\boldsymbol{R}^{10}] = \begin{bmatrix} \cos\alpha & -\sin\alpha & 0 \\ \sin\alpha & \cos\alpha & 0 \\ 0 & 0 & 1 \end{bmatrix} \tag{5.3.41}$$

由式(5.1.9)的第一式,定轴转动的正交张量表为:

$$\boldsymbol{R}^{10} = \cos\alpha(\boldsymbol{e}_1^1\boldsymbol{e}_1^1 + \boldsymbol{e}_2^1\boldsymbol{e}_2^1) + \sin\alpha(\boldsymbol{e}_2^1\boldsymbol{e}_1^1 - \boldsymbol{e}_1^1\boldsymbol{e}_2^1) + \boldsymbol{e}_3^1\boldsymbol{e}_3^1 \tag{5.3.42}$$

由式(5.2.24)有定轴转动的角张量矩阵:

$$[\boldsymbol{A}^{10}] = \begin{bmatrix} 0 & -\alpha & 0 \\ \alpha & 0 & 0 \\ 0 & 0 & 0 \end{bmatrix} \tag{5.3.43}$$

角张量的实体形式简化为:

$$\boldsymbol{A}^{10} = -\alpha\boldsymbol{e}_1^1\boldsymbol{e}_2^1 + \alpha\boldsymbol{e}_2^1\boldsymbol{e}_1^1 \tag{5.3.44}$$

同时,定轴转动的角矢量为:

$$\boldsymbol{\alpha}^{10} = \alpha\boldsymbol{e}_3^1 \tag{5.3.45}$$

如果仍以六面体元来表征定轴转动的角张量状态,可用图 5.8 来表示,这时,角张量只有两个非零分量以及一个独立分量。定轴转动的转轴不变,无论是正交张量还是角张量,都只有一个独立分量。

如果对正交张量作转置,相当于以原来连体基为新的参考基、以原来参考基为新的连体基,则有式(5.3.43)角张量以及式(5.3.45)角矢量的负值,由此可知,角张量以及角矢量是在参考系下获得的。只有在参考系下的观察者才能观察刚体的运动,连体基相对刚体没有任何运动,所以不能定义任何运

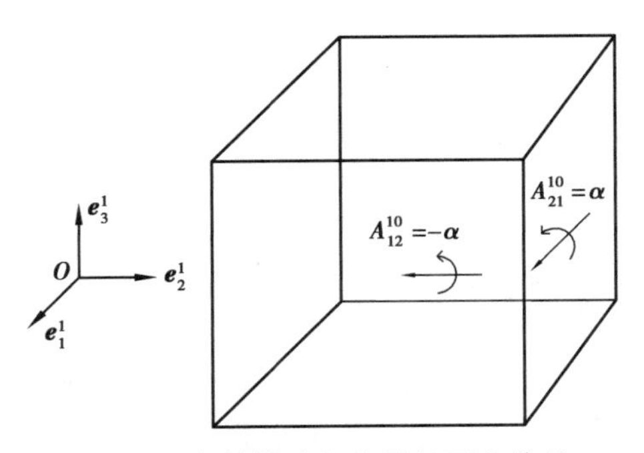

图 5.8　定轴转动角张量的两个分量

动量。角张量以及角矢量作为运动的客观量，可以向连体基投影，但其分量不代表任何运动。例如式(5.3.45)的角矢量定义在参考基上，若向连体基投影为 $\boldsymbol{\alpha}=\alpha\boldsymbol{e}_3^0$，但是不意味着刚体绕连体基的 $\boldsymbol{e}_3^0$ 轴转动了 α 角。

如果刚体绕 $\boldsymbol{e}_3^1$ 轴继续转动 β 角，根据式(5.3.11)，直接给出合成的正交张量矩阵：

$$
\begin{aligned}
[\boldsymbol{R}^{20}] &= \begin{bmatrix} \cos\alpha & -\sin\alpha & 0 \\ \sin\alpha & \cos\alpha & 0 \\ 0 & 0 & 1 \end{bmatrix} \begin{bmatrix} \cos\beta & -\sin\beta & 0 \\ \sin\beta & \cos\beta & 0 \\ 0 & 0 & 1 \end{bmatrix} \\
&= \begin{bmatrix} \cos(\alpha+\beta) & -\sin(\alpha+\beta) & 0 \\ \sin(\alpha+\beta) & \cos(\alpha+\beta) & 0 \\ 0 & 0 & 1 \end{bmatrix}
\end{aligned}
\tag{5.3.46}
$$

显然，合成角张量的矩阵为：

$$
[\boldsymbol{A}^{20}] = \begin{bmatrix} 0 & -(\alpha+\beta) & 0 \\ \alpha+\beta & 0 & 0 \\ 0 & 0 & 0 \end{bmatrix} \tag{5.3.47}
$$

则合成角矢量为：

$$
\boldsymbol{\alpha}^{20} = (\alpha+\beta)\boldsymbol{e}_3^2 \tag{5.3.48}
$$

这时的基矢量 $\boldsymbol{e}_3^2$ 为当前参考基(与第一次转动的参考基 $\boldsymbol{e}_3^1$ 重合)。定轴转动合成时，角矢量似乎符合矢量的加法法则，其实不然。实际合成还是按照正交张量的合成法则，获得角张量，然后提取角矢量，只是最后的结果与角矢量直接相加是一致的，但是，矢量相加的结果掩盖了真正的转动合成过程。譬如有观点认为，小转动时角矢量满足加法合成，转角是矢量；有限转动时角矢量不满足加法法则，所以转角不是矢量，但是一个物理量的性质不会因为其值大小而改变，这些问题都是源于对转角的不完备认识。

5.4 角速度张量和角加速度张量

5.4.1 角速度张量及其角速度矢量

回顾式(5.1.3),刚体定点转动使质点从初始位置 $\boldsymbol{x}^0$ 运动到当前位置 $\boldsymbol{x}^1$,注意该式是在参考系下的关系式以及正交张量是时间的函数。对式(5.1.3)两端取时间导数,得刚体质点的速度:

$$\dot{\boldsymbol{x}}^1 = \dot{\boldsymbol{R}}^{10} \cdot \boldsymbol{x}^0 \tag{5.4.1}$$

这里符号上点号代表对时间求导运算,再次利用式(5.1.3),改写为:

$$\dot{\boldsymbol{x}}^1 = \dot{\boldsymbol{R}}^{10} \cdot (\boldsymbol{R}^{10})^{\mathrm{T}} \cdot \boldsymbol{x}^1 \tag{5.4.2}$$

上式表示质点当前位置与当前质点速度的线性变换,所以角速度张量定义为:

$$\boldsymbol{\Omega}^{10} = \dot{R}^{10} \cdot (\boldsymbol{R}^{10})^{\mathrm{T}} \tag{5.4.3}$$

另外对式(5.1.11)第一式取时间导数,容易得到:

$$\dot{\boldsymbol{R}}^{10} \cdot (\boldsymbol{R}^{10})^{\mathrm{T}} + [\dot{\boldsymbol{R}}^{10} \cdot (\boldsymbol{R}^{10})^{\mathrm{T}}]^{\mathrm{T}} = 0 \tag{5.4.4}$$

观察以上两式,立即有:

$$\boldsymbol{\Omega}^{10} + (\boldsymbol{\Omega}^{10})^{\mathrm{T}} = 0 \tag{5.4.5}$$

这表示角速度张量与其转置之和为零,所以角速度张量 $\boldsymbol{\Omega}^{10}$ 是二阶反对称张量,只有三个独立分量。

把式(5.1.8)代入式(5.4.3),角速度张量也可表为:

$$\boldsymbol{\Omega}^{10} = (\dot{\boldsymbol{e}}_i^0 \boldsymbol{e}_i^1) \cdot (\boldsymbol{e}_j^1 \boldsymbol{e}_j^0) = \dot{\boldsymbol{e}}_i^0 \boldsymbol{e}_i^0 \tag{5.4.6}$$

由上式可知,刚体转动的角速度取决于连体基的变化率,而连体基的变化是在参考系下进行观察和测量的。因此,把式(5.1.9)第一式代入式(5.4.3),则角速度张量成为:

$$\boldsymbol{\Omega}^{10} = (\dot{R}_{il}^{10} \boldsymbol{e}_i^1 \boldsymbol{e}_l^1) \cdot (R_{jk}^{10} \boldsymbol{e}_k^1 \boldsymbol{e}_j^1) = \dot{R}_{ik}^{10} R_{jk}^{10} \boldsymbol{e}_i^1 \boldsymbol{e}_j^1 \tag{5.4.7}$$

显然,角速度张量的分量为:

$$\Omega_{ij}^{10} = \dot{R}_{ik}^{10} R_{jk}^{10} \tag{5.4.8}$$

另外,如果把式(5.1.6)第二式代入式(5.4.6),也会得到与以上两式相同的结果。角速度矢量是角速度张量的轴矢量,二者满足反偶关系:

$$\boldsymbol{\omega}^{10}=-\frac{1}{2}\boldsymbol{e}:\boldsymbol{\Omega}^{10} \tag{5.4.9}$$

角速度矢量的展开式为：

$$\boldsymbol{\omega}^{10}=-\frac{1}{2}(e_{ijk}\boldsymbol{e}_i^1\boldsymbol{e}_j^1\boldsymbol{e}_k^1):(\Omega_{mn}^{10}\boldsymbol{e}_m^1\boldsymbol{e}_n^1)=-\frac{1}{2}e_{ijk}\Omega_{jk}^{10}\boldsymbol{e}_i^1 \tag{5.4.10}$$

所以角速度矢量的分量为：

$$\omega_i^{10}=-\frac{1}{2}e_{ijk}\Omega_{jk}^{10} \tag{5.4.11}$$

对式(5.4.3)两端右点乘正交张量，则正交张量的导数表为：

$$\dot{\boldsymbol{R}}^{10}=\boldsymbol{\Omega}^{10}\cdot\boldsymbol{R}^{10} \tag{5.4.12}$$

这时，式(5.4.1)中质点的速度成为

$$\dot{\boldsymbol{x}}^1=\boldsymbol{\Omega}^{10}\cdot\boldsymbol{x}^1 \tag{5.4.13}$$

根据角速度张量与角速度矢量的反偶关系，上式成为：

$$\dot{\boldsymbol{x}}^1=\boldsymbol{\omega}^{10}\times\boldsymbol{x}^1 \tag{5.4.14}$$

其展开式为：

$$\dot{\boldsymbol{x}}^1=\dot{x}_i^1\boldsymbol{e}_i^1=e_{ijk}\omega_j^{10}x_k^1\boldsymbol{e}_i^1 \tag{5.4.15}$$

角速度本质上是二阶反对称张量，所以有 9 个分量、6 个非零分量以及 3 个独立分量。正因为存在 3 个独立分量，所有能够以角速度矢量来表达角速度张量。角速度矢量作为伪矢量，并不具备角速度的性质，不能代替角速度张量，譬如多次转动时，不能用角速度矢量的加法进行角速度的合成。

角速度张量和角速度矢量都是在参考基下定义的，类似于角张量和角矢量的处理，可利用基矢量之间的转换关系，容易确定在连体基下的角速度张量和角速度矢量。把式(5.1.6)第一式代入式(5.4.7)且利用式(5.1.12)第二式，于是有：

$$\boldsymbol{\Omega}^{10}=\dot{R}_{ik}^{10}R_{jk}^{10}R_{im}^{10}R_{jn}^{10}\boldsymbol{e}_m^0\boldsymbol{e}_n^0=R_{ki}^{10}\dot{R}_{kj}^{10}\boldsymbol{e}_i^0\boldsymbol{e}_j^0 \tag{5.4.16}$$

上式为角速度张量在连体基下的实体展开式。把式(5.1.6)第一式代入式(5.4.10)，立即得：

$$\boldsymbol{\omega}^{10}=-\frac{1}{2}e_{ijk}\Omega_{jk}^{10}R_{il}^{10}\boldsymbol{e}_l^0 \tag{5.4.17}$$

上式为角速度矢量在连体基下的实体展开式。另外，取式(5.2.19)的导数并与式(5.4.12)比较，必有：

$$\boldsymbol{\Omega}^{10} = \dot{\boldsymbol{A}}^{10} \tag{5.4.18}$$

所以角速度张量为角张量的时间导数,并且它们的轴矢量满足:

$$\boldsymbol{\omega}^{10} = \dot{\boldsymbol{\alpha}}^{10} \tag{5.4.19}$$

即角速度矢量为角矢量的时间导数,一般而言,角速度矢量与角矢量的方向不同。由上可知,角速度张量及角速度矢量都取决于正交张量及其变化率。

5.4.2 角加速度张量及其角加速度矢量

角加速度张量是角速度张量关于时间的变化率,有:

$$\boldsymbol{\Lambda}^{10} = \dot{\boldsymbol{\Omega}}^{10} \tag{5.4.20}$$

其中 $\boldsymbol{\Lambda}^{10}$ 表示角加速度张量,角速度张量的时间导数不改变张量的反对称性质,所以角加速度张量也是二阶反对称张量。同样,角加速度矢量为角加速度张量的轴矢量,并且也是伪矢量,记作:

$$\boldsymbol{\varpi}^{10} = -\frac{1}{2}\boldsymbol{e} : \boldsymbol{\Lambda}^{10} \tag{5.4.21}$$

于是有:

$$\boldsymbol{\varpi}^{10} = \dot{\boldsymbol{\omega}}^{10} \tag{5.4.22}$$

则角加速度矢量为角速度矢量关于时间的导数。把式(5.4.3)代入式(5.4.20),易得:

$$\boldsymbol{\Lambda}^{10} = \ddot{\boldsymbol{R}}^{10} \cdot (\boldsymbol{R}^{10})^{\mathrm{T}} + \dot{\boldsymbol{R}}^{10} \cdot (\dot{\boldsymbol{R}}^{10})^{\mathrm{T}} \tag{5.4.23}$$

上式是以正交张量表示角加速度张量。利用式(5.1.9)第一式,上式成为:

$$\boldsymbol{\Lambda}^{10} = (\ddot{R}_{ik}^{10} R_{jk}^{10} + \dot{R}_{ik}^{10} \dot{R}_{jk}^{10})\boldsymbol{e}_i^1 \boldsymbol{e}_j^1 \tag{5.4.24}$$

其中角加速度张量的分量为:

$$\Lambda_{ij}^{10} = \ddot{R}_{ik}^{10} R_{jk}^{10} + \dot{R}_{ik}^{10} \dot{R}_{jk}^{10} \tag{5.4.25}$$

利用式(5.4.6),角加速度张量也可表为:

$$\boldsymbol{\Lambda}^{10} = \dot{\boldsymbol{\Omega}}^{10} = \ddot{\boldsymbol{e}}_i^0 \boldsymbol{e}_i^0 + \dot{\boldsymbol{e}}_i^0 \dot{\boldsymbol{e}}_i^0 \tag{5.4.26}$$

这是以连体基及其率表达的角加速度张量。

考察质点的加速度,对式(5.4.1)再取时间导数,并利用式(5.4.12),于是质点的加速度为:

$$\begin{aligned} \ddot{\boldsymbol{x}}^1 &= \ddot{\boldsymbol{R}}^{10} \cdot \boldsymbol{x}^0 = \dot{\boldsymbol{\Omega}}^{10} \cdot \boldsymbol{R}^{10} \cdot \boldsymbol{x}^0 + \boldsymbol{\Omega}^{10} \cdot \boldsymbol{\Omega}^{10} \cdot \boldsymbol{R}^{10} \cdot \boldsymbol{x}^0 \\ &= \boldsymbol{\Lambda}^{10} \cdot \boldsymbol{x}^1 + \boldsymbol{\Omega}^{10} \cdot \boldsymbol{\Omega}^{10} \cdot \boldsymbol{x}^1 \end{aligned} \tag{5.4.27}$$

上式角速度张量的二次幂是二阶对称张量。应用轴矢量与二阶反对称张量的反偶关系，上式表为：

$$\ddot{\boldsymbol{x}}^1 = \boldsymbol{\varpi}^{10} \times \boldsymbol{x}^1 + \boldsymbol{\omega}^{10} \times (\boldsymbol{\omega}^{10} \times \boldsymbol{x}^1) \tag{5.4.28}$$

上式右端第一项为周向加速度，第二项为向心加速度，所以质点的加速度由周向加速度和向心加速度构成。另外，质点加速度也可表为：

$$\ddot{\boldsymbol{x}}^1 = \boldsymbol{\Lambda}^{10} \cdot \boldsymbol{x}^1 + [\boldsymbol{\omega}^{10}\boldsymbol{\omega}^{10} - (\boldsymbol{\omega}^{10} \cdot \boldsymbol{\omega}^{10})\boldsymbol{I}] \cdot \boldsymbol{x}^1 \tag{5.4.29}$$

上式右端对当前质点位置的映射，分别为二阶反对称张量和二阶对称张量对当前位置的线性变换，把二者结合起来，就是一个非对称二阶张量对当前位置的线性变换。

刚体定点转动本质上是正交张量表达的线性变换，不过，角矢量、角速度矢量以及角加速度矢量依然是重要的运动特征量，尤其在工程实践上得到广泛应用。定点运动时，角矢量、角速度矢量以及角加速度矢量一般不共轴，即不是同时沿一个矢量的方向，这三个矢量大小和方向都是随时间变化的，这也是定点运动引人入胜之处。

5.5　刚体定点运动角速度的合成

5.5.1　两次定点转动角速度的合成

前面已经指出，两次转动时，正交张量和角速度张量都定义在当前的参考基即第二次转动的参考基 $\boldsymbol{e}_i^2$ 上，参考基 $\boldsymbol{e}_i^2$ 不随时间而变，而连体基 $\boldsymbol{e}_i^0$ 和第一次转动的参考基 $\boldsymbol{e}_i^1$ 都是关于时间的变量。利用式(5.3.1)、式(5.3.4)、式(5.3.11)以及式(5.4.12)，立即得两次转动合成的角速度张量 $\boldsymbol{\Omega}^{20}$ 为：

$$\begin{aligned}\boldsymbol{\Omega}^{20} &= \dot{\boldsymbol{R}}^{20} \cdot (\boldsymbol{R}^{20})^{\mathrm{T}} = (\dot{\boldsymbol{R}}^{21} \cdot \boldsymbol{R}^{10} + \boldsymbol{R}^{21} \cdot \dot{R}^{10}) \cdot (\boldsymbol{R}^{21} \cdot \boldsymbol{R}^{10})^{\mathrm{T}} \\ &= (\boldsymbol{\Omega}^{21} \cdot \boldsymbol{R}^{21} \cdot \boldsymbol{R}^{10} + \boldsymbol{R}^{21} \cdot \boldsymbol{\Omega}^{10} \cdot \boldsymbol{R}^{10}) \cdot [(\boldsymbol{R}^{10})^{\mathrm{T}} \cdot (\boldsymbol{R}^{21})^{\mathrm{T}}] \\ &= \boldsymbol{\Omega}^{21} + \boldsymbol{R}^{21} \cdot \boldsymbol{\Omega}^{10} \cdot (\boldsymbol{R}^{21})^{\mathrm{T}}\end{aligned} \tag{5.5.1}$$

其中 $\boldsymbol{\Omega}^{21}$ 和 $\boldsymbol{\Omega}^{10}$ 分别是参考基 $\boldsymbol{e}_i^2$ 下观察到的第二次和第一次转动的角速度张量。按照定义，两次转动的角速度张量分别为：

$$\boldsymbol{\Omega}^{21} = \dot{\boldsymbol{R}}^{21} \cdot (\boldsymbol{R}^{21})^{\mathrm{T}} = \dot{R}_{ij}^{21} \boldsymbol{e}_i^2 \boldsymbol{e}_j^2 \cdot R_{lk}^{21} \boldsymbol{e}_k^2 \boldsymbol{e}_l^2$$

$$= \dot{R}_{ik}^{21} R_{jk}^{21} \boldsymbol{e}_i^2 \boldsymbol{e}_j^2 = \Omega_{ij}^{21} \boldsymbol{e}_i^2 \boldsymbol{e}_j^2$$

$$\boldsymbol{\Omega}^{10} = \dot{\boldsymbol{R}}^{10} \cdot (\boldsymbol{R}^{10})^{\mathrm{T}} = \dot{R}_{ij}^{10}\boldsymbol{e}_i^2\boldsymbol{e}_j^2 \cdot R_{lk}^{10}\boldsymbol{e}_k^2\boldsymbol{e}_l^2$$
$$= \dot{R}_{ik}^{10}R_{jk}^{10}\boldsymbol{e}_i^2\boldsymbol{e}_j^2 = \Omega_{ij}^{10}\boldsymbol{e}_i^2\boldsymbol{e}_j^2 \tag{5.5.2}$$

其中两次转动的角速度张量分量为：

$$\Omega_{ij}^{21} = \dot{R}_{ik}^{21}R_{jk}^{21},\ \Omega_{ij}^{10} = \dot{R}_{ik}^{10}R_{jk}^{10} \tag{5.5.3}$$

显然，两次合成的角速度张量在参考基 $\boldsymbol{e}_i^2$ 下表为：

$$\boldsymbol{\Omega}^{20} = (\Omega_{ij}^{21} + R_{ik}^{21}\Omega_{kl}^{10}R_{jl}^{21})\boldsymbol{e}_i^2\boldsymbol{e}_j^2 = \Omega_{ij}^{20}\boldsymbol{e}_i^2\boldsymbol{e}_j^2 \tag{5.5.4}$$

其中合成角速度张量的分量为：

$$\Omega_{ij}^{20} = \Omega_{ij}^{21} + R_{ik}^{21}\Omega_{kl}^{10}R_{jl}^{21}$$

因此，合成角速度张量不是两次转动的角速度张量直接求和，还要增加一次正交变换。站在观察者的角度，第一次转动得到的角速度张量要借助第二次转动张量 $\boldsymbol{R}^{21}$ 作正交变换，再与第二次转动的角速度张量相加，得到两次转动合成的角速度张量。另外，正交变换不改变角速度张量的反对称性质，对式(5.5.1)右端第二项取转置，于是有：

$$[\boldsymbol{R}^{21} \cdot \boldsymbol{\Omega}^{10} \cdot (\boldsymbol{R}^{21})^{\mathrm{T}}]^{\mathrm{T}} = -\boldsymbol{R}^{21} \cdot \boldsymbol{\Omega}^{10} \cdot (\boldsymbol{R}^{21})^{\mathrm{T}} \tag{5.5.5}$$

所以合成后的角速度张量依然为二阶反对称张量。

为了进行两次转动角速度矢量的合成，先利用 Nanson 公式并考虑正交张量的性质，对任意一个矢量 $\boldsymbol{q}$，有关系式：

$$(\boldsymbol{R}^{21} \cdot \boldsymbol{\omega}^{10}) \times (\boldsymbol{R}^{21} \cdot \boldsymbol{q}) = \boldsymbol{R}^{21} \cdot (\boldsymbol{\omega}^{10} \times \boldsymbol{q}) \tag{5.5.6}$$

利用角速度张量与角速度矢量的反偶性质，把上式右端改写为：

$$\boldsymbol{R}^{21} \cdot (\boldsymbol{\omega}^{10} \times \boldsymbol{q}) = \boldsymbol{R}^{21} \cdot \boldsymbol{\Omega}^{10} \cdot \boldsymbol{q}$$
$$= [\boldsymbol{R}^{21} \cdot \boldsymbol{\Omega}^{10} \cdot (\boldsymbol{R}^{21})^{\mathrm{T}}] \cdot (\boldsymbol{R}^{21} \cdot \boldsymbol{q}) \tag{5.5.7}$$

联系以上两式，立即有：

$$(\boldsymbol{R}^{21} \cdot \boldsymbol{\omega}^{10}) \times (\boldsymbol{R}^{21} \cdot \boldsymbol{q}) = [\boldsymbol{R}^{21} \cdot \boldsymbol{\Omega}^{10} \cdot (\boldsymbol{R}^{21})^{\mathrm{T}}] \cdot (\boldsymbol{R}^{21} \cdot \boldsymbol{q}) \tag{5.5.8}$$

观察上式左端对 $\boldsymbol{R}^{21} \cdot \boldsymbol{q}$ 的叉乘和右端对 $\boldsymbol{R}^{21} \cdot \boldsymbol{q}$ 的点乘，表示 $\boldsymbol{R}^{21} \cdot \boldsymbol{\omega}^{10}$ 是 $\boldsymbol{R}^{21} \cdot \boldsymbol{\Omega}^{10} \cdot (\boldsymbol{R}^{21})^{\mathrm{T}}$ 的轴矢量，把它们的反偶关系表为：

$$\boldsymbol{R}^{21} \cdot \boldsymbol{\Omega}^{10} \cdot (\boldsymbol{R}^{21})^{\mathrm{T}} = -\boldsymbol{e} \cdot (\boldsymbol{R}^{21} \cdot \boldsymbol{\omega}^{10}) \tag{5.5.9}$$

同时，关于 $\boldsymbol{\Omega}^{20}$ 和 $\boldsymbol{\Omega}^{21}$ 的反偶关系为：

$$\boldsymbol{\Omega}^{20} = -\boldsymbol{e} \cdot \boldsymbol{\omega}^{20},\ \boldsymbol{\Omega}^{21} = -\boldsymbol{e} \cdot \boldsymbol{\omega}^{21} \tag{5.5.10}$$

以上两式的 $\boldsymbol{\omega}^{21}$ 和 $\boldsymbol{\omega}^{10}$ 是参考基 $\boldsymbol{e}_i^2$ 下第二次和第一次转动的角速度矢量，而 $\boldsymbol{\omega}^{20}$ 是两次转动合成的角速度矢量。把以上两式代入式(5.5.1)，立即得两次转动合成的角速度矢量为：

$$\boldsymbol{\omega}^{20} = \boldsymbol{\omega}^{21} + \boldsymbol{R}^{21} \cdot \boldsymbol{\omega}^{10} \tag{5.5.11}$$

在参考基 $\boldsymbol{e}_i^2$ 下表为：

$$\boldsymbol{\omega}^{20} = (\omega_i^{21} + R_{ij}^{21}\omega_j^{10})\boldsymbol{e}_i^2 = \omega_i^{20}\boldsymbol{e}_i^2 \tag{5.5.12}$$

把角速度张量的合成转化为角速度矢量的合成时，更有助于理解两次转动角速度的合成。注意式(5.5.11)右端第二项，正交张量 $\boldsymbol{R}^{21}$ 对第一次转动角速度矢量 $\boldsymbol{\omega}^{10}$ 的映射，不改变角速度矢量大小，但改变了角速度矢量的方向，从而改变了在当前参考基下的分量。

5.5.2 三次连续定点转动角速度的合成

回顾前面刚体连续做三次定点转动的合成规则以及相应的正交张量，利用角速度张量与正交张量的关系式，容易确定每次转动的角速度张量分别为：

$$\begin{aligned}\boldsymbol{\Omega}^{32} &= \dot{\boldsymbol{R}}^{32}\cdot(\boldsymbol{R}^{32})^{\mathrm{T}} = \dot{R}_{ik}^{32}R_{jk}^{32}\boldsymbol{e}_i^3\boldsymbol{e}_j^3 = \Omega_{ij}^{32}\boldsymbol{e}_i^3\boldsymbol{e}_j^3\\ \boldsymbol{\Omega}^{21} &= \dot{\boldsymbol{R}}^{21}\cdot(\boldsymbol{R}^{21})^{\mathrm{T}} = \dot{R}_{ik}^{21}R_{jk}^{21}\boldsymbol{e}_i^3\boldsymbol{e}_j^3 = \Omega_{ij}^{21}\boldsymbol{e}_i^3\boldsymbol{e}_j^3\\ \boldsymbol{\Omega}^{10} &= \dot{\boldsymbol{R}}^{10}\cdot(\boldsymbol{R}^{10})^{\mathrm{T}} = \dot{R}_{ik}^{10}R_{jk}^{10}\boldsymbol{e}_i^3\boldsymbol{e}_j^3 = \Omega_{ij}^{10}\boldsymbol{e}_i^3\boldsymbol{e}_j^3\end{aligned} \tag{5.5.13}$$

根据三次连续转动的合成式(5.3.31)，合成的角速度张量为：

$$\begin{aligned}\boldsymbol{\Omega}^{30} = \dot{\boldsymbol{R}}^{30}\cdot(\boldsymbol{R}^{30})^{\mathrm{T}} = \boldsymbol{\Omega}^{32} + \boldsymbol{R}^{32}\cdot\boldsymbol{\Omega}^{21}\cdot(\boldsymbol{R}^{32})^{\mathrm{T}} +\\ \boldsymbol{R}^{32}\cdot\boldsymbol{R}^{21}\cdot\boldsymbol{\Omega}^{10}\cdot(\boldsymbol{R}^{21})^{\mathrm{T}}\cdot(\boldsymbol{R}^{32})^{\mathrm{T}}\end{aligned} \tag{5.5.14}$$

参考两次转动的情况，立即得三次转动合成的角速度矢量为：

$$\boldsymbol{\omega}^{30} = \boldsymbol{\omega}^{32} + \boldsymbol{R}^{32}\cdot\boldsymbol{\omega}^{21} + \boldsymbol{R}^{32}\cdot\boldsymbol{R}^{21}\cdot\boldsymbol{\omega}^{10} \tag{5.5.15}$$

三次转动时，角速度张量和角速度矢量的合成都在当前参考基 $\boldsymbol{e}_i^3$ 下进行运算，上式右端第二项表示要对第二次转动角速度矢量做一次正交变换，第三项表示对第一次转动角速度矢量做两次正交变换。依照相同的规律，容易得到 n 次定点转动的角速度张量和角速度矢量的合成法则。

5.6 刚体定点运动角加速度的合成

5.6.1 两次转动角加速度的合成

由于角加速度张量是角速度张量关于时间的导数，对于两次转动合成的角加速度张量，对式(5.5.1)取时间导数得：

$$
\begin{aligned}
\boldsymbol{\Lambda}^{20} &= \dot{\boldsymbol{\Omega}}^{21} + \dot{\boldsymbol{R}}^{21} \cdot \boldsymbol{\Omega}^{10} \cdot (\boldsymbol{R}^{21})^{\mathrm{T}} + \boldsymbol{R}^{21} \cdot \dot{\boldsymbol{\Omega}}^{10} \cdot (\boldsymbol{R}^{21})^{\mathrm{T}} \\
&\quad + \boldsymbol{R}^{21} \cdot \boldsymbol{\Omega}^{10} \cdot (\dot{\boldsymbol{R}}^{21})^{\mathrm{T}} \\
&= \boldsymbol{\Lambda}^{21} + \boldsymbol{R}^{21} \cdot \boldsymbol{\Lambda}^{10} \cdot (\boldsymbol{R}^{21})^{\mathrm{T}} + \boldsymbol{\Omega}^{21} \cdot \boldsymbol{R}^{21} \cdot \boldsymbol{\Omega}^{10} \cdot (\boldsymbol{R}^{21})^{\mathrm{T}} \\
&\quad - \boldsymbol{R}^{21} \cdot \boldsymbol{\Omega}^{10} \cdot (\boldsymbol{R}^{21})^{\mathrm{T}} \cdot \boldsymbol{\Omega}^{21}
\end{aligned} \tag{5.6.1}
$$

上式右端第三、四项是关于两次转动角速度张量的乘积耦合项。利用角速度张量的反对称性，把耦合项表为：

$$
\begin{aligned}
2\boldsymbol{C}^{20} &= \boldsymbol{\Omega}^{21} \cdot \boldsymbol{R}^{21} \cdot \boldsymbol{\Omega}^{10} \cdot (\boldsymbol{R}^{21})^{\mathrm{T}} \\
&\quad - [\boldsymbol{\Omega}^{21} \cdot \boldsymbol{R}^{21} \cdot \boldsymbol{\Omega}^{10} \cdot (\boldsymbol{R}^{21})^{\mathrm{T}}]^{\mathrm{T}}
\end{aligned} \tag{5.6.2}
$$

因此，两次转动合成的角加速度张量为：

$$
\boldsymbol{\Lambda}^{20} = \boldsymbol{\Lambda}^{21} + \boldsymbol{R}^{21} \cdot \boldsymbol{\Lambda}^{10} \cdot (\boldsymbol{R}^{21})^{\mathrm{T}} + 2\boldsymbol{C}^{20} \tag{5.6.3}
$$

注意到耦合项是二阶反对称张量，所以合成后的角加速度张量依然为二阶反对称张量。角加速度张量的合成不仅包含两次转动的角加速度张量，还包含两次转动角速度张量的乘积项。

为得到角加速度矢量的合成，利用角加速度张量与角加速度矢量的反偶关系，并回顾式(5.5.9)，于是有：

$$
\begin{aligned}
&\boldsymbol{\Lambda}^{20} = -\boldsymbol{e} \cdot \boldsymbol{\varpi}^{20},\ \boldsymbol{\Lambda}^{21} = -\boldsymbol{e} \cdot \boldsymbol{\varpi}^{21} \\
&\boldsymbol{R}^{21} \cdot \boldsymbol{\Lambda}^{10} \cdot (\boldsymbol{R}^{21})^{\mathrm{T}} = -\boldsymbol{e} \cdot (\boldsymbol{R}^{21} \cdot \boldsymbol{\varpi}^{10})
\end{aligned} \tag{5.6.4}
$$

而耦合项(5.6.2)成为：

$$
\begin{aligned}
2\boldsymbol{C}^{20} &= \boldsymbol{\Omega}^{21} \cdot \boldsymbol{R}^{21} \cdot \boldsymbol{\Omega}^{10} \cdot (\boldsymbol{R}^{21})^{\mathrm{T}} - [\boldsymbol{\Omega}^{21} \cdot \boldsymbol{R}^{21} \cdot \boldsymbol{\Omega}^{10} \cdot (\boldsymbol{R}^{21})^{\mathrm{T}}]^{\mathrm{T}} \\
&= (\boldsymbol{e} \cdot \boldsymbol{\omega}^{21}) \cdot (\boldsymbol{e} \cdot \boldsymbol{R}^{21} \cdot \boldsymbol{\omega}^{10}) \\
&\quad - [(\boldsymbol{e} \cdot \boldsymbol{\omega}^{21}) \cdot (\boldsymbol{e} \cdot \boldsymbol{R}^{21} \cdot \boldsymbol{\omega}^{10})]^{\mathrm{T}} \\
&= (\boldsymbol{R}^{21} \cdot \boldsymbol{\omega}^{10})\boldsymbol{\omega}^{21} - \boldsymbol{\omega}^{21}(\boldsymbol{R}^{21} \cdot \boldsymbol{\omega}^{10}) \\
&= -\boldsymbol{e} \cdot [\boldsymbol{\omega}^{21} \times (\boldsymbol{R}^{21} \cdot \boldsymbol{\omega}^{10})]
\end{aligned} \tag{5.6.5}
$$

把上述关系式代入式(5.6.3)，立刻得两次转动合成的角加速度矢量：

$$
\boldsymbol{\varpi}^{20} = \boldsymbol{\varpi}^{21} + \boldsymbol{R}^{21} \cdot \boldsymbol{\varpi}^{10} + \boldsymbol{\omega}^{21} \times (\boldsymbol{R}^{21} \cdot \boldsymbol{\omega}^{10}) \tag{5.6.6}
$$

与角加速度张量的合成类似，两次转动合成的角加速度矢量不仅包含两次转动的角加速度矢量，还包含两次转动的角速度矢量叉积的耦合项，且这些合成都是在当前参考系下进行的运算。

5.6.2 三次转动角加速度的合成

根据式(5.5.14)，不难得到三次转动的角加速度张量的合成：

$$\boldsymbol{\Lambda}^{30}=\boldsymbol{\Lambda}^{32}+\boldsymbol{R}^{32}\cdot\boldsymbol{\Lambda}^{21}\cdot(\boldsymbol{R}^{32})^{\mathrm{T}}+\boldsymbol{R}^{32}\cdot\boldsymbol{R}^{21}\cdot\boldsymbol{\Lambda}^{10}\cdot(\boldsymbol{R}^{21})^{\mathrm{T}}\cdot(\boldsymbol{R}^{32})^{\mathrm{T}}+2\boldsymbol{C}^{32}+2\boldsymbol{C}^{31}+2\boldsymbol{C}^{21}\tag{5.6.7}$$

上式右端前 3 项表示把三次转动的角加速度张量在第三次转动的参考基上进行求和,右端后 3 项表示每两次转动之间的角速度张量的乘积耦合项。第三次与第二次转动的角速度张量的乘积耦合项表为:

$$2\boldsymbol{C}^{32}=\boldsymbol{\Omega}^{32}\cdot\boldsymbol{R}^{32}\cdot\boldsymbol{\Omega}^{21}\cdot(\boldsymbol{R}^{32})^{\mathrm{T}}-[\boldsymbol{\Omega}^{32}\cdot\boldsymbol{R}^{32}\cdot\boldsymbol{\Omega}^{21}\cdot(\boldsymbol{R}^{32})^{\mathrm{T}}]^{\mathrm{T}}\tag{5.6.8}$$

第三次与第一次转动的角速度张量的乘积耦合项为:

$$2\boldsymbol{C}^{31}=\boldsymbol{\Omega}^{32}\cdot\boldsymbol{R}^{32}\cdot\boldsymbol{R}^{21}\cdot\boldsymbol{\Omega}^{10}\cdot(\boldsymbol{R}^{21})^{\mathrm{T}}\cdot(\boldsymbol{R}^{32})^{\mathrm{T}}-[\boldsymbol{\Omega}^{32}\cdot\boldsymbol{R}^{32}\cdot\boldsymbol{R}^{21}\cdot\boldsymbol{\Omega}^{10}\cdot(\boldsymbol{R}^{21})^{\mathrm{T}}\cdot(\boldsymbol{R}^{32})^{\mathrm{T}}]^{\mathrm{T}}\tag{5.6.9}$$

而第二次与第一次转动的角速度张量的乘积耦合为:

$$2\boldsymbol{C}^{21}=\boldsymbol{R}^{32}\cdot[\boldsymbol{\Omega}^{21}\cdot\boldsymbol{R}^{21}\cdot\boldsymbol{\Omega}^{10}\cdot(\boldsymbol{R}^{21})^{\mathrm{T}}]\cdot(\boldsymbol{R}^{32})^{\mathrm{T}}-\boldsymbol{R}^{32}\cdot[\boldsymbol{\Omega}^{21}\cdot\boldsymbol{R}^{21}\cdot\boldsymbol{\Omega}^{10}\cdot(\boldsymbol{R}^{21})^{\mathrm{T}}]^{\mathrm{T}}\cdot(\boldsymbol{R}^{32})^{\mathrm{T}}\tag{5.6.10}$$

参照两次转动角加速度矢量合成的方法,略去推导过程,容易得到三次转动的复合角加速度矢量为:

$$\boldsymbol{\varpi}^{30}=\boldsymbol{\varpi}^{32}+\boldsymbol{R}^{32}\cdot\boldsymbol{\varpi}^{21}+\boldsymbol{R}^{32}\cdot\boldsymbol{R}^{21}\cdot\boldsymbol{\varpi}^{10}+\boldsymbol{\omega}^{32}\times(\boldsymbol{R}^{32}\cdot\boldsymbol{\omega}^{21})+\boldsymbol{\omega}^{32}\times(\boldsymbol{R}^{32}\cdot\boldsymbol{R}^{21}\cdot\boldsymbol{\omega}^{10})+\boldsymbol{R}^{32}\cdot[\boldsymbol{\omega}^{21}\times(\boldsymbol{R}^{21}\cdot\boldsymbol{\omega}^{10})]\tag{5.6.11}$$

上式右端前 3 项表示在第三次转动参考基上三次转动的角加速度矢量之和,后 3 项表示在第三次转动参考基上三次转动角速度矢量之间的乘积耦合项。另外,角加速度矢量的合成也可直接根据角速度矢量的合成法则得到。类似地,容易写出 n 次定点转动的角加速度张量及角加速度矢量的合成法则。

5.7　欧拉角表达的角速度矢量和角加速度矢量

刚体定点转动的位置变换关系是正交张量表达的线性正交变换。正交张量虽有 9 个分量但只有 3 个独立分量,选取这 3 个独立分量的方式不是唯一的,教科书及工程上经常选取 3 个独立的欧拉角作为 3 个独立分量,也用以描述刚体当前的运动姿态。欧拉采用的方式是以连续 3 次定轴转动来等效于一次定点转动,刚体按照所谓 zxz 顺序做三次有序的定轴转动。首先刚体做进动得进动角 φ,沿节线做章动有章动角 θ,最后做自旋转动得自旋角 ψ,参见图 5.9。

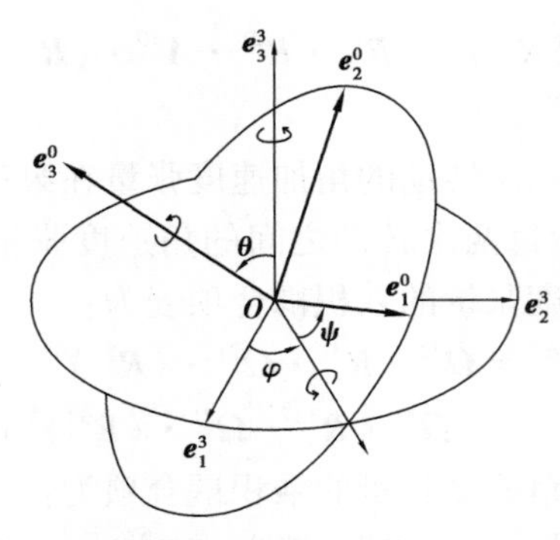

图 5.9　进动和章动以及自旋形成三个欧拉角

取参考坐标系和连体坐标系均为笛卡尔直角坐标系,刚体先绕参考系的 $\boldsymbol{e}_3^3$ 轴转动为进动,进动后连体系的 $\boldsymbol{e}_1^0$ 轴称为节线,绕节线的转动为章动,最后绕连体系的轴 $\boldsymbol{e}_3^0$ 转动为自旋,此时 $\boldsymbol{e}_1^0$ 轴也运动到当前位置(图 5.9)。采用欧拉角描述定点转动时,一直以来都是只给出角速度矢量,但用传统欧拉的方法,难以回答角张量及其矢量、角加速度张量及其矢量的表达问题。

按照刚体定点转动的合成法则进行转动的合成。由于连体基 $\boldsymbol{e}_i^0$ 固连在刚体上,所以把欧拉转动顺序进行反序排列作为转动合成的顺序,也就是把自旋作为第一次转动,章动为第二次转动,进动为第三次转动。取固定不动的参考系为观察三次转动的当前参考系,则当前参考基也就是第三次转动的参考基 $\boldsymbol{e}_i^3$,而自旋和章动分别对应有第一次和第二次转动的参考基 $\boldsymbol{e}_i^1$ 和 $\boldsymbol{e}_i^2$,作为描述相对运动的参考基。

根据(5.3.22)、(5.3.24)和(5.3.26)三式,自旋、章动、进动分别形成的正交张量为:

$$\boldsymbol{R}^{10} = R_{ij}^{10}\boldsymbol{e}_i^3\boldsymbol{e}_j^3 \tag{5.7.1}$$

$$\boldsymbol{R}^{21} = R_{ij}^{21}\boldsymbol{e}_i^3\boldsymbol{e}_j^3 \tag{5.7.2}$$

$$\boldsymbol{R}^{32} = R_{ij}^{32}\boldsymbol{e}_i^3\boldsymbol{e}_j^3 \tag{5.7.3}$$

参照式(5.1.5)关于做相对转动的两组基矢量的方向余弦,上述张量分量的矩阵分别为:

$$[\boldsymbol{R}^{10}] = \begin{bmatrix} \cos\psi & -\sin\psi & 0 \\ \sin\psi & \cos\psi & 0 \\ 0 & 0 & 1 \end{bmatrix} \tag{5.7.4}$$

$$[\boldsymbol{R}^{21}] = \begin{bmatrix} 1 & 0 & 0 \\ 0 & \cos\theta & -\sin\theta \\ 0 & \sin\theta & \cos\theta \end{bmatrix} \tag{5.7.5}$$

$$[\boldsymbol{R}^{32}]=\begin{bmatrix}\cos\varphi & -\sin\varphi & 0\\ \sin\varphi & \cos\varphi & 0\\ 0 & 0 & 1\end{bmatrix}\tag{5.7.6}$$

由式(5.3.31)或式(5.3.32),得三次定轴转动合成的正交张量对应的矩阵:

$$[\boldsymbol{R}^{30}]=[\boldsymbol{R}^{32}][\boldsymbol{R}^{21}][\boldsymbol{R}^{10}]=$$

$$\begin{bmatrix}\cos\varphi & -\sin\varphi & 0\\ \sin\varphi & \cos\varphi & 0\\ 0 & 0 & 1\end{bmatrix}\begin{bmatrix}1 & 0 & 0\\ 0 & \cos\theta & -\sin\theta\\ 0 & \sin\theta & \cos\theta\end{bmatrix}\begin{bmatrix}\cos\psi & -\sin\psi & 0\\ \sin\psi & \cos\psi & 0\\ 0 & 0 & 1\end{bmatrix}=$$

$$\begin{bmatrix}\cos\varphi\cos\psi-\sin\varphi\cos\theta\sin\psi & -\cos\varphi\sin\psi-\sin\varphi\cos\theta\cos\psi & \sin\varphi\sin\theta\\ \sin\varphi\cos\psi+\cos\varphi\cos\theta\sin\psi & -\sin\varphi\sin\psi+\cos\varphi\cos\theta\cos\psi & -\cos\varphi\sin\theta\\ \sin\theta\sin\psi & \sin\theta\cos\psi & \cos\theta\end{bmatrix}\tag{5.7.7}$$

注意这里正交矩阵的乘积顺序。由式(5.2.20),有 3 次转动合成的角张量为:

$$\boldsymbol{A}^{30}=\ln\boldsymbol{R}^{30}=\ln R_{ij}^{30}\,\boldsymbol{e}_i^3\boldsymbol{e}_j^3\tag{5.7.8}$$

根据欧拉角,则有合成的正交张量,再对正交张量取对数可得当前参考基下合成的角张量以及合成的角矢量。这个角张量是 3 次连续转动等效为一次转动时的角张量,包含等效转动的转轴和转角。

利用式(5.4.3)以及式(5.7.4)–式(5.7.6)的正交张量,自旋、章动、进动的角速度张量对应的矩阵分别为:

$$[\boldsymbol{\Omega}^{10}]=[\dot{\boldsymbol{R}}^{10}][(\boldsymbol{R}^{10})^{\mathrm{T}}]$$

$$=\begin{bmatrix}-\dot{\psi}\sin\psi & -\dot{\psi}\cos\psi & 0\\ \dot{\psi}\cos\psi & -\dot{\psi}\sin\psi & 0\\ 0 & 0 & 0\end{bmatrix}\begin{bmatrix}\cos\psi & \sin\psi & 0\\ -\sin\psi & \cos\psi & 0\\ 0 & 0 & 1\end{bmatrix}\tag{5.7.9}$$

$$=\begin{bmatrix}0 & -\dot{\psi} & 0\\ \dot{\psi} & 0 & 0\\ 0 & 0 & 0\end{bmatrix}$$

$$[\boldsymbol{\Omega}^{21}] = [\dot{\boldsymbol{R}}^{21}][(\boldsymbol{R}^{21})^{\mathrm{T}}]$$

$$= \begin{bmatrix} 0 & 0 & 0 \\ 0 & -\dot{\theta}\sin\theta & -\dot{\theta}\cos\theta \\ 0 & \dot{\theta}\cos\theta & -\dot{\theta}\sin\theta \end{bmatrix} \begin{bmatrix} 1 & 0 & 0 \\ 0 & \cos\theta & \sin\theta \\ 0 & -\sin\theta & \cos\theta \end{bmatrix} \tag{5.7.10}$$

$$= \begin{bmatrix} 0 & 0 & 0 \\ 0 & 0 & -\dot{\theta} \\ 0 & \dot{\theta} & 0 \end{bmatrix}$$

$$[\boldsymbol{\Omega}^{32}] = [\dot{\boldsymbol{R}}^{32}][(\dot{\boldsymbol{R}}^{32})^{\mathrm{T}}]$$

$$= \begin{bmatrix} -\dot{\varphi}\sin\varphi & -\dot{\varphi}\cos\varphi & 0 \\ \dot{\varphi}\cos\varphi & -\dot{\varphi}\sin\varphi & 0 \\ 0 & 0 & 0 \end{bmatrix} \begin{bmatrix} \cos\varphi & \sin\varphi & 0 \\ -\sin\varphi & \cos\varphi & 0 \\ 0 & 0 & 1 \end{bmatrix} \tag{5.7.11}$$

$$= \begin{bmatrix} 0 & -\dot{\varphi} & 0 \\ \dot{\varphi} & 0 & 0 \\ 0 & 0 & 0 \end{bmatrix}$$

再利用反对称张量与轴矢量的反偶关系，得自旋、章动、进动的角速度矢量对应的列阵分别为：

$$\{\boldsymbol{\omega}^{10}\} = \begin{Bmatrix} \omega_1^{10} \\ \omega_2^{10} \\ \omega_3^{10} \end{Bmatrix} = \begin{Bmatrix} -\dfrac{1}{2}e_{1jk}\Omega_{jk}^{10} \\ -\dfrac{1}{2}e_{2jk}\Omega_{jk}^{10} \\ -\dfrac{1}{2}e_{3jk}\Omega_{jk}^{10} \end{Bmatrix} = \begin{Bmatrix} 0 \\ 0 \\ \dot{\psi} \end{Bmatrix} \tag{5.7.12}$$

$$\{\boldsymbol{\omega}^{21}\} = \begin{Bmatrix} \omega_1^{21} \\ \omega_2^{21} \\ \omega_3^{21} \end{Bmatrix} = \begin{Bmatrix} -\dfrac{1}{2}e_{1jk}\Omega_{jk}^{21} \\ -\dfrac{1}{2}e_{2jk}\Omega_{jk}^{21} \\ -\dfrac{1}{2}e_{3jk}\Omega_{jk}^{20} \end{Bmatrix} = \begin{Bmatrix} \dot{\theta} \\ 0 \\ 0 \end{Bmatrix} \tag{5.7.13}$$

$$\{\boldsymbol{\omega}^{32}\} = \begin{Bmatrix}\omega_1^{32}\\ \omega_2^{32}\\ \omega_3^{32}\end{Bmatrix} = \begin{Bmatrix}-\dfrac{1}{2}e_{1jk}\Omega_{jk}^{32}\\ -\dfrac{1}{2}e_{2jk}\Omega_{jk}^{32}\\ -\dfrac{1}{2}e_{3jk}\Omega_{jk}^{32}\end{Bmatrix} = \begin{Bmatrix}0\\ 0\\ \dot{\varphi}\end{Bmatrix} \tag{5.7.14}$$

把以上三式以及式(5.7.4)-式(5.7.6)的正交张量代入式(5.5.15)，有 3 次转动合成的角速度矢量的列阵：

$$\begin{aligned}\{\boldsymbol{\omega}^{30}\} &= \{\boldsymbol{\omega}^{32}\} + [\boldsymbol{R}^{32}]\{\boldsymbol{\omega}^{21}\} + [\boldsymbol{R}^{32}][\boldsymbol{R}^{21}]\{\boldsymbol{\omega}^{10}\}\\ &= \begin{Bmatrix}\dot{\theta}\cos\varphi + \dot{\psi}\sin\varphi\sin\theta\\ \dot{\theta}\sin\varphi - \dot{\psi}\cos\varphi\sin\theta\\ \dot{\varphi} + \dot{\psi}\cos\theta\end{Bmatrix}\end{aligned} \tag{5.7.15}$$

把上式写成实体展开式，合成的角速度矢量表为：

$$\begin{aligned}\boldsymbol{\omega}^{30} = {}&(\dot{\theta}\cos\varphi + \dot{\psi}\sin\varphi\sin\theta)\boldsymbol{e}_1^3 + (\dot{\theta}\sin\varphi - \dot{\psi}\cos\varphi\sin\theta)\boldsymbol{e}_2^3 +\\ &(\dot{\varphi} + \dot{\psi}\cos\theta)\boldsymbol{e}_3^3\end{aligned} \tag{5.7.16}$$

其中的三个分量是在当前参考基下的 3 个分量。如果确定角速度矢量在连体基下的分量，回顾基矢量之间的转换关系(5.1.6)第一式，把角速度矢量改写为：

$$\boldsymbol{\omega}^{30} = \omega_i^{30}\boldsymbol{e}_i^3 = R_{ji}^{30}\omega_j^{30}\boldsymbol{e}_i^0 = \hat{\omega}_i^{30}\boldsymbol{e}_i^0 \tag{5.7.17}$$

上式 $\hat{\omega}_i^{30}$ 代表角速度矢量在连体基下的分量：

$$\hat{\omega}_i^{30} = R_{ji}^{30}\omega_j^{30} \tag{5.7.18}$$

把式(5.7.7)和式(5.7.15)代入式(5.7.18)，得连体基下角速度矢量分量的列阵：

$$\{\hat{\omega}_i^{30}\} = [R_{ij}^{30}]^{\mathrm{T}}\{\omega_j^{30}\} = \begin{Bmatrix}\dot{\theta}\cos\psi + \dot{\varphi}\sin\theta\sin\psi\\ -\dot{\theta}\sin\psi + \dot{\varphi}\sin\theta\cos\psi\\ \dot{\psi} + \dot{\varphi}\cos\theta\end{Bmatrix} \tag{5.7.19}$$

为便于比较，给出合成的角速度矢量在连体基下的实体展开式：

$$\begin{aligned}\boldsymbol{\omega}^{30} = {}&(\dot{\theta}\cos\psi + \dot{\varphi}\sin\theta\sin\psi)\boldsymbol{e}_1^0 + (-\dot{\theta}\sin\psi + \dot{\varphi}\sin\theta\cos\psi)\boldsymbol{e}_2^0 +\\ &(\dot{\psi} + \dot{\varphi}\cos\theta)\boldsymbol{e}_3^0\end{aligned} \tag{5.7.20}$$

传统的欧拉方法是把3次定轴转动的角速度矢量分别投影到参考基上,再将这些投影求和,得到矢量的各个分量,同样,对每次定轴转动的角速度矢量向连体基投影,则得到矢量在连体基上的分量。上述结果与欧拉投影方法得到的角速度矢量是一致的。

现在进行3次转动角加速度矢量的合成。由式(5.7.9)—式(5.7.11)得3次定轴转动的角加速度张量的矩阵:

$$[\boldsymbol{\Lambda}^{10}] = [\dot{\boldsymbol{\Omega}}^{10}] = \begin{bmatrix} 0 & -\ddot{\psi} & 0 \\ \ddot{\psi} & 0 & 0 \\ 0 & 0 & 0 \end{bmatrix} \tag{5.7.21}$$

$$[\boldsymbol{\Lambda}^{21}] = [\dot{\boldsymbol{\Omega}}^{21}] = \begin{bmatrix} 0 & 0 & 0 \\ 0 & 0 & -\ddot{\theta} \\ 0 & \ddot{\theta} & 0 \end{bmatrix} \tag{5.7.22}$$

$$[\boldsymbol{\Lambda}^{32}] = [\dot{\boldsymbol{\Omega}}^{32}] = \begin{bmatrix} 0 & -\ddot{\varphi} & 0 \\ \ddot{\varphi} & 0 & 0 \\ 0 & 0 & 0 \end{bmatrix} \tag{5.7.23}$$

应用反偶关系,立即有角加速度矢量的列阵:

$$\{\boldsymbol{\varpi}^{10}\} = \begin{Bmatrix} 0 \\ 0 \\ \ddot{\psi} \end{Bmatrix}, \quad \{\boldsymbol{\varpi}^{21}\} = \begin{Bmatrix} \ddot{\theta} \\ 0 \\ 0 \end{Bmatrix}, \quad \{\boldsymbol{\varpi}^{32}\} = \begin{Bmatrix} 0 \\ 0 \\ \ddot{\varphi} \end{Bmatrix} \tag{5.7.24}$$

为计算方便,可利用反偶关系,把3次转动合成的角加速度矢量(5.6.11)改写成下面的矩阵形式:

$$\begin{aligned} \{\boldsymbol{\varpi}^{30}\} = {} & \{\boldsymbol{\varpi}^{32}\} + [\boldsymbol{R}^{32}]\{\boldsymbol{\varpi}^{21}\} + [\boldsymbol{R}^{32}][\boldsymbol{R}^{21}]\{\boldsymbol{\varpi}^{10}\} + [\boldsymbol{\Omega}^{32}][\boldsymbol{R}^{32}]\{\boldsymbol{\omega}^{21}\} + \\ & [\boldsymbol{\Omega}^{32}][\boldsymbol{R}^{32}][\boldsymbol{R}^{21}]\{\boldsymbol{\omega}^{10}\} + [\boldsymbol{R}^{32}][\boldsymbol{\Omega}^{21}][\boldsymbol{R}^{21}]\{\boldsymbol{\omega}^{10}\} \end{aligned} \tag{5.7.25}$$

上式中把有关的轴矢量叉积都转换为反对称张量的点积的形式,将前面已经得到的正交张量、角速度张量及矢量、角加速度矢量代入上式,经过简单计算,有参考基下角加速度矢量的列阵:

$$\{\boldsymbol{\varpi}^{30}\} = \begin{Bmatrix} \ddot{\theta}\cos\varphi + \ddot{\psi}\sin\varphi\sin\theta - \dot{\varphi}\dot{\theta}\sin\varphi + \dot{\varphi}\dot{\psi}\cos\varphi\sin\theta + \dot{\theta}\dot{\psi}\sin\varphi\cos\theta \\ \ddot{\theta}\sin\varphi - \ddot{\psi}\cos\varphi\sin\theta + \dot{\varphi}\dot{\theta}\cos\varphi + \dot{\varphi}\dot{\psi}\sin\varphi\sin\theta - \dot{\theta}\dot{\psi}\cos\varphi\cos\theta \\ \ddot{\varphi} + \ddot{\psi}\cos\theta - \dot{\theta}\dot{\psi}\sin\theta \end{Bmatrix} \tag{5.7.26}$$

容易把上式的角加速度矢量写成在参考基下的实体展开式。与处理角速度矢量的情况(5.7.17)类似,令角加速度矢量在连体基下的分量为$\hat{\varpi}_i^{30}$,则有:

$$\boldsymbol{\varpi}^{30} = \hat{\varpi}_i^{30}\boldsymbol{e}_i^3 = R_{ji}^{30}\hat{\varpi}_j^{30}\boldsymbol{e}_i^0 = \hat{\varpi}_i^{30}\boldsymbol{e}_i^0 \tag{5.7.27}$$

其中角加速度矢量在连体基下的分量为:

$$\hat{\varpi}_i^{30} = R_{ji}^{30}\hat{\varpi}_j^{30} \tag{5.7.28}$$

把合成正交张量式(5.7.7)和式(5.7.26)代入上式,略去简单的代数运算,得连体基下角加速度矢量的 3 个分量:

$$\{\hat{\varpi}^{30}\} = \begin{Bmatrix} \ddot{\theta}\cos\psi + \ddot{\varphi}\sin\theta\sin\psi + \dot{\varphi}\dot{\theta}\cos\theta\sin\psi + \dot{\varphi}\dot{\psi}\sin\theta\cos\psi - \dot{\theta}\dot{\psi}\sin\psi \\ -\ddot{\theta}\sin\psi + \ddot{\varphi}\sin\theta\cos\psi + \dot{\varphi}\dot{\theta}\cos\theta\cos\psi - \dot{\varphi}\dot{\psi}\sin\theta\sin\psi - \dot{\theta}\dot{\psi}\cos\psi \\ \ddot{\varphi}\cos\theta + \ddot{\psi} - \dot{\varphi}\dot{\theta}\sin\theta \end{Bmatrix} \tag{5.7.29}$$

连体基下的转角、角速度以及角加速度只是参考基下相应运动量的映射,它们不代表任何转动。同时,根据基矢量之间的转换关系,可以根据需要,容易把相应的运动量映射到中间的参考基上。

5.8　刚体定点运动的欧拉动力学方程

刚体定点转动的定点作为坐标系的原点,参考坐标系固定不动,连体坐标系与刚体共同运动。定点运动前,两个坐标系重合,运动后两个坐标系产生相对转动。

参考系下刚体质点的当前位置为 $\boldsymbol{x}$,质点的速度为:

$$\boldsymbol{v} = \frac{\mathrm{d}\boldsymbol{x}}{\mathrm{d}t} = \boldsymbol{\omega} \times \boldsymbol{x} \tag{5.8.1}$$

而质点的加速度为：

$$\boldsymbol{a}=\frac{\mathrm{d}^2\boldsymbol{x}}{\mathrm{d}t^2}=\dot{\boldsymbol{\omega}}\times\boldsymbol{x}+\boldsymbol{\omega}\times(\boldsymbol{\omega}\times\boldsymbol{x}) \tag{5.8.2}$$

设 $\boldsymbol{T}$ 和 $\boldsymbol{M}$ 分别表示作用在刚体上的面力和面力偶，$\boldsymbol{b}$ 表示作用在刚体上的体力，则作用在刚体上的全部外力矩 $\boldsymbol{Q}$ 为：

$$\boldsymbol{Q}=\int_S\boldsymbol{x}\times\boldsymbol{T}\mathrm{d}S+\int_S\boldsymbol{M}\mathrm{d}S+\int_V\boldsymbol{x}\times\boldsymbol{b}\rho\mathrm{d}V \tag{5.8.3}$$

刚体定点转动的动量矩 $\boldsymbol{L}$ 为：

$$\boldsymbol{L}=\int_V\boldsymbol{x}\times\boldsymbol{v}\rho\mathrm{d}V \tag{5.8.4}$$

考察上式中积分函数项的变化率：

$$\begin{aligned}\frac{\mathrm{d}}{\mathrm{d}t}(\boldsymbol{x}\times\boldsymbol{v})&=\boldsymbol{x}\times\frac{\mathrm{d}\boldsymbol{v}}{\mathrm{d}t}=\boldsymbol{x}\times\frac{\mathrm{d}}{\mathrm{d}t}(\boldsymbol{\omega}\times\boldsymbol{x})\\&=\boldsymbol{x}\times[\dot{\boldsymbol{\omega}}\times\boldsymbol{x}+\boldsymbol{\omega}\times(\boldsymbol{\omega}\times\boldsymbol{x})]\\&=(\boldsymbol{x}\cdot\boldsymbol{x})\dot{\boldsymbol{\omega}}-(\boldsymbol{x}\cdot\dot{\boldsymbol{\omega}})\boldsymbol{x}+\\&\quad\ \boldsymbol{x}\times[(\boldsymbol{x}\cdot\boldsymbol{\omega})\boldsymbol{\omega}-(\boldsymbol{\omega}\cdot\boldsymbol{\omega})\boldsymbol{x}]\\&=[(\boldsymbol{x}\cdot\boldsymbol{x})\boldsymbol{I}-\boldsymbol{x}\boldsymbol{x}]\cdot\dot{\boldsymbol{\omega}}+(\boldsymbol{x}\cdot\boldsymbol{\omega})\boldsymbol{x}\times\boldsymbol{\omega}\end{aligned} \tag{5.8.5}$$

注意刚体运动的角加速度不是刚体位置的函数，可以提到积分号外面，动量矩的变化率成为：

$$\begin{aligned}\frac{\mathrm{d}\boldsymbol{L}}{\mathrm{d}t}&=\int_V\frac{\mathrm{d}}{\mathrm{d}t}(\boldsymbol{x}\times\boldsymbol{v})\rho\mathrm{d}V\\&=\int_V[\boldsymbol{x}\cdot\boldsymbol{x}\boldsymbol{I}+\boldsymbol{x}\boldsymbol{x}]\rho\mathrm{d}V\cdot\dot{\boldsymbol{\omega}}+\int_V(\boldsymbol{x}\cdot\boldsymbol{\omega})\boldsymbol{x}\times\boldsymbol{\omega}\,\rho\mathrm{d}V\end{aligned} \tag{5.8.6}$$

刚体关于定点的转动惯量张量为：

$$\boldsymbol{J}=\int_V(\boldsymbol{x}\cdot\boldsymbol{x}\boldsymbol{I}-\boldsymbol{x}\boldsymbol{x})\rho\mathrm{d}V \tag{5.8.7}$$

同时，容易验证：

$$\begin{aligned}\boldsymbol{\omega}\times\boldsymbol{L}&=\int_V\boldsymbol{\omega}\times[\boldsymbol{x}\times(\boldsymbol{\omega}\times\boldsymbol{x})]\rho\mathrm{d}V\\&=\int_V\boldsymbol{\omega}\times[(\boldsymbol{x}\cdot\boldsymbol{x})\boldsymbol{\omega}-(\boldsymbol{x}\cdot\boldsymbol{\omega})\boldsymbol{x}]\rho\mathrm{d}V\\&=\int_V(\boldsymbol{x}\cdot\boldsymbol{\omega})\boldsymbol{x}\times\boldsymbol{\omega}\,\rho\mathrm{d}V\end{aligned} \tag{5.8.8}$$

刚体转动的动量矩定理为：

$$\boldsymbol{Q} = \frac{\mathrm{d}\boldsymbol{L}}{\mathrm{d}t} \tag{5.8.9}$$

所以有刚体定点运动的欧拉动力学方程：

$$\boldsymbol{Q} = \boldsymbol{J} \cdot \dot{\boldsymbol{\omega}} + \boldsymbol{\omega} \times \boldsymbol{L} \tag{5.8.10}$$

上式左端是作用于刚体上的外力矩，右端是由于刚体转动产生的两个惯性力之矩的负值，所以上式说明刚体受到的外力矩与惯性力矩之和为零，或者说，刚体定点运动的稳定性是外力矩与惯性力矩联合作用的结果。由式(5.8.2)可知，刚体转动时，质点加速度由周向角速度 $\dot{\boldsymbol{\omega}}\times\boldsymbol{x}$ 和向心加速度 $\boldsymbol{\omega}\times(\boldsymbol{\omega}\times\boldsymbol{x})$ 两项组成，二者对应的惯性力为周向惯性力和离心惯性力，两种惯性力都会对刚体产生惯性力矩。周向惯性力之矩 $\boldsymbol{J}\cdot\dot{\boldsymbol{\omega}}$ 关联于角加速度，而离心惯性力之矩 $\boldsymbol{\omega}\times\boldsymbol{L}$ 关联于角速度。

刚体转动时，其质点位置 $\boldsymbol{x}$ 是时间的变量，使确定转动惯量张量变得十分不便，这给求解动力学方程带来困难，所以，通常把动力学方程映射到连体坐标系。由于动力学方程(5.8.10)是张量方程，映射到连体坐标系后，方程的形式保持不变，只是方程涉及的每个变量在连体系的分量与参考系的分量满足坐标转换关系。为使表达简洁，约定动力学方程(5.8.10)直接应用于连体系，避免增加另一组表达的符号。

在连体系下，转动惯量张量表为：

$$\boldsymbol{J} = \int_V (x_k x_k \delta_{ij} - x_i x_j)\rho \mathrm{d}V\, \boldsymbol{e}_i \boldsymbol{e}_j \tag{5.8.11}$$

上式的基矢量 $\boldsymbol{e}_i$ 为连体基的基矢量，坐标 x_i 为位置矢量在连体系下的分量，这时，位置矢量不是时间的变量。转动惯量张量的矩阵形式为：

$$[\boldsymbol{J}] = \begin{bmatrix} \int_V (x_2^2 + x_3^2)\rho\mathrm{d}V & -\int_V x_1x_2\rho\mathrm{d}V & -\int_V x_1x_3\rho\mathrm{d}V \\ -\int_V x_1x_2\rho\mathrm{d}V & \int_V (x_1^2 + x_3^2)\rho\mathrm{d}V & -\int_V x_2x_3\rho\mathrm{d}V \\ -\int_V x_1x_3\rho\mathrm{d}V & -\int_V x_2x_3\rho\mathrm{d}V & \int_V (x_1^2 + x_2^2)\rho\mathrm{d}V \end{bmatrix} \tag{5.8.12}$$

上式中上三角和下三角的元素称为惯性积。刚体转动惯量是二阶实对称张量，存在 3 个主轴和 3 个主值，主轴状态下上式矩阵的惯性积为零。取连体坐标系的 3 个基矢量与刚体转动惯量的 3 个主轴重合，令转动惯量的 3 个主值为 J_1, J_2, J_3，于是连体系下刚体转动惯量表为：

$$\boldsymbol{J} = J_1\boldsymbol{e}_1\boldsymbol{e}_1 + J_2\boldsymbol{e}_2\boldsymbol{e}_2 + J_3\boldsymbol{e}_3\boldsymbol{e}_3 \tag{5.8.13}$$

3 个主值是刚体关于连体系 3 个坐标轴的转动惯量主值。另外,把式(5.8.10)的离心力之矩展开为:

$$\begin{aligned}\boldsymbol{\omega}\times\boldsymbol{L}&=\int_V(\boldsymbol{x}\cdot\boldsymbol{\omega})\boldsymbol{x}\times\boldsymbol{\omega}\rho\mathrm{d}V\\&=\int_V(x_1\omega_1+x_2\omega_2+x_3\omega_3)x_j\omega_k e_{ijk}\boldsymbol{e}_i\,\rho\mathrm{d}V\end{aligned}\tag{5.8.14}$$

简单整理上式,并利用主轴状态下惯性积为零的性质,上式成为:

$$\begin{aligned}\boldsymbol{\omega}\times\boldsymbol{L}&=\int_V(x_2^2-x_3^2)\rho\mathrm{d}V\omega_2\omega_3\boldsymbol{e}_1+\int_V(x_3^2-x_1^2)\rho\mathrm{d}V\omega_1\omega_3\boldsymbol{e}_2+\\&\quad\int_V(x_1^2-x_2^2)\rho\mathrm{d}V\omega_1\omega_2\boldsymbol{e}_3\\&=(J_3-J_2)\omega_2\omega_3\boldsymbol{e}_1+(J_1-J_3)\omega_1\omega_3\boldsymbol{e}_2+\\&\quad(J_2-J_1)\omega_1\omega_2\boldsymbol{e}_3\end{aligned}\tag{5.8.15}$$

把式(5.8.13)和式(5.8.15)代入式(5.8.10),欧拉方程简化为其经典形式:

$$\begin{aligned}Q_1&=J_1\dot{\omega}_1+(J_3-J_2)\omega_2\omega_3\\Q_2&=J_2\dot{\omega}_2+(J_1-J_3)\omega_1\omega_3\\Q_3&=J_3\dot{\omega}_3+(J_2-J_1)\omega_1\omega_2\end{aligned}\tag{5.8.16}$$

如果以欧拉角表达上式的角速度和角加速度,那么利用式(5.7.20)和式(5.7.29),把连体系下角速度和角加速度代入式(5.8.17)中,于是有:

$$\begin{aligned}Q_1=&J_1(\ddot{\theta}\cos\psi+\ddot{\varphi}\sin\theta\sin\psi+\dot{\varphi}\dot{\theta}\cos\theta\sin\psi+\\&\dot{\varphi}\dot{\psi}\sin\theta\cos\psi-\dot{\theta}\dot{\psi}\sin\psi)+\\&(J_3-J_2)(-\dot{\theta}\sin\psi+\dot{\varphi}\sin\theta\cos\psi)(\dot{\psi}+\dot{\varphi}\cos\theta)\end{aligned}\tag{5.8.17}$$

$$\begin{aligned}Q_2=&J_2(-\ddot{\theta}\sin\psi+\ddot{\varphi}\sin\theta\cos\psi+\dot{\varphi}\dot{\theta}\cos\theta\cos\psi-\\&\dot{\varphi}\dot{\psi}\sin\theta\sin\psi-\dot{\theta}\dot{\psi}\cos\psi)+\\&(J_1-J_3)(\dot{\theta}\cos\psi+\dot{\varphi}\sin\theta\sin\psi)(\dot{\psi}+\dot{\varphi}\cos\theta)\end{aligned}\tag{5.8.18}$$

$$\begin{aligned}Q_3=&J_3(\ddot{\varphi}\cos\theta+\ddot{\psi}-\dot{\varphi}\dot{\theta}\sin\theta)+\\&(J_2-J_1)(\dot{\theta}\cos\psi+\dot{\varphi}\sin\theta\sin\psi)\\&(-\dot{\theta}\sin\psi+\dot{\varphi}\sin\theta\cos\psi)\end{aligned}\tag{5.8.19}$$

以上三式是欧拉动力学方程关于进动角、章动角、自旋角显式表达的非齐次非线性二阶微分方程组，有 3 个未知变量和 3 个控制方程，所以是一个封闭体系。直接求解上述方程组需要考虑初始时刻 3 个欧拉角以及 3 个欧拉角变化率共 6 个初始条件。注意到经典的欧拉动力学方程需要与欧拉运动学方程联立求解，由于获得了角加速度的解析表达式，欧拉动力学方程实际转化为关于进动角、章动角、自旋角的运动学方程。

现在考虑一个极轴对称陀螺在平面上做定点自由运动的情况，这时，平面支撑力过支点不产生力矩，刚体受到的外力矩只有重力矩。取参考系的第三个基矢量沿铅直方向，则参考系下单位质量的重力加速度始终为 $\boldsymbol{b}=-g\boldsymbol{e}_3^1$，其中 g 代表重力加速度，$\boldsymbol{e}_3^1$ 为参考系的第三个基矢量。利用基矢量之间的变换关系式（5.1.6）第一式以及式（5.7.7），连体系下的重力加速度表为：

$$\begin{aligned}\boldsymbol{b} &= -g\boldsymbol{e}_3^1 = -gR_{3j}^{30}\boldsymbol{e}_j \\ &= -g\sin\theta\sin\psi\boldsymbol{e}_1 - g\sin\theta\cos\psi\boldsymbol{e}_2 - g\cos\theta\boldsymbol{e}_3\end{aligned} \tag{5.8.20}$$

因为重力加速度只沿铅直方向，所以连体系下的重力加速度与进动角无关。考虑陀螺形状关于连体基 $\boldsymbol{e}_3$ 轴为极轴对称，则陀螺受到的外力矩即为重力矩：

$$\boldsymbol{Q} = \int_V \boldsymbol{x}\times\boldsymbol{b}\rho\mathrm{d}V \tag{5.8.21}$$

这里 $\boldsymbol{x}$ 为连体系下的位置矢量，再把式（5.8.20）代入式（5.8.21）以及利用陀螺关于 $\boldsymbol{e}_3$ 的极轴对称性，容易得到：

$$\boldsymbol{Q} = \int_V g\sin\theta\cos\psi x_3\rho\mathrm{d}V\boldsymbol{e}_1 - \int_V g\sin\theta\sin\psi x_3\rho\mathrm{d}V\boldsymbol{e}_2 \tag{5.8.22}$$

所以力矩方向平行于陀螺运动的平面。在连体系下，陀螺的重心必沿基矢量 $\boldsymbol{e}_3$ 方向，令陀螺重心位置为 z_c，有：

$$z_c = \frac{1}{m}\int_V x_3\rho\mathrm{d}V \tag{5.8.23}$$

其中 m 为陀螺质量。利用上式，改写外力矩或重力矩式（5.8.22）为：

$$\boldsymbol{Q} = mg\sin\theta\cos\psi z_c\boldsymbol{e}_1 - mg\sin\theta\sin\psi z_c\boldsymbol{e}_2 \tag{5.8.24}$$

由于刚体关于连体系 $\boldsymbol{e}_3$ 轴为极轴对称，所以 $J_1=J_2$。把上式代入欧拉方程组（5.8.17）－（5.8.19）中，则极轴对称陀螺在平面上定点转动时，有运动学方程组：

$$J_1(\ddot{\theta}\cos\psi + \ddot{\varphi}\sin\theta\sin\psi + \dot{\varphi}\dot{\theta}\cos\theta\sin\psi + \dot{\varphi}\dot{\psi}\sin\theta\cos\psi - \dot{\theta}\dot{\psi}\sin\psi) +$$
$$(J_3 - J_1)(-\dot{\theta}\sin\psi + \dot{\varphi}\sin\theta\cos\psi)(\dot{\psi} + \dot{\varphi}\cos\theta)$$
$$= mg\sin\theta\cos\psi z_c \tag{5.8.25}$$

$$J_1(-\ddot{\theta}\sin\psi + \ddot{\varphi}\sin\theta\cos\psi + \dot{\varphi}\dot{\theta}\cos\theta\cos\psi - \dot{\varphi}\dot{\psi}\sin\theta\sin\psi - \dot{\theta}\dot{\psi}\cos\psi) +$$
$$(J_1 - J_3)(\dot{\theta}\cos\psi + \dot{\varphi}\sin\theta\sin\psi)(\dot{\psi} + \dot{\varphi}\cos\theta)$$
$$= -mg\sin\theta\sin\psi z_c \tag{5.8.26}$$

$$\ddot{\varphi}\cos\theta + \ddot{\psi} - \dot{\varphi}\dot{\theta}\sin\theta = 0 \tag{5.8.27}$$

上式为关于进动角、章动角、自旋角的非齐次非线性二阶微分方程组,为极轴对称陀螺平面定点运动的控制方程。

第 6 章 广义弹性力学

弹性力学或称经典弹性力学，是继理论力学之后力学理论发展的一个典范。经典弹性力学是线弹性体关于变形、守恒方程、本构关系以至于求解的体系，在理论和应用上都取得了巨大的成功，也是力学和相关工程专业本科教育的重要内容。尽管如此，经典弹性力学仍需有所发展，很早以前就有人开展了关于弹性体中偶应力和转动变形的研究。本章介绍的所谓广义弹性力学，就是在经典弹性力学基础上，计及了转动变形的弹性力学。

6.1 应变张量和角张量及曲率张量

固体的变形体现于变形前后质点相对位置及几何形状的变化。取笛卡尔坐标系为参考系，变形前固体任意质点的位置为 $\boldsymbol{x}$，变形后质点发生位移 $\boldsymbol{u}(\boldsymbol{x},t)$，变形后质点的空间位置为 $\hat{\boldsymbol{x}}(\boldsymbol{x},t)$，所以有：

$$\hat{\boldsymbol{x}} = \boldsymbol{x} + \boldsymbol{u} \tag{6.1.1}$$

对位移取增量，得：

$$\mathrm{d}\boldsymbol{u} = \frac{\boldsymbol{u}\partial}{\partial \boldsymbol{x}} \cdot \mathrm{d}\boldsymbol{x} = \boldsymbol{u}\,\nabla \cdot \mathrm{d}\boldsymbol{x} \tag{6.1.2}$$

上式描述了固体连续介质的局部变形，$\mathrm{d}\boldsymbol{x}$ 表示固体的任意线元，位移的增量 $\mathrm{d}\boldsymbol{u}$ 代表线元的变化量，这种变化程度取决于位移的右梯度 $\boldsymbol{u}\,\nabla$。位移梯度是非对称二阶张量，也可视为一组决定位移增量的变形系数集合。如果变形后位移梯度为零，则位移的增量为零，表示线元变形前后没有变化，所有质点的位移或者都相等，或者为零，这里约定变形前位移为零以及不考虑固体做刚体运动的情况。考虑线元的变化是固体变形描述的出发点,可以设想,应该还有面元和体元的变化,但线元的变化是基础。若对式(6.1.1)取微分,易得:

$$\mathrm{d}\hat{\boldsymbol{x}} = \mathrm{d}\boldsymbol{x} + \mathrm{d}\boldsymbol{u} = (\boldsymbol{I} + \boldsymbol{u}\nabla)\cdot\mathrm{d}\boldsymbol{x} \tag{6.1.3}$$

上式是变形后线元 $\mathrm{d}\hat{\boldsymbol{x}}$ 与变形前线元 $\mathrm{d}\boldsymbol{x}$ 的关系。在小变形的情况下,位移的增量远小于初始线元,或者说,位移梯度远小于二阶单位张量。变形前后线元的变化除了长度有变化,还有线元弯曲的变化。设想取变形前的线元是直线的,则变形后要发生一定程度的空间弯曲,这种弯曲是蕴含在非对称二阶张量即位移的梯度中。

把位移梯度分解为两项之和:

$$\boldsymbol{u}\nabla = \boldsymbol{\varepsilon} + \boldsymbol{A} \tag{6.1.4}$$

式中应变张量 $\boldsymbol{\varepsilon}$ 为二阶对称张量,角张量(或转动张量)$\boldsymbol{A}$ 为二阶反对称张量,有:

$$\boldsymbol{\varepsilon} = \frac{1}{2}(\boldsymbol{u}\nabla + \nabla\boldsymbol{u}) \tag{6.1.5}$$

$$\boldsymbol{A} = \frac{1}{2}(\boldsymbol{u}\nabla - \nabla\boldsymbol{u}) \tag{6.1.6}$$

应变张量进一步分解为偏应变张量和体积应变张量:

$$\boldsymbol{\varepsilon} = \boldsymbol{e} + \frac{1}{3}\theta\boldsymbol{I} \tag{6.1.7}$$

式中 $\boldsymbol{e}$ 为偏应变张量,其迹为零,而 θ 为体积应变,且有:

$$\theta = \boldsymbol{\varepsilon}_{kk} = u_{k,k} = \nabla\cdot\boldsymbol{u} \tag{6.1.8}$$

体积应变为位移的散度,代表纯粹的体积变化量,同时,偏应变表达纯粹的形状变化。

角张量 $\boldsymbol{A}$ 就是局部转角,有3个独立分量,对应的反偶矢量为角矢量 $\boldsymbol{\alpha}$,它与角张量的关系为:

$$\boldsymbol{\alpha} = -\frac{1}{2}\boldsymbol{A} : \in \tag{6.1.9}$$

这里 $\in$ 为置换张量,同时,与上式等价的表达式为 $\boldsymbol{A} = -\in\cdot\boldsymbol{\alpha}$。角矢量包含转动方向和转角大小,角张量和角矢量都是质点位置的连续函数。把式(6.1.6)代入上式,于是角矢量表为:

$$\boldsymbol{\alpha} = \frac{1}{2}\nabla\times\boldsymbol{u} \tag{6.1.10}$$

所以角矢量是位移旋度的一半,所以位移梯度的反对称部分描述了局部变形的转角。改写位移梯度为:

$$\boldsymbol{u}\nabla = \boldsymbol{e} + \frac{1}{3}\nabla\cdot\boldsymbol{u}\boldsymbol{I} - \frac{1}{2}\in\cdot\nabla\times\boldsymbol{u} \tag{6.1.11}$$

由此可知,固体有三种变形机制,分别为以偏应变描述的形变(形状变化),以体积应变描述的体变(体积变化),以角张量及其角矢量描述的转动变形。

为了刻画固体的转动变形程度即转角的空间变化率,引入曲率张量:

$$\boldsymbol{\chi} = \frac{\partial\boldsymbol{\alpha}}{\partial\boldsymbol{x}} = \nabla\boldsymbol{\alpha} \tag{6.1.12}$$

曲率张量是角矢量的左梯度。曲率张量是关于角矢量的空间变化率,量纲为弧度/长度。若变形梯度一定,应变与角张量具有相同的数量级,但当结构尺寸趋于微米量级时,曲率会越来越大,所以转动变形将呈现强烈的尺寸效应。以位移表达的曲率张量为:

$$\boldsymbol{\chi} = \frac{1}{2}\nabla\nabla\times\boldsymbol{u} = \frac{1}{2}u_{k,ji}e_{jkl}\boldsymbol{e}_i\boldsymbol{e}_l \tag{6.1.13}$$

式中含三个下标的符号 e_{ijk} 表示置换张量的分量。曲率张量是以位移旋度的梯度来表达,是位移对质点位置的二阶导数。对曲率张量作缩并运算,可得曲率张量的迹:

$$\mathrm{tr}\,\boldsymbol{\chi} = \nabla\cdot\boldsymbol{\alpha} = \frac{1}{2}\nabla\cdot\nabla\times\boldsymbol{u} = \chi_{kk} = \frac{1}{2}u_{k,ji}e_{ijk} = 0 \tag{6.1.14}$$

曲率张量的迹为零表示转动变形不涉及体积的改变,曲率张量为非对称的偏张量,有 8 个独立分量。

回顾式(6.1.2),这时,位移的增量成为:

$$\mathrm{d}\boldsymbol{u} = (\boldsymbol{\varepsilon} + \boldsymbol{A})\cdot\mathrm{d}\boldsymbol{x} = \boldsymbol{\varepsilon}\cdot\mathrm{d}\boldsymbol{x} + \boldsymbol{\alpha}\times\mathrm{d}\boldsymbol{x} \tag{6.1.15}$$

其中对称应变张量对线元的映射是线元长度的变化,角张量的映射使线元产生纯弯曲。固体变形表现在线元的长度变化和线元的空间弯曲,线元弯曲为转动变形而线元长度变化为拉压变形。经典弹性力学省略了转动变形,或者误读为刚体微转动而不予考虑,实际上,在进行位移梯度的描述时已经排除了任何刚体转动。

关于纯转动变形,可参考的例子是悬臂梁中性面,想象梁左端固定、右侧向下弯曲的情况。悬臂梁上表面受到拉伸和弯曲变形,下表面受到压缩和弯曲变形,因此,悬臂梁中性面上发生纯弯曲而无拉压变形。这种弯曲的原理是,垂直于梁长度方向之断面的连续转动,远离固定端之断面的转动累积,将导致远端的挠度越来越大。这是结构弯曲的情况,把这种思想联系到连续介质上,可以帮助理解连续介质的转动变形。

线元的变化取决于位移梯度,而位移梯度有 9 个独立分量,应变张量有 6

个独立分量,角张量有 3 个分量,二者独立分量之和与位移梯度的独立分量一致,所以计及转动变形才是变形的完备描述。转动变形涉及转轴和转角大小,但其本质是一个二阶反对称张量,即角张量。角张量有 3 个独立分量,恰好可用角矢量来表达,但角矢量概念上不能代替角张量。角张量依然是 9 个分量、6 个非零分量以及 3 个独立分量。角矢量是伪矢量,有别于通常的矢量。矢量既有大小也有方向,但矢量大小是沿着矢量方向进行度量;角矢量包含转轴和转角大小,但转角大小是在垂直于转轴平面内测量的,而不是沿转轴方向测量的,所以概念上与矢量不同。

变形后位移有 3 个分量,若使以未知位移表达的应变张量、角张量以及曲率张量描述变形时不矛盾,则应变、转角、曲率这些张量要满足一定的关系,即变形的相容性方程。以哈密尔顿微分算子连续叉乘式(6.1.5)两端,得:

$$\nabla\times \boldsymbol{\varepsilon} \times \nabla = 0 \tag{6.1.16}$$

上式为应变张量的变形协调方程,这是一个二阶张量方程,有 6 个独立方程。若以哈密尔顿微分算子连续叉乘式(6.1.6)两端,得到:

$$\nabla\times \boldsymbol{A} \times \nabla = 0 \tag{6.1.17}$$

上式为关于角张量的变形协调方程,有 3 个独立方程。以哈密尔顿微分算子左叉乘(6.1.12),得:

$$\nabla\times \boldsymbol{\chi} = 0 \tag{6.1.18}$$

上式为关于曲率张量的变形协调方程,有 8 个独立方程。

6.2 守恒方程

6.2.1 质量守恒方程

变形前后介质的密度会发生变化,但固体变形前后质量保持不变,把这个规律写成积分形式:

$$\frac{\mathrm{d}}{\mathrm{d}t}\int_V \rho \mathrm{d}V = 0 \tag{6.2.1}$$

其中 ρ 是变形后的密度(单位体积的质量),$\mathrm{d}V$ 是变形后的体元。考虑小变形情况下,变形前后体元的变化。为此,取经过任意一点的三个非共面线元,变形前的线元分别为 $\mathrm{d}\boldsymbol{x},\delta\boldsymbol{x},\Delta\boldsymbol{x}$,变形后的线元分别为 $\mathrm{d}\hat{\boldsymbol{x}},\delta\hat{\boldsymbol{x}},\Delta\hat{\boldsymbol{x}}$,这些线元构成了变形前后六面体元的三个棱边,且变形前的密度为 ρ_0 而变形前的体元为 $\mathrm{d}V_0$。非共面线元的混合积为体元的体积,利用式(6.1.3)有:

$$dV = d\hat{\boldsymbol{x}} \cdot \delta\hat{\boldsymbol{x}} \times \Delta\hat{\boldsymbol{x}} = |\boldsymbol{I} + \boldsymbol{u}\nabla| d\boldsymbol{x} \cdot \delta\boldsymbol{x} \times \Delta\boldsymbol{x} = (1 + |\boldsymbol{u}\nabla|)\, dV_0 \tag{6.2.2}$$

在小变形情况下,上式位移梯度的行列式值远小于 1,所以变形前后体元近似相等:

$$dV \doteq dV_0 \tag{6.2.3}$$

另外,对于该体元的质量,也有:

$$dm = \rho dV = \rho_0\, dV_0 \tag{6.2.4}$$

则变形前后的密度也近似相等:

$$\rho \doteq \rho_0 \tag{6.2.5}$$

因此,在小变形情况下,质量守恒式(6.2.1)自动得到满足。

6.2.2　动量守恒方程

变形体受到面力 $\bar{\boldsymbol{t}}$ 和体力密度 $\boldsymbol{b}$(重力加速度),且质点速度为 $\boldsymbol{v} = \dot{\boldsymbol{u}}$,质点加速度为 $\dot{\boldsymbol{v}} = \ddot{\boldsymbol{u}}$,这里字母上点号表示对时间求导。根据动量定理,全部面力和体力的外力之和等于变形体动量的变化率:

$$\int_S \bar{\boldsymbol{t}}\, dS + \int_V \rho\boldsymbol{b} dV = \frac{d}{dt}\int_V \rho\boldsymbol{v} dV \tag{6.2.6}$$

设 $\boldsymbol{n}$ 为变形体表面的单位法矢量,则面力与应力的关系为:

$$\bar{\boldsymbol{t}} = \boldsymbol{n} \cdot \boldsymbol{t} \tag{6.2.7}$$

其中 $\boldsymbol{t}$ 为应力。一般情况下,应力为非对称二阶张量。这样,把式(6.2.6)改写为:

$$\int_V \nabla \cdot \boldsymbol{t} dV + \int_V \rho\boldsymbol{b} dV = \int_V \rho\ddot{\boldsymbol{u}} dV \tag{6.2.8}$$

上式是积分形式的动量守恒方程,由上式立即有:

$$\nabla \cdot \boldsymbol{t} + \rho\boldsymbol{b} = \rho\ddot{\boldsymbol{u}} \tag{6.2.9}$$

上式为动量守恒方程的局部形式。非对称应力张量分解为对称应力张量和反对称应力张量τ:

$$\boldsymbol{t} = \boldsymbol{\sigma} + \boldsymbol{\tau} \tag{6.2.10}$$

所以动量守恒方程的局部形式成为:

$$\nabla \cdot \boldsymbol{\sigma} + \nabla \cdot \boldsymbol{\tau} + \rho\boldsymbol{b} = \rho\ddot{\boldsymbol{u}} \tag{6.2.11}$$

其中反对称应力张量关联于偶应力。

6.2.3 动量矩守恒方程

变形体不仅受到表面外力，还受到表面的外力偶。根据动量矩定理，面力之矩、面力偶以及体力之矩的外力矩之和等于变形体动量之矩的变化率，所以有：

$$\int_S \boldsymbol{x} \times \bar{\boldsymbol{t}}\,\mathrm{d}S + \int_S \bar{\boldsymbol{m}}\mathrm{d}S + \int_V \rho\boldsymbol{x} \times \boldsymbol{b}\mathrm{d}V = \frac{\mathrm{d}}{\mathrm{d}t}\int_V \rho\boldsymbol{x} \times \boldsymbol{v}\mathrm{d}V \tag{6.2.12}$$

其中面力偶 $\bar{\boldsymbol{m}}$ 与偶应力 $\boldsymbol{m}$ 的关系为：

$$\bar{\boldsymbol{m}} = \boldsymbol{n} \cdot \boldsymbol{m} \tag{6.2.13}$$

式中 $\boldsymbol{n}$ 为变形体表面的单位法矢量，偶应力为非对称二阶张量，则式(6.2.12)写作：

$$\begin{aligned}&\int_S \boldsymbol{x} \times (\boldsymbol{n} \cdot \boldsymbol{t})\mathrm{d}S + \int_S \boldsymbol{n} \cdot \boldsymbol{m}\mathrm{d}S + \int_V \rho\boldsymbol{x} \times \boldsymbol{b}\mathrm{d}V \\ &= \int_V \frac{\mathrm{d}(\boldsymbol{x} \times \boldsymbol{v})}{\mathrm{d}t}\rho\mathrm{d}V\end{aligned} \tag{6.2.14}$$

处理上式左端第一项的积分函数，将其展开运算，得：

$$\begin{aligned}\boldsymbol{x} \times (\boldsymbol{n} \cdot \boldsymbol{t}) &= x_i\boldsymbol{e}_i \times (n_j\boldsymbol{e}_j \cdot t_{kl}\boldsymbol{e}_k\boldsymbol{e}_l) = x_i\boldsymbol{e}_i \times (n_jt_{kl}\delta_{jk}\boldsymbol{e}_l) \\ &= x_i\boldsymbol{e}_i \times (n_jt_{jl}\boldsymbol{e}_l) = x_i\boldsymbol{e}_i \times (n_jt_{jk}\boldsymbol{e}_k) \\ &= x_in_jt_{jk}e_{ikl}\boldsymbol{e}_l\end{aligned}$$

$$\begin{aligned}\boldsymbol{n} \cdot (\boldsymbol{t} \times \boldsymbol{x}) &= n_j\boldsymbol{e}_j \cdot (t_{kl}\boldsymbol{e}_k\boldsymbol{e}_l \times x_i\boldsymbol{e}_i) = n_j\boldsymbol{e}_j \cdot (x_it_{kl}e_{lim}\boldsymbol{e}_k\boldsymbol{e}_m) \\ &= x_in_jt_{kl}e_{lim}\delta_{jk}\boldsymbol{e}_m = x_in_jt_{jl}e_{lim}\boldsymbol{e}_m = x_in_jt_{jk}e_{kil}\boldsymbol{e}_l \\ &= -\boldsymbol{x} \times (\boldsymbol{n} \cdot \boldsymbol{t})\end{aligned}$$

这表明：

$$\boldsymbol{n} \cdot (\boldsymbol{t} \times \boldsymbol{x}) = -\boldsymbol{x} \times (\boldsymbol{n} \cdot \boldsymbol{t}) \tag{6.2.15}$$

同时考虑关系式：

$$\begin{aligned}\nabla \cdot (\boldsymbol{t} \times \boldsymbol{x}) &= \frac{\partial}{\partial x_i}\boldsymbol{e}_i \cdot (t_{jk}\boldsymbol{e}_j\boldsymbol{e}_k \times x_l\boldsymbol{e}_l) = \frac{\partial}{\partial x_i}\boldsymbol{e}_i \cdot (t_{jk}x_le_{klm}\boldsymbol{e}_j\boldsymbol{e}_m) \\ &= \frac{\partial(t_{jk}x_l)}{\partial x_j}e_{klm}\boldsymbol{e}_m = t_{jk,j}x_le_{klm}\boldsymbol{e}_m + t_{jk}e_{kjm}\boldsymbol{e}_m \\ &= -\boldsymbol{x} \times (\nabla \cdot \boldsymbol{t}) - \boldsymbol{\in} : \boldsymbol{t}\end{aligned} \tag{6.2.16}$$

利用以上两式，式(6.2.14)左端第一项成为：

$$\begin{aligned}\int_S \boldsymbol{x}\times(\boldsymbol{n}\cdot\boldsymbol{t})\,\mathrm{d}S &= -\int_S \boldsymbol{n}\cdot(\boldsymbol{t}\times\boldsymbol{x})\,\mathrm{d}S \\ &= -\int_V \nabla\cdot(\boldsymbol{t}\times\boldsymbol{x})\,\mathrm{d}V \\ &= \int_V[\boldsymbol{x}\times(\nabla\cdot\boldsymbol{t})+\boldsymbol{\epsilon}:\boldsymbol{t}]\,\mathrm{d}V\end{aligned}\tag{6.2.17}$$

而式(6.2.14)右端成为：

$$\begin{aligned}\int_V \frac{\mathrm{d}(\boldsymbol{x}\times\boldsymbol{v})}{\mathrm{d}t}\rho\mathrm{d}V &= \int_V\left(\frac{\mathrm{d}\boldsymbol{x}}{\mathrm{d}t}\times\boldsymbol{v}+\boldsymbol{x}\times\frac{\mathrm{d}\boldsymbol{v}}{\mathrm{d}t}\right)\rho\mathrm{d}V \\ &= \int_V \boldsymbol{x}\times\frac{\mathrm{d}^2\boldsymbol{u}}{\mathrm{d}t^2}\rho\mathrm{d}V\end{aligned}\tag{6.2.18}$$

应用以上两式以及高斯定理，改写式(6.2.14)为：

$$\int_V \boldsymbol{x}\times[\nabla\cdot\boldsymbol{t}+\rho\boldsymbol{b}-\rho\ddot{\boldsymbol{u}}]\,\mathrm{d}V+\int_V(\nabla\cdot\boldsymbol{m}+\boldsymbol{\epsilon}:\boldsymbol{t})\,\mathrm{d}V=0 \tag{6.2.19}$$

利用动量守恒方程(6.2.9)，上式成为：

$$\int_V(\nabla\cdot\boldsymbol{m}+\boldsymbol{\epsilon}:\boldsymbol{t})\,\mathrm{d}V=0 \tag{6.2.20}$$

上式即为动量矩守恒方程的积分形式，其局部形式为：

$$\nabla\cdot\boldsymbol{m}+\boldsymbol{\epsilon}:\boldsymbol{t}=0 \tag{6.2.21}$$

联系式(6.2.10)，动量矩守恒方程成为：

$$\nabla\cdot\boldsymbol{m}+\boldsymbol{\epsilon}:\boldsymbol{\tau}=0 \tag{6.2.22}$$

因此，偶应力的散度是反对称应力的轴矢量，由上式可得：

$$\boldsymbol{\tau}=-\frac{1}{2}(\nabla\cdot\boldsymbol{m})\cdot\boldsymbol{\epsilon} \tag{6.2.23}$$

这就是反对称应力与偶应力的关系式。现在把上面反对称应力代入式(6.2.11)中，有：

$$\nabla\cdot\boldsymbol{\sigma}+\frac{1}{2}\nabla\times(\nabla\cdot\boldsymbol{m})+\rho\boldsymbol{b}=\rho\ddot{\boldsymbol{u}} \tag{6.2.24}$$

上式是变形体关于柯西对称应力和偶应力的动力学方程，也称为 Cosserat 方程。该方程不仅考虑作用在质点上的对称应力，也考虑了作用在质点上的偶应力，二者结合在一起决定质点的运动规律。

6.2.4 能量守恒方程

变形体的能量守恒方程是指外力功率等于变形体的变形能和动能的变化率。外力做的功率包括面力功率、面力偶功率和体力功率，变形体单位质

量的变形能表为 U,则能量守恒方程为:

$$\begin{aligned}&\int_S \bar{\boldsymbol{t}} \cdot \boldsymbol{v} \mathrm{d}S + \int_S \bar{\boldsymbol{m}} \cdot \dot{\boldsymbol{\alpha}} \mathrm{d}S + \int_V \rho \boldsymbol{b} \cdot \boldsymbol{v} \mathrm{d}V \\ &= \frac{\mathrm{d}}{\mathrm{d}t}\int_V \rho\left(\frac{1}{2}\boldsymbol{v} \cdot \boldsymbol{v} + U\right)\mathrm{d}V\end{aligned} \tag{6.2.25}$$

为展开上式,须考虑几个关系式。联系式(6.1.4),有质点速度的左梯度:

$$\nabla \boldsymbol{v} = (\boldsymbol{v}\nabla)^{\mathrm{T}} = (\dot{\boldsymbol{u}}\nabla)^{\mathrm{T}} = \dot{\boldsymbol{\varepsilon}} - \dot{\boldsymbol{A}} \tag{6.2.26}$$

容易证明关系式:

$$\begin{aligned}\nabla\cdot(\boldsymbol{t}\cdot\boldsymbol{v}) &= \frac{\partial}{\partial x_i}\boldsymbol{e}_i \cdot (t_{jk}\boldsymbol{e}_j\boldsymbol{e}_k \cdot v_l\boldsymbol{e}_l) = t_{jk,j}v_k + t_{jk}v_{k,j} \\ &= (\nabla\cdot\boldsymbol{t})\cdot\boldsymbol{v} + \boldsymbol{t}:\nabla\boldsymbol{v} = (\nabla\cdot\boldsymbol{t})\cdot\boldsymbol{v} + (\boldsymbol{\sigma}+\boldsymbol{\tau}):(\dot{\boldsymbol{\varepsilon}} - \dot{\boldsymbol{A}}) \\ &= (\nabla\cdot\boldsymbol{t})\cdot\boldsymbol{v} + \boldsymbol{\sigma}:\dot{\boldsymbol{\varepsilon}} - \boldsymbol{\tau}:\dot{\boldsymbol{A}}\end{aligned} \tag{6.2.27}$$

则式(6.2.25)左端第一项成为:

$$\begin{aligned}\int_S \bar{\boldsymbol{t}} \cdot \boldsymbol{v}\mathrm{d}S &= \int_S \boldsymbol{n}\cdot(\boldsymbol{t}\cdot\boldsymbol{v})\mathrm{d}S = \int_V \nabla\cdot(\boldsymbol{t}\cdot\boldsymbol{v})\mathrm{d}V \\ &= \int_V [(\nabla\cdot\boldsymbol{t})\cdot\boldsymbol{v} + \boldsymbol{\sigma}:\dot{\boldsymbol{\varepsilon}} - \boldsymbol{\tau}:\dot{\boldsymbol{A}}]\mathrm{d}V\end{aligned} \tag{6.2.28}$$

利用式(6.2.22)、式(6.1.9)及式(6.1.11),不难证明关系式:

$$\begin{aligned}\nabla\cdot(\boldsymbol{m}\cdot\dot{\boldsymbol{\alpha}}) &= (\nabla\cdot\boldsymbol{m})\cdot\dot{\boldsymbol{\alpha}} + \boldsymbol{m}:\nabla\dot{\boldsymbol{\alpha}} \\ &= (-\boldsymbol{\tau}:\boldsymbol{\in})\cdot\dot{\boldsymbol{\alpha}} + \boldsymbol{m}:\nabla\dot{\boldsymbol{\alpha}} = \boldsymbol{\tau}:\dot{\boldsymbol{A}} + \boldsymbol{m}:\dot{\boldsymbol{\chi}}\end{aligned} \tag{6.2.29}$$

则式(6.2.25)左端第二项成为:

$$\begin{aligned}\int_S \bar{\boldsymbol{m}}\cdot\dot{\boldsymbol{\alpha}}\mathrm{d}S &= \int_S \boldsymbol{n}\cdot\boldsymbol{m}\cdot\dot{\boldsymbol{\alpha}}\mathrm{d}S = \int_V \nabla\cdot(\boldsymbol{m}\cdot\dot{\boldsymbol{\alpha}})\mathrm{d}V \\ &= \int_V (\boldsymbol{\tau}:\dot{\boldsymbol{A}} + \boldsymbol{m}:\dot{\boldsymbol{\chi}})\mathrm{d}V\end{aligned} \tag{6.2.30}$$

再考虑式(6.2.25)右端展开式:

$$\begin{aligned}\frac{\mathrm{d}}{\mathrm{d}t}\int_V \rho\left(\frac{1}{2}\boldsymbol{v}\cdot\boldsymbol{v} + U\right)\mathrm{d}V &= \int_V\left(\dot{\boldsymbol{v}}\cdot\boldsymbol{v} + \frac{\mathrm{d}U}{\mathrm{d}t}\right)\rho\mathrm{d}V \\ &= \int_V (\ddot{\boldsymbol{u}}\cdot\boldsymbol{v} + \dot{U})\rho\mathrm{d}V\end{aligned} \tag{6.2.31}$$

把式(6.2.28)、式(6.2.30)和式(6.2.31)代入式(6.2.25)中,得

$$\int_V [(\nabla \cdot \boldsymbol{t}) \cdot \boldsymbol{v} + \boldsymbol{\sigma} : \dot{\boldsymbol{\varepsilon}} - \boldsymbol{\tau} : \dot{\boldsymbol{A}}] \mathrm{d}V + \int_V (\boldsymbol{\tau} : \dot{\boldsymbol{A}} + \boldsymbol{m} : \dot{\boldsymbol{\chi}}) \mathrm{d}V + \int_V \rho \boldsymbol{b} \cdot \boldsymbol{v} \mathrm{d}V = \int_V \rho (\ddot{\boldsymbol{u}} \cdot \boldsymbol{v} + \dot{U}) \mathrm{d}V \tag{6.2.32}$$

利用式(6.2.8),立即有能量守恒方程:

$$\int_V (\boldsymbol{\sigma} : \dot{\boldsymbol{\varepsilon}} + \boldsymbol{m} : \dot{\boldsymbol{\chi}}) \mathrm{d}V = \int_V \rho \dot{U} \mathrm{d}V \tag{6.2.33}$$

能量守恒方程的局部形式为:

$$\boldsymbol{\sigma} : \dot{\boldsymbol{\varepsilon}} + \boldsymbol{m} : \dot{\boldsymbol{\chi}} = \rho \dot{U} \tag{6.2.34}$$

上式表明变形体由对称应力和偶应力形成的内力功率全部转化为变形能的变化率。

6.3　广义线弹性本构关系

由变形体的能量守恒方程可知,内力与变形,即对称应力与应变率、偶应力与曲率之率构成了一一对应的关系,它们的内积形成了变形能之率,这种对应关系为功率共轭关系。固体的本构关系就是建立对称应力与应变、偶应力与曲率的关系,对线弹性体而言,就是建立它们的线性本构关系。

6.3.1　应力与应变的线性本构关系

通过变形的几何分析可知,弹性体的拉压变形可分解为纯粹的形变和纯粹的体变。对于纯粹的形变,以偏应变来描述,对应的应力为偏应力 $\boldsymbol{s}$,其线性本构关系为:

$$\boldsymbol{s} = 2G\boldsymbol{e} \tag{6.3.1}$$

其中 G 为剪切模量。体积应变对应静水压力 P,其线性本构关系为:

$$P = K\theta \tag{6.3.2}$$

其中 K 为体积模量。静水压力与体积应变的本构关系是一个各向同性张量之间的关系,当坐标系做刚体转动时,坐标系的主轴始终是各向同性张量的主轴,且张量的主值都相等。以上两式是线弹性体拉压变形最基本的两个本构关系,其中偏应力与偏应变、静水压力与体积应变都具有共同的主轴,或共同的张量特征。

对称应力是偏应力和静水压力之和：

$$\boldsymbol{\sigma} = \boldsymbol{s} + P\boldsymbol{I} = 2G\boldsymbol{e} + K\theta\boldsymbol{I} \tag{6.3.3}$$

其中 $P=\frac{1}{3}\sigma_{kk}$，即静水压力是 3 个正应力的平均值，改写上式为：

$$\begin{aligned}\boldsymbol{\sigma} &= 2G\left(\boldsymbol{\varepsilon} - \frac{1}{3}\theta\boldsymbol{I}\right) + K\theta\boldsymbol{I} = 2G\boldsymbol{\varepsilon} + \left(K - \frac{2}{3}G\right)\theta\boldsymbol{I} \\ &= 2\mu\boldsymbol{\varepsilon} + \lambda\theta\boldsymbol{I}\end{aligned} \tag{6.3.4}$$

上式为弹性体的广义虎克定律，其中的两个弹性参数 λ,μ 称为拉梅参数，显然有拉梅参数与剪切模量和体积模量的关系：

$$\mu = G,\ \lambda = K - \frac{2}{3}G \tag{6.3.5}$$

对式(6.3.4)的两端取缩并运算，得：

$$\sigma_{kk} = (2\mu + 3\lambda)\theta \tag{6.3.6}$$

利用上式，式(6.3.4)改写为：

$$\boldsymbol{\varepsilon} = \frac{1}{2\mu}\boldsymbol{\sigma} - \frac{\lambda}{2\mu(3\lambda + 2\mu)}\sigma_{kk}\boldsymbol{I} \tag{6.3.7}$$

在简单拉伸情况下，若将试件拉伸方向作为 x 轴，则有应力状态：

$$\sigma_{yy} = \sigma_{zz} = \sigma_{xy} = \sigma_{yz} = \sigma_{xz} = 0 \tag{6.3.8}$$

把上式代入式(6.3.7)，于是得：

$$\begin{aligned}&\varepsilon_{xx} = \frac{\lambda + \mu}{\mu(3\lambda + 2\mu)}\sigma_{xx},\ \varepsilon_{yy} = \varepsilon_{zz} = -\frac{\lambda}{\mu(3\lambda + 2\mu)}\sigma_{xx} \\ &\varepsilon_{xy} = \varepsilon_{yz} = \varepsilon_{xz} = 0\end{aligned} \tag{6.3.9}$$

另一方面，简单拉伸时，也有如下的关系：

$$\varepsilon_{xx} = \frac{\sigma_{xx}}{E},\ \varepsilon_{yy} = \varepsilon_{zz} = -\nu\frac{\sigma_{xx}}{E},\ \varepsilon_{xy} = \varepsilon_{yz} = \varepsilon_{xz} = 0 \tag{6.3.10}$$

其中 E 是杨氏(Young)模量，ν 是泊松(Poisson)比。比较以上两式，立即有：

$$E = \frac{\mu(3\lambda + 2\mu)}{\lambda + \mu},\ \nu = \frac{\lambda}{2(\lambda + \mu)} \tag{6.3.11}$$

由上式也有：

$$\lambda = \frac{E\nu}{(1 + \nu)(1 - 2\nu)},\ \mu = \frac{E}{2(1 + \nu)} \tag{6.3.12}$$

利用上式改写式(6.3.7)，于是得应变的本构关系：

$$\boldsymbol{\varepsilon} = \frac{1}{E}[(1 + \nu)\boldsymbol{\sigma} - \nu\sigma_{kk}\boldsymbol{I}] \tag{6.3.13}$$

取上式的缩并，易得体积应变的本构关系：

$$\theta = \frac{3(1-2\nu)}{E}P \tag{6.3.14}$$

利用以上两式以及式(6.1.7)，得偏应变的本构关系：

$$\boldsymbol{e} = \boldsymbol{\varepsilon} - \frac{1}{3}\theta\boldsymbol{I} = \frac{1+\nu}{E}\boldsymbol{s} \tag{6.3.15}$$

把以上两式与式(6.3.1)和式(6.3.2)比较，立即有：

$$K = \frac{E}{3(1-2\nu)},\ G = \frac{E}{2(1+\nu)} \tag{6.3.16}$$

线性弹性体的拉压变形有形变和体变两种机制，所以存在两个材料参数。线弹性材料的两个材料参数可分为三组，体积模量和剪切模量为一组，拉梅参数为一组，杨氏模量和泊松比为一组，它们在描述弹性体变形性质方面是等价的。从变形机制的角度，体积模量和剪切模量的力学意义更为清晰，而杨氏模量和泊松比更适合于材料试验机的测量，实际工程上使用较广泛。

6.3.2　偶应力与曲率张量的线性本构关系

偶应力与曲率张量为弹性体的功共轭关系，容易建立二者之间的线性本构关系。对于线弹性体，可立即给出偶应力的本构关系为：

$$\boldsymbol{m} = 4\eta\boldsymbol{\chi} \tag{6.3.17}$$

其中 η 为材料的转动模量。根据现有的一些测量结果，转动模量数值上要远远小于其他的模量。线弹性体的偶应力与曲率张量具有相同的张量结构，由于曲率张量的迹为零，所以偶应力张量的迹也为零，偶应力属二阶偏张量。

利用曲率与角矢量以及角张量的关系，并以分量记法改写上式为：

$$m_{lk} = 4\eta\chi_{lk} = 4\eta\frac{\partial\alpha_k}{\partial x_l} = -2\eta e_{kmn}\frac{\partial A_{mn}}{\partial x_l} \tag{6.3.18}$$

这里应用了角矢量与角张量的对偶关系。根据反对称应力与偶应力的关系(6.2.23)，把它换成分量记法，容易得：

$$\tau_{ij} = -\frac{1}{2}\frac{\partial m_{lk}}{\partial x_l}e_{kij} \tag{6.3.19}$$

结合以上两式，于是有：

$$\tau_{ij} = \eta e_{kij}e_{kmn}\frac{\partial^2 A_{mn}}{\partial x_l\partial x_l} = \eta(\delta_{im}\delta_{jn} - \delta_{in}\delta_{jm})\frac{\partial^2 A_{mn}}{\partial x_l\partial x_l} = 2\eta\frac{\partial^2 A_{ij}}{\partial x_l\partial x_l} \tag{6.3.20}$$

其中利用了角张量的反对称性质。

现在考虑反对称应力的散度,采用分量记法,反对称应力的散度为:

$$\tau_{ji,j} = 2\eta \frac{\partial^3 A_{ji}}{\partial x_l \partial x_l \partial x_j} = \eta \frac{\partial^2}{\partial x_l \partial x_l}\left(\frac{\partial^2 u_j}{\partial x_i \partial x_j} - \frac{\partial^2 u_i}{\partial x_j \partial x_j}\right) \tag{6.3.21}$$

其中应用了角张量与位移的几何关系,上式的实体形式为:

$$\nabla \cdot \boldsymbol{\tau} = \eta \nabla^2 (\nabla\nabla \cdot \boldsymbol{u} - \nabla^2 \boldsymbol{u}) \tag{6.3.22}$$

另外,由广义虎克定律,有位移分量表达的对称应力为:

$$\sigma_{ij} = \mu\left(\frac{\partial u_i}{\partial x_j} + \frac{\partial u_j}{\partial x_i}\right) + \lambda \frac{\partial u_k}{\partial x_k}\delta_{ij} \tag{6.3.23}$$

而对称应力的散度为:

$$\begin{aligned}\sigma_{ji,j} &= \mu\left(\frac{\partial^2 u_j}{\partial x_i \partial x_j} + \frac{\partial^2 u_i}{\partial x_j \partial x_j}\right) + \lambda \frac{\partial^2 u_k}{\partial x_k \partial x_j}\delta_{ij} \\ &= (\lambda + \mu) \frac{\partial^2 u_j}{\partial x_i \partial x_j} + \mu \frac{\partial^2 u_i}{\partial x_j \partial x_j}\end{aligned} \tag{6.3.24}$$

上式的实体表达式为:

$$\nabla \cdot \boldsymbol{\sigma} = (\lambda + \mu) \nabla\nabla \cdot \boldsymbol{u} + \mu \nabla^2 \boldsymbol{u} \tag{6.3.25}$$

把式(6.3.23)和式(6.3.25)代入式(6.2.11),于是得:

$$(\lambda + \mu) \nabla\nabla \cdot \boldsymbol{u} + \mu \nabla^2 \boldsymbol{u} + \eta \nabla^2 (\nabla\nabla \cdot \boldsymbol{u} - \nabla^2 \boldsymbol{u}) + \rho \boldsymbol{b} = \rho \ddot{\boldsymbol{u}} \tag{6.3.26}$$

上式是以位移表达的弹性体运动学方程,可称为广义纳维(Navier)方程。由于弹性体计及了转动变形,相比纳维方程,广义纳维方程增加了位移关于空间位置的四阶导数项。数值分析证明,对于宏观尺寸的弹性体,这一项的影响很小,当弹性体尺寸趋于微观时,高阶项的影响被放大,使得广义弹性理论能够描述弹性体的尺寸效应。

6.4 广义线弹性体的有限元方程

采用变分原理建立弹性体数值分析的有限元方程。全部外力虚功包括面力、面力偶、体力以及惯性力所做的虚功,则外力虚功为:

$$\int_S \bar{\boldsymbol{t}} \cdot \delta \boldsymbol{u} \mathrm{d}S + \int_S \bar{\boldsymbol{m}} \cdot \delta \boldsymbol{\alpha} \mathrm{d}S + \int_V \rho \boldsymbol{b} \cdot \delta \boldsymbol{u} \mathrm{d}V + \int_V (-\rho \ddot{\boldsymbol{u}}) \cdot \delta \boldsymbol{u} \mathrm{d}V \tag{6.4.1}$$

上式 $\delta \boldsymbol{u}$、$\delta \boldsymbol{\alpha}$ 分别为位移和转角的变分,上式最后一项为惯性力所做的虚功。

利用面力与应力关系和高斯定理,上式第一项为:

$$\begin{aligned}\int_S \bar{\boldsymbol{t}} \cdot \delta \boldsymbol{u} \mathrm{d}S &= \int_S \boldsymbol{n} \cdot \boldsymbol{t} \cdot \delta \boldsymbol{u} \mathrm{d}S = \int_V \nabla \cdot (\boldsymbol{t} \cdot \delta \boldsymbol{u}) \mathrm{d}V \\ &= \int_V [(\nabla \cdot \boldsymbol{t}) \cdot \delta \boldsymbol{u} + \boldsymbol{t} : \delta \nabla \boldsymbol{u}] \mathrm{d}V\end{aligned} \tag{6.4.2}$$

回顾应力的分解和位移梯度的分解,面力虚功成为:

$$\int_S \bar{\boldsymbol{t}} \cdot \delta \boldsymbol{u} \mathrm{d}S = \int_V [(\nabla \cdot \boldsymbol{t}) \cdot \delta \boldsymbol{u} + \boldsymbol{\sigma} : \delta \boldsymbol{\varepsilon} - \boldsymbol{\tau} : \delta \boldsymbol{A}] \mathrm{d}V \tag{6.4.3}$$

应用面力偶与偶应力的关系,面力偶的虚功为:

$$\begin{aligned}\int_S \bar{\boldsymbol{m}} \cdot \delta \boldsymbol{\alpha} \mathrm{d}S &= \int_S \boldsymbol{n} \cdot \boldsymbol{m} \cdot \delta \boldsymbol{\alpha} \mathrm{d}S = \int_V \nabla \cdot (\boldsymbol{m} \cdot \delta \boldsymbol{\alpha}) \mathrm{d}V \\ &= \int_V [(\nabla \cdot \boldsymbol{m}) \cdot \delta \boldsymbol{\alpha} + \boldsymbol{m} : \delta \nabla \boldsymbol{\alpha}] \mathrm{d}V\end{aligned} \tag{6.4.4}$$

利用偶应力与反对称应力的关系以及角矢量与角张量的反偶关系,有:

$$(\nabla \cdot \boldsymbol{m}) \cdot \delta \boldsymbol{\alpha} = - \boldsymbol{\epsilon} : \boldsymbol{\tau} \cdot \delta \boldsymbol{\alpha} = \boldsymbol{\tau} : \delta \boldsymbol{A} \tag{6.4.5}$$

所以面力偶的虚功成为:

$$\int_S \bar{\boldsymbol{m}} \cdot \delta \boldsymbol{\alpha} \mathrm{d}S = \int_V (\boldsymbol{\tau} : \delta \boldsymbol{A} + \boldsymbol{m} : \delta \boldsymbol{\chi}) \mathrm{d}V \tag{6.4.6}$$

利用式(6.4.3)和式(6.4.6)以及动量守恒方程,得外力虚功为:

$$\begin{aligned}&\int_S \bar{\boldsymbol{t}} \cdot \delta \boldsymbol{u} \mathrm{d}S + \int_S \bar{\boldsymbol{m}} \cdot \delta \boldsymbol{\alpha} \mathrm{d}S + \int_V \rho \boldsymbol{b} \cdot \delta \boldsymbol{u} \mathrm{d}V + \\ &\int_V (-\rho \ddot{\boldsymbol{u}}) \cdot \delta \boldsymbol{u} \mathrm{d}V \\ &= \int_V \boldsymbol{\sigma} : \delta \boldsymbol{\varepsilon} \mathrm{d}V + \int_V \boldsymbol{m} : \delta \boldsymbol{\chi} \mathrm{d}V\end{aligned} \tag{6.4.7}$$

这表明外力虚功等于内力虚功,内力虚功包含对称应力和偶应力所做的虚功。由于曲率是位移关于空间位置的二阶导数,当采用有限元方法求解时,除保证节点上位移的连续外,还要保证节点上转角的连续性。为此,在上述虚功方程中引进变分约束条件,使得转角也成为节点独立变量。改写上面虚功原理为:

$$\begin{aligned}&\int_V \boldsymbol{\sigma} : \delta \boldsymbol{\varepsilon} \mathrm{d}V + \int_V \boldsymbol{m} : \delta \boldsymbol{\chi} \mathrm{d}V + \int_V \rho \ddot{\boldsymbol{u}} \cdot \delta \boldsymbol{u} \mathrm{d}V + \\ &\kappa \int_V (\boldsymbol{\varphi} - \boldsymbol{\alpha}) \cdot \delta (\boldsymbol{\varphi} - \boldsymbol{\alpha}) \mathrm{d}V \\ &= \int_S \bar{\boldsymbol{t}} \cdot \delta \boldsymbol{u} \mathrm{d}S + \int_S \bar{\boldsymbol{m}} \cdot \delta \boldsymbol{\alpha} \mathrm{d}S + \int_V \rho \boldsymbol{b} \cdot \delta \boldsymbol{u} \mathrm{d}V\end{aligned} \tag{6.4.8}$$

上式中 $\boldsymbol{\varphi}$ 为强制引进的角矢量,κ 为罚因子,只要 $\boldsymbol{\varphi}$ 足够趋近 $\boldsymbol{\alpha}$ 以及 κ 足够

小,上式就等价于原虚功方程。

考虑笛卡尔坐标系下三维弹性体,以六面体对其离散。令节点未知变量为广义位移,即包括节点位移和节点转角。取 8 节点等参元,且位移和转角具有相同的形函数。单元内广义位移列阵为:

$$u = \{u_x \quad u_y \quad u_z \quad \varphi_x \quad \varphi_y \quad \varphi_z\}^{\mathrm{T}} \tag{6.4.9}$$

单元上节点的广义位移列阵为:

$$d_i = \{u_{ix} \quad u_{iy} \quad u_{iz} \quad \varphi_{ix} \quad \varphi_{iy} \quad \varphi_{iz}\}^{\mathrm{T}} \quad (i = 1,2,\cdots,8) \tag{6.4.10}$$

单元上的广义位移与单元节点广义位移的关系为:

$$u = Nd = [N_1 \quad N_2 \quad \cdots \quad N_8]\{d_1 \quad d_2 \quad \cdots \quad d_8\}^{\mathrm{T}} \tag{6.4.11}$$

上式中形函数矩阵的元素为 6×6 的方阵:

$$[N_i] = N_i I_{6\times 6} \tag{6.4.12}$$

而等参元的形函数为:

$$N_i = \frac{1}{8}(1 + \xi_i\xi)(1 + \eta_i\eta)(1 + \zeta_i\zeta) \quad (i = 1,2,\cdots,8) \tag{6.4.13}$$

广义应变列阵由应变分量和曲率分量组成:

$$\begin{aligned} \varepsilon = \{&\varepsilon_{xx} \quad \varepsilon_{yy} \quad \varepsilon_{zz} \quad \varepsilon_{xy} \quad \varepsilon_{yz} \quad \varepsilon_{xz} \\ &\chi_{xx} \quad \chi_{yy} \quad \chi_{zz} \quad \chi_{xy} \quad \chi_{yz} \quad \chi_{xz} \quad \chi_{yx} \quad \chi_{zy} \quad \chi_{zx}\}^{\mathrm{T}} \end{aligned} \tag{6.4.14}$$

根据几何关系,把广义应变列阵写为:

$$\varepsilon = Lu = Bd \tag{6.4.15}$$

这里,

$$B = LN = [B_1 \quad B_2 \quad \cdots \quad B_8] \tag{6.4.16}$$

$$B_i = LN_i \tag{6.4.17}$$

$$L = \begin{bmatrix} L_u & 0 \\ 0 & L_\varphi \end{bmatrix} \tag{6.4.18}$$

其中

$$L_u = \begin{bmatrix} \frac{\partial}{\partial x} & 0 & 0 & \frac{\partial}{\partial y} & 0 & \frac{\partial}{\partial z} \\ 0 & \frac{\partial}{\partial y} & 0 & \frac{\partial}{\partial x} & \frac{\partial}{\partial z} & 0 \\ 0 & 0 & \frac{\partial}{\partial z} & 0 & \frac{\partial}{\partial y} & \frac{\partial}{\partial x} \end{bmatrix}^{\mathrm{T}} \tag{6.4.19}$$

$$L_\varphi = \begin{bmatrix} \frac{\partial}{\partial x} & 0 & 0 & 0 & 0 & 0 & \frac{\partial}{\partial y} & 0 & \frac{\partial}{\partial z} \\ 0 & \frac{\partial}{\partial y} & 0 & \frac{\partial}{\partial x} & 0 & 0 & 0 & \frac{\partial}{\partial z} & 0 \\ 0 & 0 & \frac{\partial}{\partial z} & 0 & \frac{\partial}{\partial y} & \frac{\partial}{\partial x} & 0 & 0 & 0 \end{bmatrix}^T \tag{6.4.20}$$

把角矢量之差的列阵表示为：

$$\varphi - \omega = \{\varphi_x - \alpha_x \quad \varphi_y - \alpha_y \quad \varphi_z - \alpha_z\}^T \tag{6.4.21}$$

由于角矢量是位移旋度之一半，容易得到：

$$\varphi - \omega = L_\kappa u = L_\kappa N d = B_\kappa d \tag{6.4.22}$$

上式的 L_α 为：

$$L_\kappa = \begin{bmatrix} 0 & \frac{1}{2}\frac{\partial}{\partial z} & -\frac{1}{2}\frac{\partial}{\partial y} & 1 & 0 & 0 \\ -\frac{1}{2}\frac{\partial}{\partial z} & 0 & \frac{1}{2}\frac{\partial}{\partial x} & 0 & 1 & 0 \\ \frac{1}{2}\frac{\partial}{\partial y} & -\frac{1}{2}\frac{\partial}{\partial x} & 0 & 0 & 0 & 1 \end{bmatrix} \tag{6.4.23}$$

广义的应力列阵表为：

$$\begin{aligned} \sigma = [\sigma_{xx} \quad \sigma_{yy} \quad \sigma_{zz} \quad \sigma_{xy} \quad \sigma_{yz} \quad \sigma_{xz} \\ m_{xx} \quad m_{yy} \quad m_{zz} \quad m_{xy} \quad m_{yz} \quad m_{xz} \quad m_{yx} \quad m_{zy} \quad m_{zx}]^T \end{aligned} \tag{6.4.24}$$

把弹性体关于应力和偶应力的本构关系组合成矩阵形式：

$$\sigma = D\varepsilon \tag{6.4.25}$$

其中弹性系数矩阵分别为：

$$D = \begin{bmatrix} D_u & 0 \\ 0 & D_\varphi \end{bmatrix} \tag{6.4.26}$$

$$D_u = \begin{bmatrix} \lambda + 2\mu & \lambda & \lambda & 0 & 0 & 0 \\ \lambda & \lambda + 2\mu & \lambda & 0 & 0 & 0 \\ \lambda & \lambda & \lambda + 2\mu & 0 & 0 & 0 \\ 0 & 0 & 0 & \mu & 0 & 0 \\ 0 & 0 & 0 & 0 & \mu & 0 \\ 0 & 0 & 0 & 0 & 0 & \mu \end{bmatrix} \tag{6.4.27}$$

$$D_\varphi = 4\eta I_{9\times 9} \tag{6.4.28}$$

外力和外力偶表为矩阵形式：

$$t = [t_x \quad t_y \quad t_z \quad m_x \quad m_y \quad m_z]^{\mathrm{T}} \tag{6.4.29}$$

体力矩阵为：

$$b = [b_x \quad b_y \quad b_z]^{\mathrm{T}} \tag{6.4.30}$$

把式(6.4.8)的张量形式转换成矩阵形式，经过简单数学处理，得到有限元方程：

$$M^e \ddot{d} + (K^e + \kappa K_\kappa^e) d = P^e \tag{6.4.31}$$

式中质量阵、刚度阵、罚矩阵以及外力阵分别为：

$$M^e = \int_V \rho N^{\mathrm{T}} N \mathrm{d}V \tag{6.4.32}$$

$$K^e = \int_V B^{\mathrm{T}} D B \mathrm{d}V \tag{6.4.33}$$

$$K_\kappa^e = \int_V B_\kappa^{\mathrm{T}} B_\kappa \mathrm{d}V \tag{6.4.34}$$

$$P^e = \int_V \rho N^{\mathrm{T}} b \mathrm{d}V + \int_S N^{\mathrm{T}} t \mathrm{d}S \tag{6.4.35}$$

把弹性体进行空间离散后，利用有限元方程计算单元的相关矩阵，按照一定步骤对单元矩阵组集到结构整体，根据初边值条件作必要处理，再进行大规模代数方程求解，得到节点位移、应变、转角、曲率以及对称应力、反对称应力及偶应力等力学响应。

6.5 弹性体的尺寸效应

弹性结构有尺寸效应吗？回答是肯定的。弹性体尺寸效应一般是指当结构尺寸变得越来越小时，采用经典弹性力学预测的响应，包括应力对称性、应力大小、结构固有频率等，有时与实际测量的差异越来越大。但是，采用广义弹性力学就可很好地预测实际测量的数据，根本原因在于发掘了转动变形以及对变形描述、守恒方程、本构关系、边界条件的关键补充，从而完备了弹性力学的理论体系。广义弹性力学能够预测结构的尺寸效应，一方面说明理论的能力，另一方面也说明尺寸效应是客观存在的。弹性结构存在尺寸效应，有助于人们认识了解微机电系统的力学性能，也对深入探索从宏观到微观尺度的物质力学属性带来启示。

广义弹性力学可用于描述从宏观到微观尺寸的弹性结构。对于宏观尺寸的弹性结构，其转动变形及其效应很小时，使用广义弹性力学预测其力学行为相对比较麻烦,尤其是已经熟悉了经典弹性理论。但是,是否可以忽略转动变形及其效应,以及为什么忽略转动变形而采用经典弹性力学,保持理论上的清晰是极为重要的。实践证明,理论上的成熟为实际问题的解决和技术创新所带来的益处是难以估量的。这里只介绍以广义弹性理论预测弹性结构尺寸效应的几种情况。

6.5.1　应力对称性的尺寸效应

应力本身是不对称的,但其具有强烈的尺寸效应。当弹性结构的尺寸约在毫米级及以上时,应力的非对称性已经很小了,可以把应力视为对称应力。由于应力的不对称性来自反对称应力,而反对称应力对应于转动变形,结构尺寸越大,反对称应力和偶应力越小,但仍然存在连续转角和曲率,只是数值较小而已。由位移梯度的分解看到,角张量与应变张量在数量上处在一个量级,当然,若变形的对称性越高或位移梯度的对称性越高,角张量的值就越小,从而转角就越小。此外,现有的测试表明,转动模量的大小远小于杨氏模量,甚至小于 10 个数量级,所以即使是很小的反对称应力及偶应力,也可产生较大的转角和曲率。当然,转动模量是材料固有性质,应力非对称性主要来自结构尺寸的强烈影响。曲率的单位是 rad/m,偶应力的单位是 Pa · m,二者与应变和应力比较,都蕴含着尺度量纲以及具有描述结构尺寸效应的固有特性。

可以用平面简单剪切来说明应力非对称性的尺寸效应。对于底边固定约束、上边界受到表面剪切力的矩形平板(图 6.1),按照平面应力问题进行分析。左边界会变长,说明受到拉伸作用,更重要的是,左边变形后形成连续弯曲的曲线,而不是通常认为的斜直线,所以沿左边界有转角的连续变化。从变形前的直线到变形后的曲线,这种弯曲变形就是转动变形。右侧边界变形后会变短,说明受到压缩作用,同样从直线变成连续曲线,这样,左边界有拉伸和转动变形,右边界有压缩和转动变形。转动变形联系着反对称应力以及偶应力,反对称应力与拉压变形的对称应力叠加后,组成非对称应力。不能错误地认为,左右两边变形后为斜直线,这已被剪切实验证实,剪切过程呈现前倨后恭的状态,所以简单剪切不简单。

关于矩形平板左右直边变为曲边的问题,还可以借助悬臂梁的变形来理解。设想竖放悬臂梁,底端固定,顶端受到表面剪切力的作用,则悬臂梁的变形呈现为连续的弯曲。大幅减小悬臂梁的高度,并适当减小悬臂梁的厚度,这时的悬臂梁就接近上面简单剪切的情况。可以看到,沿高度方向,梁一侧受拉、另一侧受拉,且两侧都形成连续弯曲的曲线。迄今对平面简单剪切问题,总是把变形前的正四边形处理为变形后的平行斜四边形,这就排除了连续转动变形的重要信息。

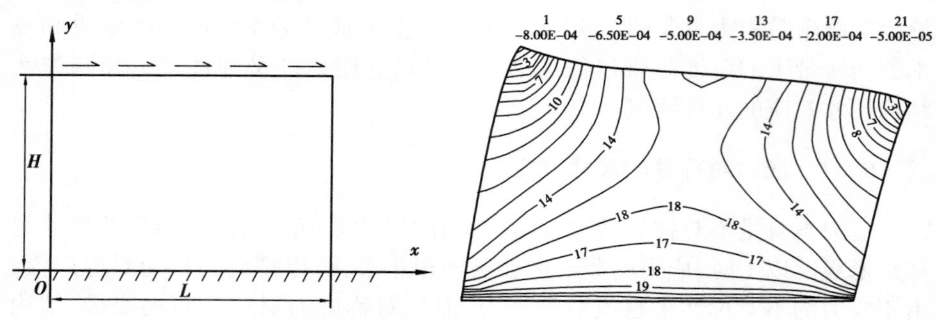

图 6.1　平面简单剪切(左图)和转角的分布(右图)

考虑平板材料为纯铜,其杨氏模量为 108.0 GPa,泊松比为 0.34,转动模量为 6.44 N。平板长高比固定为 4∶3,平板尺寸变小时不改变长高比。当平板长度为 8.0 mm 而高度为 6.0 mm 时,上边界切向力为 20.0 N。采用前述有限元方法进行数值求解。图 6.1 右图表示转角的分布,转角从底边到上边界逐渐增大,显示转角的逐渐累积效应,其最大值为 8×10^{-4} rad,具有与应变相同的量级。在这个算例中,重点是观察结构尺寸对应力非对称性的影响。根据数值分析结果,得到节点上的对称应力和反对称应力,按照下式评价应力的对称度:

$$\mathrm{Sym}(\%) = \sum_{\substack{i,j=1\\ i\neq j}}^{3} |\sigma_{ij}| / (|\sigma_{ij}| + |\tau_{ij}|) \times 100\% \tag{6.5.1}$$

由上式,如果其值为 100%,代表应力是完全对称的,小于 100%为非对称的应力。图 6.2 展示了应力对称度与结构尺寸的关系,纵轴为对称度,横轴为长度尺寸的常用对数,横轴上−3 代表毫米,−6 代表微米。在经典弹性力学中,没有转动变形以及反对称应力和偶应力,认为应力总是对称的,所以应力对称度为 100%,与结构尺寸无关。

广义弹性力学预测,应力的对称度与结构尺寸有关。当结构尺寸大于毫米级时,应力基本是对称的。当结构尺寸小于毫米级以及更小的尺寸,应力对称度显著降低。应力对称降低的情况,直接联系着反对称应力以及转动变形。对简单剪切的情况,转动变形其实是显著的,越靠近底边的固定端,应力的对称度越小,转动变形越大。实际结构形式有剧烈变化的地方,往往预示着较大的转动变形,这是应该特别关注的。

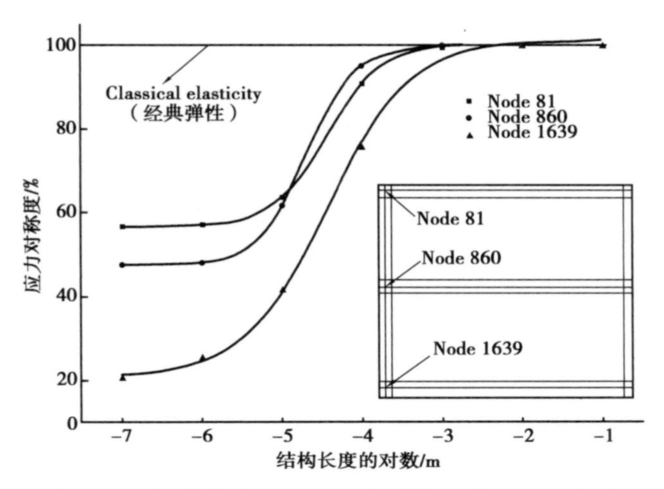

图 6.2　平面简单剪切下应力对称度与结构尺寸的关系

6.5.2　孔边应力集中的尺寸效应

孔边应力集中是经典弹性力学的一个典型问题。一个无限大平板受到两侧均匀拉伸,材料、结构、边界载荷都是均匀的,所以结构内应力分布也是均匀的,应力等于边界施加的均布拉力。当平板中间有一个圆孔时(图 6.3),圆孔的存在会干扰原来均匀的应力分布,圆孔周围的应力会增大,特别在圆孔上下顶点处的拉应力达到最大,为边界拉伸应力的 3 倍,所以应力集中系数为 3。在经典弹性力学中,应力集中系数没有尺寸效应,一般考虑圆孔直径小于平板尺寸 5 倍以上,就可以作为孔边应力集中问题进行处理。

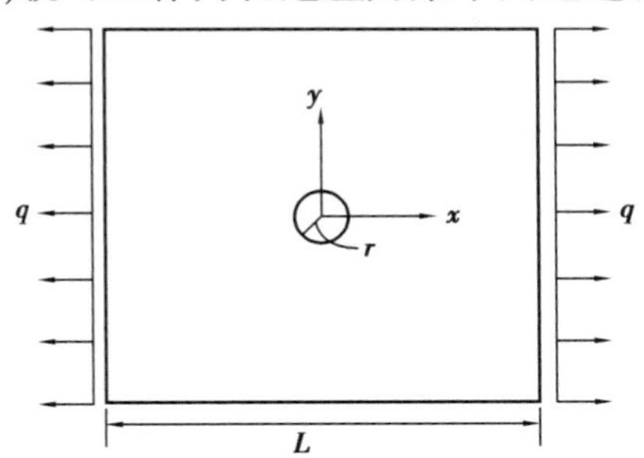

图 6.3　两侧受到均匀拉伸的含圆孔无限大平板

现在采用广义弹性力学考察孔边应力集中的问题。固定平板的尺寸,逐渐减少圆孔的半径,初始尺寸为平板宽度与圆孔半径之比为 20∶1,两侧边界拉伸载荷为 2.0 MPa。假定平板材料为纯镍,其杨氏模量为 207.0 GPa,泊松比为 0.312,转动模量为 2.84 N。将平板问题作为平面应力问题,应用有限元方法求解力学响应。数值分析结果表明,当圆孔半径足够大时,孔边应力集中系数等于 3。一般来说,当圆孔半径的尺寸在毫米以上时,应力集中系数与经典弹性理论的结果是一致的。但是,当圆孔尺寸足够小时,应力集中系数要小于 3,例如当圆孔半径为 10 μm 时,参见图 6.4,应力集中系数为 2.34,不过此时,越接近孔边,偶应力逐渐出现并逐渐增加。

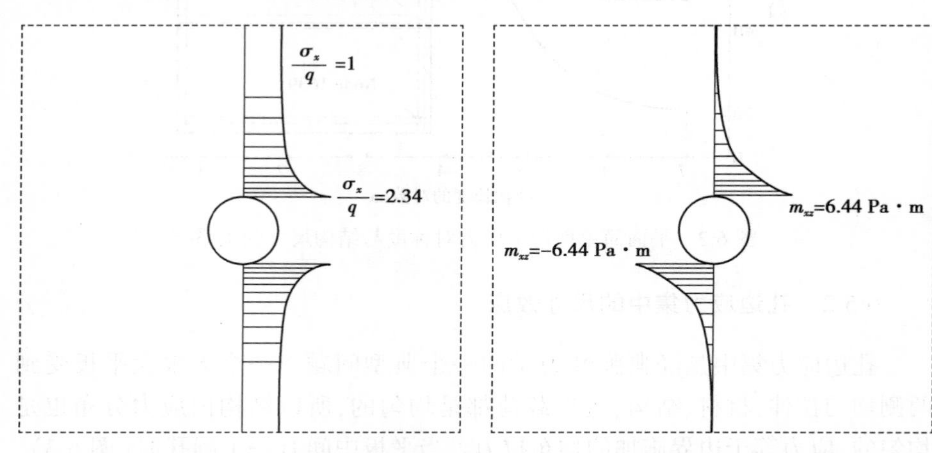

图 6.4　圆孔半径为 10 μm 时的应力集中系数(左图)和偶应力分布(右图)

孔边应力集中系数小于 3 的情况,说明应力集中系数也有尺寸效应。图 6.5 左图展示了应力集中系数与圆孔半径的依赖关系,其中横轴取圆孔半径的常用对数,当圆孔半径小于毫米级并趋向微米级时,对比经典弹性理论的集中系数,广义弹性力学预测的集中系数越来越小,甚至小于 2,表明圆孔半径越小,集中系数的尺寸效应越大。圆孔的存在改变了局部的变形状态,导致出现转动变形,引起局部的转角和曲率以及反对称应力和偶应力,尽管边界上只作用着均匀的拉伸载荷。由于应力包含对称应力和反对称应力,为与经典弹性理论比较,这里的应力集中系数也是应用了对称应力的分量。就结构存在的内力而言,既有应力也有偶应力。随着圆孔半径变得越来越小,应力集中系数也逐渐变小,但是,偶应力随着圆孔半径变小而越来越大。图 6.5 右图展示了偶应力分量 m_{xz} 随着圆孔尺寸变化的情况,当圆孔尺寸大于毫米级时,基本可以忽略偶应力,但当圆孔尺寸小于毫米级,偶应力会变得越来越大,表示转动变形也越来越显著。

转动变形是弹性体变形的一种重要机制或组成成分,这种变形密切联系着结构的尺寸和结构几何特征,譬如小尺寸结构和含圆孔结构。从线元变形

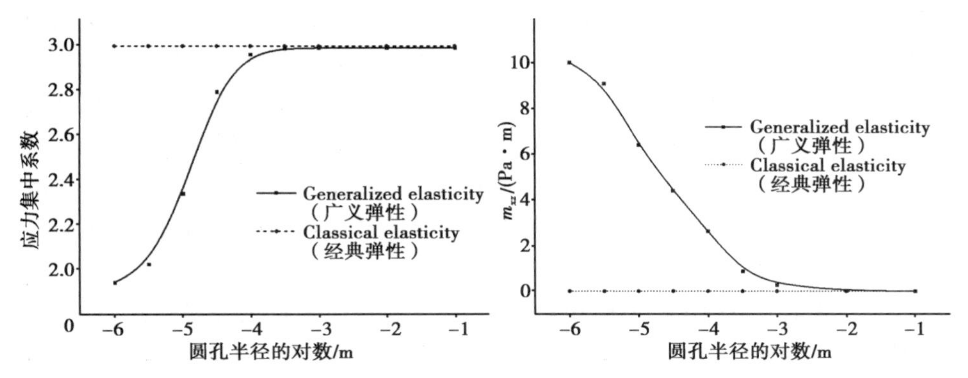

图 6.5　孔边应力集中系数(左图)和偶应力(右图)与孔径尺寸的关系

的角度,圆孔周围的线元较易产生弯曲变形,远离圆孔的平板部分不太容易发生线元的弯曲,所以其他部分的转动变形及其效应就很小。由于存在应力和偶应力两种内力状态,判断结构的承载和破坏就不仅应衡量对称应力的水平,还应该考察偶应力的幅值,这里不展开讨论这个问题,但转动变形无疑为深化结构变形和破坏的认识提供了更有趣和更宽广的视角。

6.5.3　悬臂梁不同模态下固有频率的尺寸效应

上面讨论了简单剪切和孔边应力集中的静力学问题,忽略了运动惯性的影响。悬臂梁的动力学问题既涉及动力学特性也涉及动力学响应,其中动力学特性需要考察结构的固有频率及对应的模态。求解悬臂梁的动特性,依然采用有限元方法。根据前述的有限元方法,得到悬臂梁的动力学方程,令方程的右端项皆为零,就有关于广义位移的齐次运动学方程。通过求解运动学方程的特征值和特征矢量,就可得到悬臂梁的固有频率和模态。

悬臂梁视为纯镍制成,其材料参数与上述平板材料参数一致。悬臂梁左端为固定约束,右端自由。梁的长度与高度之比固定为 10∶1,梁断面为矩形,断面高度与宽度之比固定为 5∶4,通过调整梁高大小得到不同尺寸的悬臂梁。

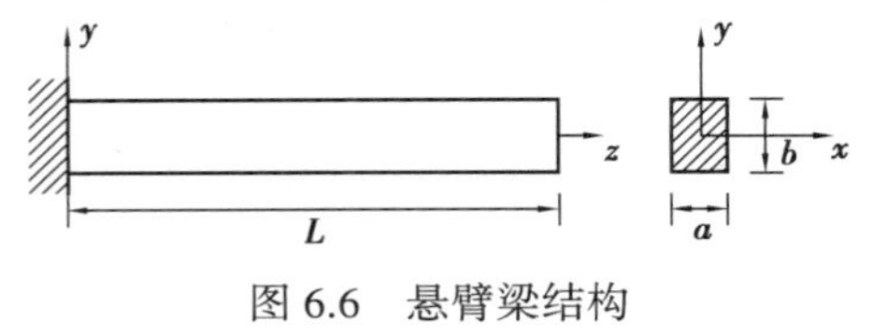

图 6.6　悬臂梁结构

对于长度为 100.0 μm、断面高度为 10.0 μm、断面宽度为 8.0 μm 的悬臂梁,其固有模态和固有频率参见表 6.1。表中提供了两阶弯曲模态,广义弹性力学预测的固有频率较之经典弹性力学有大幅的提高，这与实际测试发现的现象是一致的。悬臂梁向下弯曲时，上表面的线元发生拉伸和转动变形，下表面线元发生压缩和转动变形，所以中性面上的线元发生纯粹的转动变形，转角的方向都指向面内。转动变形对结构尺寸比较敏感，越小的尺寸，转动变形及其效应往往越显著，会增大结构的刚度，这是弯曲模态下固有频率增大的原因所在。经典弹性力学没有考虑转动变形及其偶应力，排除了转动变形对结构刚度增大的贡献，使得理论预测的固有频率小于实际的测量值。

对于表 6.1 中展示的两阶扭转模态，广义弹性力学较之经典弹性力学，其预测的固有频率比弯曲模态相对而言提高的幅度更大。弯曲模态对应着面内转动变形，或者说面内弯曲，其转轴都指向面内。扭转模态下，线元发生螺旋状变化，其转动变形除了转角的变化，转轴也在空间变化，所以转动变形的程度更大，对结构刚度的贡献更大，因此，扭转模态的固有频率较之弯曲模态有相对更大的提高。

再看两阶拉压模态，其固有频率与经典弹性理论预测的结果完全相同。因为拉压模态完全没有转动变形的参与，只有拉压变形。在此情况下，广义弹性力学与经典弹性力学是等价的，这是拉压模态下固有频率完全相同的原因。

表 6.1　悬臂梁模态及其对应的固有频率

模态			经典频率（10^5 Hz）	广义频率（10^5 Hz）	频率增幅
Bending（弯曲）	1st order		7.95	15.33	92.83%
	2nd order		49.04	64.53	31.59%
torsion（扭转）	1st order		68.62	186.90	172.37%
	2nd order		207.93	315.61	51.79%
tension（拉压）	1st order		121.96	121.96	0.00%
	2nd order		369.64	369.64	0.00%

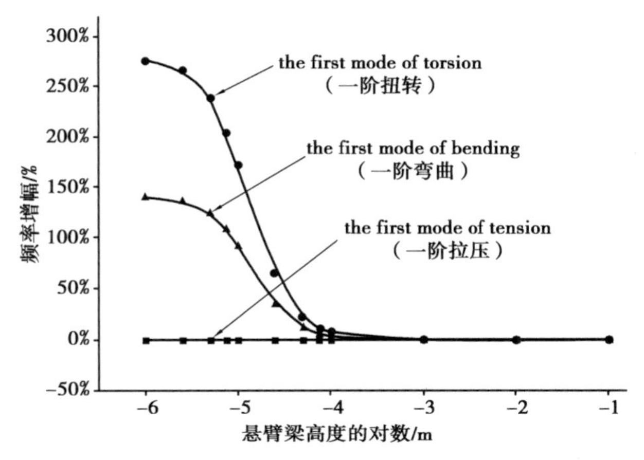

图 6.7　不同模态固有频率增加之比率与悬臂梁尺寸的关系

当结构尺寸变得越来越小时,固有频率的尺寸效应表现也很明显。图 6.7 展示了悬臂梁三种模态下固有频率与梁断面宽度的依赖关系,其中纵轴表示广义弹性力学的预测值与经典弹性力学预测值所增加之比率,横轴为梁断面宽度的对数。对于毫米级以上的悬臂梁,广义弹性力学与经典弹性力学预测的固有频率是一致的,表示频率增加比率为零。当梁断面宽度在毫米级以下且变得越来越小时,广义弹性力学预测的固有频率较之经典弹性力学,所展现的尺寸效应变得越来越大,但是,固有频率的尺寸效应与梁的模态密切关联。扭转模态较之弯曲模态,广义弹性力学预测的固有频率较之经典弹性力学,比率增加得更为剧烈。对于拉压模态,无论尺寸如何小,由于没有转动变形的参与,固有频率增加的比率为零,所以两种理论预测值完全一致。

第 7 章 弹性应力波

本章讨论弹性应力波理论,应用张量分析对似乎成熟的弹性应力波理论又赋予了新的内涵,加深人们对弹性应力波的科学认识。

7.1 现有弹性应力波理论存在的问题

经过一个多世纪的探索实践,迄今已经形成了弹性应力波的基本认识并纳入弹性力学教科书或波动文献中,现有的弹性应力波理论也成为各种工程和技术应用的指导。然而,现有弹性应力波理论远非尽善尽美,下面简要分析现有弹性应力波理论存在的几个重要问题。

7.1.1 旋转波的问题

弹性应力波的基础是弹性力学,现有的弹性应力波是建立在经典弹性力学基础之上的。在经典弹性力学中,线弹性固体的运动方程是以位移表达的纳维方程:

$$(\lambda + \mu) \nabla\nabla\cdot \boldsymbol{u} + \mu \nabla^2\boldsymbol{u} + \rho\boldsymbol{b} = \rho \frac{\partial^2 \boldsymbol{u}}{\partial t^2} \tag{7.1.1}$$

现有理论是对纳维方程两端取旋度,得旋转波的波动方程:

$$\mu \nabla^2\boldsymbol{\alpha} = \rho \frac{\partial^2 \boldsymbol{\alpha}}{\partial t^2} \tag{7.1.2}$$

这里转角或角矢量是位移旋度的一半:

$$\boldsymbol{\alpha} = \frac{1}{2} \nabla \times \boldsymbol{u} \tag{7.1.3}$$

角矢量表达弹性体内连续的转角。转动变形的转角本质上是二阶反对称的角张量,可用角矢量来表达,角矢量是角张量的轴矢量。角矢量中转角大小是在垂直于转动方向的平面内进行度量,而矢量的大小是沿矢量方向进行度量,所以角矢量是伪矢量。

经典弹性力学较之广义弹性力学的特征是省略了转动变形以及角张量或其角矢量。若对纳维方程取旋度,方程右端涉及位移旋度关于时间的二阶导数,问题在于位移旋度已经被忽略了,即位移旋度为零,所以旋转波并不存在,或者说,对纳维方程取旋度是没有意义的。

另一方面,假设存在旋转波,其波动变量为转角,那么,应该有与转动变形共轭的内力偶,弹性应力波则完全没有提到共轭内力偶的问题。如果认为转角是局部刚性转动,也要有与转动对应的某种力偶。弹性应力波传播弹性应变能,由于没有与旋转变形对应的内力偶,也就难以定义旋转的应变能。

假设旋转波的波动方程是成立的,则有旋转波的波速为:

$$c_2 = \sqrt{\frac{\mu}{\rho}} = \sqrt{\frac{G}{\rho}} \tag{7.1.4}$$

式中 G 为剪切模量。但是,剪切模量反映偏应力与偏应变的关系,是刻画质点纯粹的形变与偏应力的力学性质,完全不涉及旋转变形的力学特性。该模量不能刻画旋转变形的力学性能,因此,从波速的角度也存在内在的矛盾。

7.1.2　体积波波速的解读问题

这个问题指的是体积波的波速为什么会有剪切模量,而不是波速表达本身有什么问题。对纳维方程两端取散度,并考虑均布的体力,可立即得到体积波的波动方程:

$$(\lambda + 2\mu) \nabla^2 \theta = \rho \frac{\partial^2 \theta}{\partial t^2} \tag{7.1.5}$$

式中体积应变为位移的散度:

$$\theta = \nabla \cdot \boldsymbol{u} \tag{7.1.6}$$

体积波的波动方程表达体积应变的传播规律,它的波速为:

$$c_1 = \sqrt{\frac{\lambda + 2\mu}{\rho}} = \sqrt{\frac{K + \frac{4}{3}G}{\rho}} \tag{7.1.7}$$

式中 K 为体积模量,G 为剪切模量。体积应变是标量,但描述质点变形时,实际上是各向同性张量,对应的内力是静水压力,联系静水压力与体积应变的是体积模量。既然体积波的波动方程描述体积应变或静水压力的传播,就与质点的形状变化无关,换言之,剪切模量不应出现却出现在体积波的波速中,这也是现有波动理论难以解读的问题。应力波在传播变形能的过程中,质点变形特征与波速的内在性质应该直接关联。

7.1.3 剪切波的波动方程问题

现有波动理论包含了剪切波的波动方程。观察纳维方程左端第一项是体积应变的梯度,且体积应变是位移的散度。在纳维方程中,如果直接令位移的散度为零,并忽略体力项,就有剪切波的波动方程:

$$\mu \nabla^2 \boldsymbol{u} = \rho \frac{\partial^2 \boldsymbol{u}}{\partial t^2} \tag{7.1.8}$$

应该说,这个波动方程是非常牵强的,如果成立,该方程也与纳维方程是矛盾的。纳维方程是矢量方程,待求的位移有 3 个分量,所以方程封闭。如果直接施加体积应变即位移散度为零,就对 3 个独立位移分量施加了一个约束条件,则剪切波将成为具有两个独立位移分量的波动方程,在数学上是一个问题。假设剪切波的波动方程成立,则不能与体积波共同存在,因为已经明确体积应变为零,这也是一个问题。从纳维方程的角度,不应为得到波动方程而预先假设位移的散度或者位移的旋度为零。

7.1.4 位移的亥姆霍兹分解问题

把任意矢量表为一个标量势的梯度和一个矢量势的旋度之和,其中矢量势的散度为零,这是矢量的亥姆霍兹(Helmholtz)分解定理。把该定理应用于位移,有:

$$\boldsymbol{u} = \nabla\phi + \nabla\times\boldsymbol{\psi},\ \nabla\cdot\boldsymbol{\psi} = 0 \tag{7.1.9}$$

如果把上式代入纳维方程进行数学处理,可以得到以标量势和矢量势为波动变量的两个波动方程。问题是,经典弹性力学是弹性应力波的基础,而经典弹性力学省略了角张量,即省略了以位移旋度表达的转动变形。既然现有弹性应力波没有计及转动,自然无须考虑矢量势的旋度问题。另外,以位移来表示弹性体的变形概念清晰,变形信息完备,所引进的标量势和矢量势只有数学意义,缺乏必要的变形几何或其他解释,也难以通过实验来进行测量。

上面指出了现有弹性应力波理论存在的四个问题,为解决这些问题,下面提出新的弹性应力波理论。

7.2　经典弹性力学概要

为使弹性应力波的理论表述更加完整，现简要介绍经典弹性力学，主要包括变形的几何描述、变形体守恒方程、线弹性本构关系以及纳维方程。

7.2.1　变形的几何描述

固体变形后有质点的位移 $\boldsymbol{u}(\boldsymbol{x},t)$，某一时刻下位移的微分为：

$$\mathrm{d}\boldsymbol{u}=\frac{\boldsymbol{u}\partial}{\partial\boldsymbol{x}}=\boldsymbol{u}\,\nabla\cdot\mathrm{d}\boldsymbol{x} \tag{7.2.1}$$

上式中位移的右梯度 $\boldsymbol{u}\,\nabla$ 建立了线元 $\mathrm{d}\boldsymbol{x}$ 与位移增量 $\mathrm{d}\boldsymbol{u}$ 的映射关系。由于位移梯度是非对称二阶张量，将其分解为对称和反对称张量之和：

$$\boldsymbol{u}\,\nabla=\boldsymbol{\varepsilon}+\boldsymbol{A} \tag{7.2.2}$$

其中应变张量 $\boldsymbol{\varepsilon}$ 为二阶对称张量，角张量 $\boldsymbol{A}$ 为二阶反对称张量，于是有：

$$\boldsymbol{\varepsilon}=\frac{1}{2}(\boldsymbol{u}\,\nabla+\nabla\boldsymbol{u}) \tag{7.2.3}$$

$$\boldsymbol{A}=\frac{1}{2}(\boldsymbol{u}\,\nabla-\nabla\boldsymbol{u}) \tag{7.2.4}$$

应变张量又分解为偏应变张量和球应变张量：

$$\boldsymbol{\varepsilon}=\boldsymbol{e}+\frac{1}{3}\theta\boldsymbol{I} \tag{7.2.5}$$

式中 $\boldsymbol{e}$ 为偏应变张量，其迹为零，而 θ 为体积应变，且有：

$$\theta=\boldsymbol{\varepsilon}_{kk}=u_{k,k}=\nabla\cdot\boldsymbol{u} \tag{7.2.6}$$

体积应变为位移的散度，表示纯粹的体积变化，而偏应变表达纯粹的形状变化。角张量 $\boldsymbol{A}$ 表示纯粹的转动变形，它有 3 个独立分量，对应的反偶矢量为角矢量 $\boldsymbol{\alpha}$，二者关系为：

$$\boldsymbol{A}=-\boldsymbol{\epsilon}\cdot\boldsymbol{\alpha} \tag{7.2.7}$$

$$\boldsymbol{\alpha}=-\frac{1}{2}\boldsymbol{A}:\boldsymbol{\epsilon} \tag{7.2.8}$$

这里 $\boldsymbol{\epsilon}$ 为置换张量。把式(7.2.4)代入上式，于是角矢量表为：

$$\boldsymbol{\alpha}=\frac{1}{2}\nabla\times\boldsymbol{u} \tag{7.2.9}$$

所以角矢量是位移旋度的一半。角张量和角矢量都同样包含了转动变形的转轴和转角大小，它们都是质点位置的连续函数。角矢量的功能在于表达角张量，但不能代替角张量描述转动变形的本质。最后，把位移梯度表为：

$$\boldsymbol{u}\nabla = \boldsymbol{e} + \frac{1}{3}\nabla\cdot\boldsymbol{u}\boldsymbol{I} - \frac{1}{2}\in\cdot\nabla\times\boldsymbol{u} \tag{7.2.10}$$

注意到应变张量与角张量、偏应变张量与体积应变张量以及角张量都是彼此独立的二阶张量，所以变形体存在三种独立的变形机制，分别是以偏应变表达的形变，以体积应变表达的体变，以角张量及其角矢量表达的转动变形。这时，把位移的增量表为：

$$\mathrm{d}\boldsymbol{u} = (\boldsymbol{\varepsilon} + \boldsymbol{A})\cdot\mathrm{d}\boldsymbol{x} = \boldsymbol{\varepsilon}\cdot\mathrm{d}\boldsymbol{x} + \boldsymbol{\alpha}\times\mathrm{d}\boldsymbol{x} \tag{7.2.11}$$

其中对称应变张量对线元的映射使线元长度产生增量，角张量的映射使线元产生纯弯曲，也就是在垂直转轴的平面内产生转角。经典弹性力学省略了转动变形，对于一般宏观尺寸的弹性体，实践证明经典理论已经具有足够的精度。

7.2.2 守恒方程

变形前后介质的密度会发生变化，但固体变形前后质量保持不变，把这个规律写成积分形式：

$$\frac{\mathrm{d}}{\mathrm{d}t}\int_V \rho \mathrm{d}V = 0 \tag{7.2.12}$$

其中 ρ 是变形后的密度（单位体积的质量），$\mathrm{d}V$ 是变形后的体元。在小变形情况下，变形前后体元近似相等，$\mathrm{d}V \doteq \mathrm{d}V_0$，变形前后的密度也近似相等，$\rho \doteq \rho_0$，因此，质量守恒方程自动得到满足。

变形体受到面力 $\bar{\sigma}$ 和体力密度 $\boldsymbol{b}$（重力加速度），质点速度表为 $\boldsymbol{v} = \dot{\boldsymbol{u}}$，质点加速度表为 $\boldsymbol{a} = \ddot{\boldsymbol{u}}$，字母上点号表示对时间求导。根据动量定理，面力和体力的外力之和等于变形体动量的变化率：

$$\int_S \bar{\boldsymbol{\sigma}}\mathrm{d}S + \int_V \rho\boldsymbol{b}\mathrm{d}V = \frac{\mathrm{d}}{\mathrm{d}t}\int_V \rho\boldsymbol{v}\mathrm{d}V \tag{7.2.13}$$

设 $\boldsymbol{n}$ 为变形体表面的单位法矢量，则面力与应力的关系为：

$$\bar{\boldsymbol{\sigma}} = \boldsymbol{n}\cdot\boldsymbol{\sigma} \tag{7.2.14}$$

其中 $\boldsymbol{\sigma}$ 为应力张量。利用高斯定理，立即有：

$$\nabla\cdot\boldsymbol{\sigma} + \rho\boldsymbol{b} = \rho\ddot{\boldsymbol{u}} \tag{7.2.15}$$

上式为动量守恒方程的局部形式。

不考虑变形体受到面力偶的作用，根据动量矩定理，面力之矩和体力之

矩的外力矩之和等于变形体动量之矩的变化率,于是得:

$$\int_S \boldsymbol{x} \times \bar{\boldsymbol{\sigma}} \mathrm{d}S + \int_V \rho \boldsymbol{x} \times \boldsymbol{b} \mathrm{d}V = \frac{\mathrm{d}}{\mathrm{d}t}\int_V \rho \boldsymbol{x} \times \boldsymbol{v} \mathrm{d}V \tag{7.2.16}$$

略去推导过程,直接给出动量矩守恒方程的局部形式:

$$\boldsymbol{\epsilon} : \boldsymbol{\sigma} = 0 \tag{7.2.17}$$

由于置换张量为关于任意两个指标的反对称张量,由上式可知应力张量为对称张量,因此,应力为对称张量时,动量矩守恒方程自动得到满足。

变形体的能量守恒方程是指外力功率等于变形体的变形能和动能的变化率。外力做的功率包括面力功率和体力功率,变形体单位质量的变形能表为 U,则有能量守恒方程:

$$\int_S \bar{\boldsymbol{\sigma}} \cdot \boldsymbol{v} \mathrm{d}S + \int_V \rho \boldsymbol{b} \cdot \boldsymbol{v} \mathrm{d}V = \frac{\mathrm{d}}{\mathrm{d}t}\int_V \rho \left(\frac{1}{2}\boldsymbol{v} \cdot \boldsymbol{v} + U\right) \mathrm{d}V \tag{7.2.18}$$

略去推导过程,直接给出能量守恒方程的局部形式:

$$\boldsymbol{\sigma} : \dot{\boldsymbol{\varepsilon}} = \rho \dot{U} \tag{7.2.19}$$

上式表明变形体应力与应变率形成的功率,全部转化为变形能的变化率。

7.2.3 线弹性本构关系

能量守恒方程指出,对称应力与应变之率构成了功率共轭关系。弹性体的本构关系就是建立应力与应变的关系,对于线弹性体而言,就是建立它们之间的线性本构关系。

忽略转动变形后,弹性体的变形还有彼此独立的形变和体变两种变形机制,所以可以分别建立关于两种变形机制的本构关系。形变以偏应变来描述,对应的应力为偏应力,其线性本构关系为:

$$\boldsymbol{s} = 2G\boldsymbol{e} \tag{7.2.20}$$

其中 G 为剪切模量。在上式的本构关系中,偏应力与偏应变均为对称张量,具有共同的 3 个主轴,只是 3 个主值不同。体积应变对应静水压力,其线性本构关系为:

$$P = K\theta \tag{7.2.21}$$

其中 K 为体积模量,静水压力与体积应变表面上是标量之间的关系,其本质是各向同性张量之间的关系。对于各向同性张量,任意一组标准正交基均可作为张量的主轴,且张量的主值都相等。应力是偏应力和静水压力之和:

$$\boldsymbol{\sigma} = \boldsymbol{s} + P\boldsymbol{I} \tag{7.2.22}$$

对应力张量取缩并,得:

$$P = \frac{1}{3}\sigma_{kk} \tag{7.2.23}$$

所以静水压力是三个正应力的平均值。应力张量可改写为：

$$\boldsymbol{\sigma} = 2\mu\boldsymbol{\varepsilon} + \lambda\theta\boldsymbol{I} \tag{7.2.24}$$

上式为弹性体的广义虎克定律，其中 λ，μ 为拉梅参数。拉梅参数与剪切模量和体积模量的关系为：

$$\mu = G,\ \lambda = K - \frac{2}{3}G \tag{7.2.25}$$

另外一组材料参数为杨氏模量和泊松比。因此，线弹性体有两个独立的材料参数。

7.2.4　纳维方程

由广义虎克定律，应力张量表为：

$$\boldsymbol{\sigma} = \mu(\boldsymbol{u}\nabla + \nabla\boldsymbol{u}) + \lambda\nabla\cdot\boldsymbol{u}\boldsymbol{I} \tag{7.2.26}$$

则应力的散度为：

$$\nabla\cdot\boldsymbol{\sigma} = (\lambda + \mu)\nabla\nabla\cdot\boldsymbol{u} + \mu\nabla^2\boldsymbol{u} \tag{7.2.27}$$

把上式代入动量守恒方程中，于是有：

$$(\lambda + \mu)\nabla\nabla\cdot\boldsymbol{u} + \mu\nabla^2\boldsymbol{u} + \rho\boldsymbol{b} = \rho\ddot{\boldsymbol{u}} \tag{7.2.28}$$

这是以位移表达的弹性体运动学方程，称为纳维（Navier）方程。

7.3　弹性应力波以及主波和次波

在经典弹性力学体系内，以位移梯度描述变形时，省略了角张量以及偶应力等，无须考虑位移的旋度。换言之，位移梯度近似等于应变张量：

$$\boldsymbol{u}\nabla \doteq \boldsymbol{\varepsilon} \tag{7.3.1}$$

7.3.1　体变和形变波动方程

纳维方程是获得弹性应力波的控制方程。考虑体力密度为均匀分布，直接对纳维方程（7.2.28）取散度，立即有体变波动方程：

$$(\lambda + 2\mu)\nabla^2\theta = \rho\frac{\partial^2\theta}{\partial t^2} \tag{7.3.2}$$

这与现有波动理论是完全一致的。结合体积应变的几何意义，体变波动方程实际上是各向同性的张量方程。体变波动方程决定的传播速度依然为：

$$c_1 = \sqrt{\frac{\lambda + 2\mu}{\rho}} = \sqrt{\frac{K + \frac{4}{3}G}{\rho}} \tag{7.3.3}$$

联系静水压与体积应变的关系，体变波动方程可以表为静水压力的波动方程。关于波速 c_1 既涉及体积模量也涉及剪切模量的问题，将在后面具体说明。

取纳维方程(7.2.28)的梯度，并应用式(7.3.1)，得：

$$(\lambda + \mu)\ \nabla\nabla\theta + \mu\ \nabla^2\boldsymbol{\varepsilon} = \rho\ \frac{\partial^2\boldsymbol{\varepsilon}}{\partial t^2} \tag{7.3.4}$$

把应变张量的分解式(7.2.5)代入上式，进一步改写为：

$$(\lambda + \mu)\ \nabla\nabla\theta + \frac{1}{3}\mu\ \nabla^2\theta\boldsymbol{I} + \mu\ \nabla^2\boldsymbol{e} = \frac{1}{3}\rho\ \frac{\partial^2\theta}{\partial t^2}\boldsymbol{I} + \rho\ \frac{\partial^2\boldsymbol{e}}{\partial t^2} \tag{7.3.5}$$

对方程(7.3.2)两端同乘以$\frac{1}{3}\boldsymbol{I}$，再与方程(7.3.5)相减，得另外一个波动方程：

$$\mu\ \nabla^2\boldsymbol{e} + (\lambda + \mu)\left(\nabla\nabla\theta - \frac{1}{3}\ \nabla^2\theta\boldsymbol{I}\right) = \rho\ \frac{\partial^2\boldsymbol{e}}{\partial t^2} \tag{7.3.6}$$

上式是一个二阶张量方程，由于上式左端第二项括号内的张量迹为零，所以是一个偏张量，因此，上式是一个偏张量的波动方程。偏应变和方程左端第二项的括号项都是偏张量，都是描述质点的形变，因此，称这个方程为形变波动方程。体变波动方程和形变波动方程组成一个弱耦合的波动方程组，有 6 个独立波动方程以及 6 个独立波动变量，所以波动方程是封闭的。从变形的角度，应力波为应变波，若联系到本构关系，可直接转化为应力波。由式(7.3.2)知，体积应变的传播是独立的，但由于式(7.3.6)，偏应变将受到体积应变的影响。经典弹性力学完全省略了转动变形及其力学效应，因此，取纳维方程的旋度是没有意义的。

7.3.2　平面应力波的主波和次波

解构弹性应力波的关键在于形变波动方程，为此，考察平面应力波的传播。为不失一般性，考虑应力波传播的阵面为平面，应力波沿笛卡尔坐标系的 x 轴正向传播；取应变主轴与坐标系基矢量重合，且体积应变和偏应变在波阵面的平面内均匀分布，这时，体积应变和偏应变张量都只是 x 坐标的函数。对于这种平面阵面且波动变量在阵面上均匀分布的应力波，其应变状态为：

$$\theta = \theta(x, t) \tag{7.3.7}$$

$$e_{11} = e_1(x, t)\ ,\ e_{22} = e_{33} = -\frac{1}{2}e_1(x, t)\ ,\ e_{12} = e_{13} = e_{23} = 0 \tag{7.3.8}$$

其中 $e_1(x,t)$ 是沿 x 轴的偏应变主值，这时，应变张量只有体积应变 θ 和主偏应变 e_1 两个独立分量。把式(7.3.7)代入式(7.3.2)，有平面应力波的体变波动方程：

$$(\lambda + 2\mu)\frac{\partial^2\theta}{\partial x^2} = \rho\frac{\partial^2\theta}{\partial t^2} \tag{7.3.9}$$

再把式(7.3.7)和式(7.3.8)代入式(7.3.6)，容易发现 6 个波动方程中，有 3 个方程为零、两个方程不独立，独立的波动方程只有一个，于是有独立的平面应力波的形变波动方程为：

$$\mu\frac{\partial^2 e_1}{\partial x^2} + \frac{2}{3}(\lambda + \mu)\frac{\partial^2\theta}{\partial x^2} = \rho\frac{\partial^2 e_1}{\partial t^2} \tag{7.3.10}$$

这时，应力波的张量方程组退化为两个波动方程，对应两个独立的波动变量。

方程(7.3.9)乘以 $-\frac{2}{3}$ 后与方程(7.3.10)相加，则形变波动方程(7.3.10)变为：

$$\mu\frac{\partial^2\hat{e}_1}{\partial x^2} = \rho\frac{\partial^2\hat{e}_1}{\partial t^2} \tag{7.3.11}$$

上式是波动方程的标准形式，而其波动变量为：

$$\hat{e}_1 = e_1 - \frac{2}{3}\theta \tag{7.3.12}$$

也就是偏应变的第一主值 e_1 分解为两项。把上式代入式(7.3.8)，则偏应变张量也分解为两部分，把偏应变张量表为：

$$\boldsymbol{e} = \hat{\boldsymbol{e}} + \bar{\boldsymbol{e}} \tag{7.3.13}$$

对应的矩阵形式为：

$$\begin{bmatrix} e_1 & 0 & 0 \\ 0 & -\frac{1}{2}e_1 & 0 \\ 0 & 0 & -\frac{1}{2}e_1 \end{bmatrix} = \begin{bmatrix} \hat{e}_1 & 0 & 0 \\ 0 & -\frac{1}{2}\hat{e}_1 & 0 \\ 0 & 0 & -\frac{1}{2}\hat{e}_1 \end{bmatrix} + \begin{bmatrix} \frac{2}{3}\theta & 0 & 0 \\ 0 & -\frac{1}{3}\theta & 0 \\ 0 & 0 & -\frac{1}{3}\theta \end{bmatrix} \tag{7.3.14}$$

显然，上式右端两部分都是偏应变张量，这是借助体积应变对偏应变张量的分解。上式右端第一项只有一个独立分量，但波动过程中这一项为偏应变张量状态，波动方程为(7.3.11)，称这种偏应变波为次波(Secondary wave)。相应地，波动方程(7.3.11)为次波的波动方程。同时，次波的传播速度为：

$$c_2 = \sqrt{\frac{\mu}{\rho}} \tag{7.3.15}$$

根据偏应力与偏应变的本构关系,次波是偏应力波,并且波速关联于剪切模量,波速表达式与介质变形特征之间保持一致性。不妨写出次波的偏应力状态为:

$$[\hat{\boldsymbol{s}}] = 2\mu[\hat{\boldsymbol{e}}] = \begin{bmatrix} 2\mu\hat{e}_1 & 0 & 0 \\ 0 & -\mu\hat{e}_1 & 0 \\ 0 & 0 & -\mu\hat{e}_1 \end{bmatrix} \tag{7.3.16}$$

关于式(7.3.14)右端第二部分,由于体积应变的控制方程是体变波动方程,所以这部分偏应变张量将与体积应变共同传播,其控制方程依然为体变波动方程。因此,偏应变张量存在着以不同速度传播的两个部分。利用广义虎克定律,共同传播的偏应变张量和体积应变张量对应的应力状态分别表为:

$$[\bar{\boldsymbol{s}}] = 2\mu[\bar{\boldsymbol{e}}] = 2\mu\begin{bmatrix} \frac{2}{3}\theta & 0 & 0 \\ 0 & -\frac{1}{3}\theta & 0 \\ 0 & 0 & -\frac{1}{3}\theta \end{bmatrix} \tag{7.3.17}$$

$$[\boldsymbol{P}] = \left(\lambda + \frac{2}{3}\mu\right)[\boldsymbol{\theta}] = \left(\lambda + \frac{2}{3}\mu\right)\begin{bmatrix} \theta & 0 & 0 \\ 0 & \theta & 0 \\ 0 & 0 & \theta \end{bmatrix} \tag{7.3.18}$$

上式中 $\boldsymbol{P}$,$\boldsymbol{\theta}$ 均为二阶各向同性张量,所以复合应力状态为:

$$[\boldsymbol{\sigma}] = [\boldsymbol{P} + \bar{\boldsymbol{s}}] = \begin{bmatrix} (\lambda + 2\mu)\theta & 0 & 0 \\ 0 & \lambda\theta & 0 \\ 0 & 0 & \lambda\theta \end{bmatrix} \tag{7.3.19}$$

称既有偏应变也有体积应变传播的应力波为主波(Primary wave)。主波的控制方程为体变波动方程,波动变量为体积应变,一旦有了体积应变,就同时形成一个体积应变表达的偏应变张量 $\bar{\boldsymbol{e}}$,这是主波的特征所在。主波的波速为 c_1,由于主波中包含体变和形变两种成分,联系到拉梅参数与体积模量和剪切模量的关系,在波速表达式中自然涉及体积模量和剪切模量,这样,主波的波速与主波发生的力学行为之间就取得了完全的一致性。再考察一下主波的应变状态,参考式(7.2.5)和式(7.3.14),共同传播的偏应变和体积应变复合,其应变状态为:

$$[\boldsymbol{\varepsilon}] = \left[\bar{\boldsymbol{e}} + \frac{1}{3}\theta\boldsymbol{I}\right]$$

$$= \begin{bmatrix} \frac{2}{3}\theta & 0 & 0 \\ 0 & -\frac{1}{3}\theta & 0 \\ 0 & 0 & -\frac{1}{3}\theta \end{bmatrix} + \begin{bmatrix} \frac{1}{3}\theta & 0 & 0 \\ 0 & \frac{1}{3}\theta & 0 \\ 0 & 0 & \frac{1}{3}\theta \end{bmatrix} = \begin{bmatrix} \theta & 0 & 0 \\ 0 & 0 & 0 \\ 0 & 0 & 0 \end{bmatrix} \tag{7.3.20}$$

这说明平面且均匀传播的应力波,主波的应变状态为一维应变状态,且一维应变的主值为体积应变,而次波为三维偏应变状态。

由此可知,弹性应力波在传播过程中存在主波和次波,主波有体变和形变两种成分,而次波只有形变一种成分。弹性应力波受控于弱耦合的波动方程组,分别为体变波动方程和形变波动方程,所以主波和次波、体变波动方程和形变波动方程这些概念是有区别的。弹性应力波的最大特征是把偏应变张量分解为传播速度不同的两个部分,一部分独立运动,形成次波;另一部分与体积应变共同运动,形成主波。

最后,应力波的传播也是变形能的传播。令 W 为单位体积的应变能,则应变能表为:

$$W = \frac{1}{2}\boldsymbol{\sigma} : \boldsymbol{\varepsilon} = \frac{1}{2}\sigma_{ij}\varepsilon_{ij} \tag{7.3.21}$$

利用式(7.3.17)、式(7.3.18)和式(7.3.20),把相应张量分量代入上式,略去推导过程,容易得到平面应力波主波传播的应变能为:

$$W_P = \frac{1}{2}\boldsymbol{P} : \left(\frac{1}{3}\boldsymbol{\theta}\right) + \frac{1}{2}\bar{\boldsymbol{s}} : \bar{\boldsymbol{e}} = \left(\frac{1}{2}\lambda + \mu\right)\theta^2 \tag{7.3.22}$$

尽管上式的基本变量是体积应变,但主波的应变能既有体变能也有形变能,这一点反映在上式的剪切模量($\mu=G$)上。把式(7.3.14)和式(7.3.16)代入式(7.3.21),易得平面应力波次波传播的应变能:

$$W_S = \frac{1}{2}\hat{\boldsymbol{s}} : \hat{\boldsymbol{e}} = \frac{3}{2}\mu\hat{e}_1^2 \tag{7.3.23}$$

次波只传播形变能,所以只涉及剪切模量。

7.3.3　平板撞击下主波和次波的传播

下面以平板撞击下应力波传播为例说明主波和次波的传播。取平板为氧化铝陶瓷材料,密度为 3.88×10^3 kg/m^3,杨氏模量为 372.84 GPa,泊松比为 0.23,平板厚度为 10.0 mm。在加载边界施加关于时间的正弦半波压缩脉冲,求解(7.3.9)和(7.3.10)两个波动方程,可得两个独立波动变量的时空演化结果。取某一时刻的波形图 7.1 来说明,坐标原点在加载面上,横轴表示沿板厚度方向,纵轴表示应变。应力波从原点位置出发且向右传播。偏应变传播过程中分解为两部分,传播较快的部分与体积应变共同运动叠加成主波,传播速度较慢的部分形成次波。主波的应变状态为一维压缩状态,次波的应变状态为三维应变状态。对于同样的边界冲击载荷,由图 7.1 可见,主波传播速度快,其脉冲宽度较大,而次波传播速度慢,其脉冲宽度也小一些。

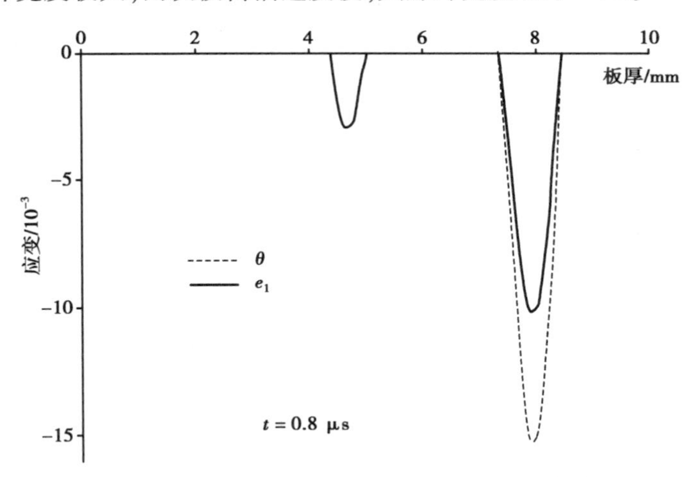

图 7.1　偏应变分裂为传播速度不同的两个部分

可以利用轻气炮驱动飞片高速运动,撞击圆柱形平板试件,参见图 7.2,左侧弹丸连同平板飞片在轻气炮中加速向右运动,速度探针测量飞片运动速度,平板飞片正撞右侧平板试件。试件厚度远小于试件半径,可忽略试件侧向边界对应力波的影响或者说将侧向近似为无限大,所以考虑应力波近似为平面应力波,即波动变量只沿平板厚度方向变化而在垂直于撞击方向的平面内均匀分布。采用速度干涉仪(VISAR)测量试件自由面(背面)速度随时间的变化曲线,图 7.3 为氧化铝陶瓷试件自由面速度的一个典型变化曲线,其中加载飞片的速度为 442.0 m/s,试件厚度为 6.0 mm。

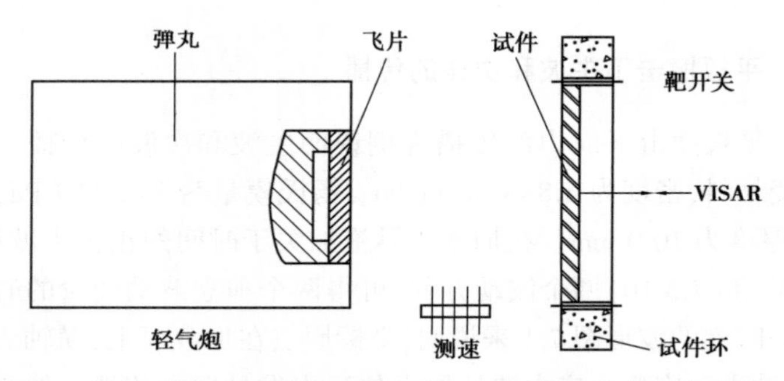

图 7.2　轻气炮加载下平板冲击试验,VISAR 测试自由面速度历程

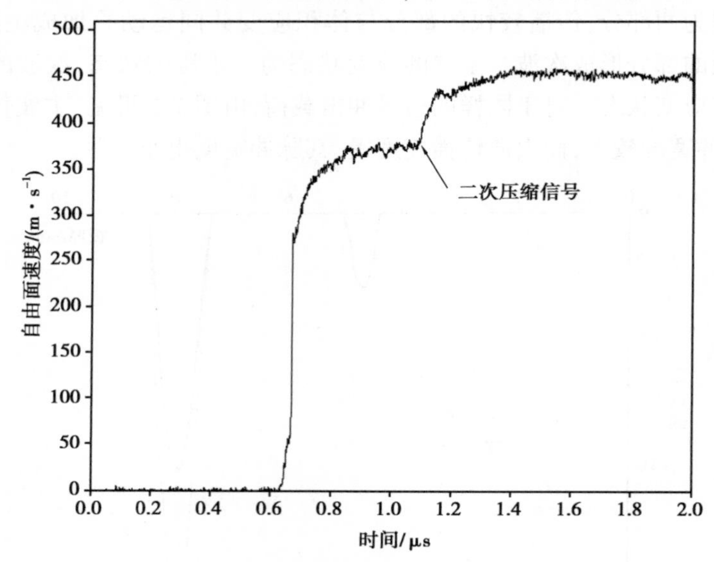

图 7.3　冲击平板自由面的速度曲线

冲击载荷下在平板加载面上激发出应力波。当应力波传播到自由面时,自由面速度快速提高然后保持一个较稳定变化曲线,表明自由面受到应力波的作用产生运动速度。当时间为 1.08 μs 时,自由面速度又产生一个相对较小的跃升,即图 7.3 中的二次压缩信号。平板撞击时发现二次压缩信号得益于自由面速度测量技术的发展,在 20 世纪 90 年代首先在碱石灰玻璃的冲击试验中发现这种现象,随后立即引起了冲击动力学和高压物理领域学者的广泛关注,人们对玻璃、陶瓷、脆性岩石以及金属类冲击防护材料开展了大量平板撞击试验,证实了自由面速度曲线上二次压缩信号的存在。

对于这种现象,一种被广泛接受的解释是破坏波或失效波(Failure wave)理论。该理论认为,撞击时首先激发一维应变压缩波,同时从加载面上还激发出材料碎裂化阵面,破坏阵面传播速度低于弹性波。弹性波达到自由面反射后,遇到波阻抗较低的破坏阵面,在破坏阵面上再次反射后到达自由面进行叠加,因此产生自由面的二次压缩。然而,破坏波理论存在一个难以回避的重要问题,即当冲击强度低于材料弹性极限时,加载面上没有产生破坏波,这时自由面速度曲线仍有二次压缩信号。

但是,按照上述平面应力波的波动理论,平板受到冲击后不是只有一种压缩波,而是产生传播速度不同的主波和次波。主波到达自由面后发生应力波的入射和反射,这两种作用引起自由面速度的变化。随后次波到达自由面,再次发生波的入射和反射,两次界面效应叠加,形成自由面速度曲线的二次压缩信号,或者说,二次压缩信号是次波到达自由面形成的。改变平板的厚度,二次压缩信号出现的时刻也不同。在冲击载荷下,对不同厚度平板开展正撞试验,自由面二次压缩信号出现的时间与平板厚度的关系见图 7.4。二次压缩信号代表次波到达自由面,试验测试证明了理论预测,这里统计了氧化铝陶瓷平板的 10 发数据结果。值得注意的是,由于动载是随时间快速增加的过程,即使冲击载荷超过材料弹性极限,在材料破坏之前也会首先形成弹性应力波的传播,这种弹性前驱波的传播速度大于材料碎裂界面的扩展速度,这说明总是可以检测到应力波的传播和界面效应。

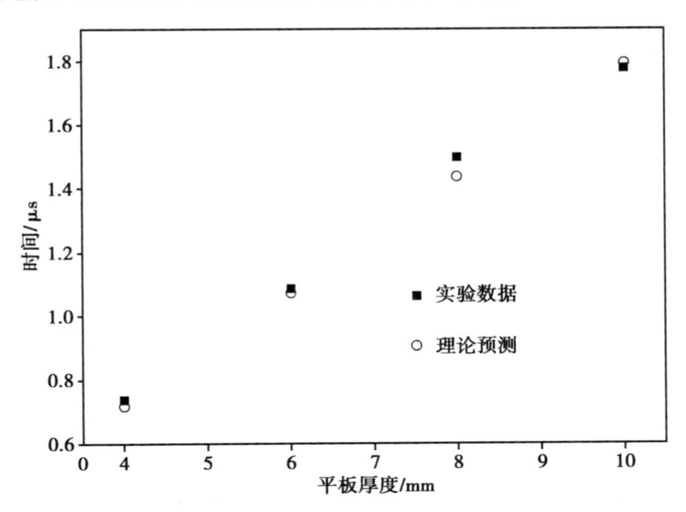

图 7.4　二次压缩信号出现的时刻与试件厚度的关系,理论预测与实测完全一致

自由面速度曲线的二次压缩是继层裂破坏之后,材料动态力学行为的最重要发现。冲击载荷下,材料动态行为及破坏行为依然面临挑战,这些行为直接关联于应力和应变的时空演化,而弹性应力波的传播是决定应力和应变演化的基础。

7.4 广义弹性应力波以及主波和次波

所谓广义弹性应力波,是相对广义弹性力学而言的,具体来说,就是计及了转动变形以及偶应力和反对称应力的应力波理论。由于弹性力学是应力波理论的基础,为使广义弹性应力波的表述更为完整,这里简要回顾一下广义弹性力学的基本概念。

7.4.1 广义弹性力学基本概念

固体变形的位移梯度分解为应变张量 $\boldsymbol{\varepsilon}$ 和角张量 $\boldsymbol{A}$:

$$\boldsymbol{u}\nabla = \boldsymbol{\varepsilon} + \boldsymbol{A} \tag{7.4.1}$$

其中

$$\boldsymbol{\varepsilon} = \frac{1}{2}(\boldsymbol{u}\nabla + \nabla\boldsymbol{u}) \tag{7.4.2}$$

$$\boldsymbol{A} = \frac{1}{2}(\boldsymbol{u}\nabla - \nabla\boldsymbol{u}) \tag{7.4.3}$$

应变张量又分解为偏应变张量 $\boldsymbol{e}$ 和体变张量$\frac{1}{3}\theta\boldsymbol{I}$:

$$\boldsymbol{\varepsilon} = \boldsymbol{e} + \frac{1}{3}\theta\boldsymbol{I} \tag{7.4.4}$$

式中 θ 为体积应变,它等于位移的散度。角张量 $\boldsymbol{A}$ 反偶于角矢量 $\boldsymbol{\alpha}$:

$$\boldsymbol{\alpha} = -\frac{1}{2}\boldsymbol{A} : \boldsymbol{\epsilon} = \frac{1}{2}\nabla\times\boldsymbol{u} \tag{7.4.5}$$

所以角矢量决定于位移的旋度。可以把位移梯度表为:

$$\boldsymbol{u}\nabla = \boldsymbol{e} + \frac{1}{3}\nabla\cdot\boldsymbol{u}\boldsymbol{I} - \frac{1}{2}\boldsymbol{\epsilon}\cdot\nabla\times\boldsymbol{u} \tag{7.4.6}$$

这表示固体有三种独立的变形机制,即质点的形变、体变以及转动变形。曲率张量描述转动变形的空间变化率,定义为角矢量的左梯度:

$$\boldsymbol{\chi} = \frac{\partial\boldsymbol{\alpha}}{\partial\boldsymbol{x}} = \nabla\boldsymbol{\alpha} \tag{7.4.7}$$

所以曲率张量是位移关于空间位置的二阶导数。由于曲率张量的迹为零,所以为偏张量。

动量守恒方程的局部形式为：

$$\nabla\cdot\boldsymbol{\sigma}+\nabla\cdot\boldsymbol{\tau}+\rho\boldsymbol{b}=\rho\ddot{\boldsymbol{u}} \tag{7.4.8}$$

其中 $\boldsymbol{\sigma}$ 为对称应力，$\boldsymbol{\tau}$ 为反对称应力。应用动量矩守恒方程，得反对称应力与偶应力 $\boldsymbol{m}$ 的关系：

$$\boldsymbol{\tau}=-\frac{1}{2}(\nabla\cdot\boldsymbol{m})\cdot\boldsymbol{\epsilon} \tag{7.4.9}$$

也就是反对称应力张量的反偶矢量为偶应力的散度。变形体关于对称应力和偶应力的动力学方程为：

$$\nabla\cdot\boldsymbol{\sigma}+\frac{1}{2}\nabla\times(\nabla\cdot\boldsymbol{m})+\rho\boldsymbol{b}=\rho\ddot{\boldsymbol{u}} \tag{7.4.10}$$

线弹性体的本构关系对应于形变、体变和转动变形。偏应力与偏应变、静水压力与体积应变的线性本构关系表为：

$$\boldsymbol{s}=2G\boldsymbol{e} \tag{7.4.11}$$

$$P=K\theta \tag{7.4.12}$$

弹性体的广义虎克定律为：

$$\boldsymbol{\sigma}=2\mu\boldsymbol{\varepsilon}+\lambda\theta\boldsymbol{I} \tag{7.4.13}$$

偶应力与曲率张量的线性本构关系：

$$\boldsymbol{m}=4\eta\boldsymbol{\chi} \tag{7.4.14}$$

与上式等价的是反对称应力与角张量的本构关系：

$$\boldsymbol{\tau}=2\eta\nabla^2\boldsymbol{A} \tag{7.4.15}$$

把对称应力和偶应力的本构关系代入动力学方程，于是有以位移表达的弹性体运动方程：

$$(\lambda+\mu)\nabla\nabla\cdot\boldsymbol{u}+\mu\nabla^2\boldsymbol{u}+\eta\nabla^2(\nabla\nabla\cdot\boldsymbol{u}-\nabla^2\boldsymbol{u})+\rho\boldsymbol{b}=\rho\ddot{\boldsymbol{u}} \tag{7.4.16}$$

上式为广义纳维（Navier）方程或 Cosserat 方程。计及转动变形时，弹性体运动方程是关于位移的四阶偏微分方程。

7.4.2　广义弹性应力波

现在研究建立在广义弹性力学基础上的广义弹性应力波。考虑体力为均匀分布，对广义纳维方程两端取散度，立即有：

$$(\lambda+2\mu)\nabla^2\theta=\rho\frac{\partial^2\theta}{\partial t^2} \tag{7.4.17}$$

这是体变波动方程，本质上它是关于各向同性体变张量的波动方程，所决定的波速为：

$$c_1 = \sqrt{\frac{\lambda + 2\mu}{\rho}} = \sqrt{\frac{K + \frac{4}{3}G}{\rho}} \tag{7.4.18}$$

对广义纳维方程两端取旋度，则有：

$$\mu \nabla^2 \boldsymbol{\alpha} - \eta \nabla^4 \boldsymbol{\alpha} = \rho \frac{\partial^2 \boldsymbol{\alpha}}{\partial t^2} \tag{7.4.19}$$

或者利用反偶关系，把上式以角张量表为：

$$\mu \nabla^2 \boldsymbol{A} - \eta \nabla^4 \boldsymbol{A} = \rho \frac{\partial^2 \boldsymbol{A}}{\partial t^2} \tag{7.4.20}$$

以上两式都是转动波的波动方程。转动波属于二阶反对称张量或者矢量方程，是关于角张量或角矢量的双曲四阶波动方程，有 3 个独立方程。对广义纳维方程两端取梯度，并应用式(7.4.1)和式(7.4.4)，简单整理可得：

$$\begin{aligned}
&(\lambda + \mu)\, \nabla\nabla\theta + \frac{1}{3}\mu\, \nabla^2\theta \boldsymbol{I} + \eta\, \nabla^2\left(\nabla\nabla\theta - \frac{1}{3}\nabla^2\theta\boldsymbol{I}\right) + \\
&\mu\, \nabla^2 \boldsymbol{e} - \eta\, \nabla^4 \boldsymbol{e} + \mu\, \nabla^2 \boldsymbol{A} - \eta\, \nabla^4 \boldsymbol{A} \\
&= \frac{1}{3}\rho \frac{\partial^2 \theta}{\partial t^2}\boldsymbol{I} + \rho \frac{\partial^2 \boldsymbol{e}}{\partial t^2} + \rho \frac{\partial^2 \boldsymbol{A}}{\partial t^2}
\end{aligned} \tag{7.4.21}$$

把式(7.4.17)乘以$\frac{1}{3}\boldsymbol{I}$写成体变张量方程，然后用式(7.4.21)减去该方程以及减去式(7.4.20)，得：

$$\begin{aligned}
&\mu\, \nabla^2 \boldsymbol{e} - \eta\, \nabla^4 \boldsymbol{e} + (\lambda + \mu)\left(\nabla\nabla\theta - \frac{1}{3}\nabla^2\theta\boldsymbol{I}\right) + \\
&\eta\, \nabla^2\left(\nabla\nabla\theta - \frac{1}{3}\nabla^2\theta\boldsymbol{I}\right) = \rho \frac{\partial^2 \boldsymbol{e}}{\partial t^2}
\end{aligned} \tag{7.4.22}$$

上式为形变波动方程，其中的每一项都为偏张量，表示质点的形变变形。同时，形变波动方程也是关于体积应变与偏应变弱耦合的波动方程，它的较复杂形式源于一部分偏应变与体积应变共同运动，另一部分偏应变与转动变形共同运动。体变、转动、形变三组波动方程由 9 个独立的波动方程构成一个广义弹性应力波的波系，对应 9 个独立的波动变量，组成封闭的波动方程组。

7.4.3 广义平面应力波

现在考察平面阵面的应力波传播。取平面阵面的法线为坐标系 x 轴且应

力波沿 x 轴传播。约定应变张量的主轴与坐标系的三个轴重合，并且应变张量在波阵面上均匀分布。角张量的轴沿着坐标系 x 轴，所以角矢量方向与坐标系 x 轴重合，并且角矢量大小也在波阵面上均匀分布。这种均匀分布的平面阵面应力波的传播，其应变状态成为：

$$\theta = \theta(x,t) \tag{7.4.23}$$

$$e_{11} = e_1(x,t)\,,\ e_{22} = e_{33} = -\frac{1}{2}e_1(x,t)\,,\ e_{12} = e_{13} = e_{23} = 0 \tag{7.4.24}$$

$$\alpha_1 = \alpha_1(x,t)\,,\ \alpha_2 = \alpha_3 = 0 \tag{7.4.25}$$

其中 $e_1(x,t)$ 是沿 x 轴的偏应变主值，$\alpha_1(x,t)$ 是角矢量沿 x 轴的分量，所以，波动变量为体积应变 θ 和主偏应变 e_1 以及角矢量分量 α_1 这 3 个独立分量。把式(7.4.23)代入式(7.4.17)，有平面应力波的体变波动方程：

$$(\lambda + 2\mu)\frac{\partial^2\theta}{\partial x^2} = \rho\frac{\partial^2\theta}{\partial t^2} \tag{7.4.26}$$

把式(7.4.25)代入式(7.4.19)，转动波的矢量方程退化为 1 个标量方程：

$$\mu\frac{\partial^2\alpha_1}{\partial x^2} - \eta\frac{\partial^4\alpha_1}{\partial x^4} = \rho\frac{\partial^2\alpha_1}{\partial t^2} \tag{7.4.27}$$

把式(7.4.23)和式(7.4.24)代入式(7.4.22)，易得 1 个独立的形变波动方程为：

$$\mu\frac{\partial^2 e_1}{\partial x^2} + \frac{2}{3}(\lambda + \mu)\frac{\partial^2\theta}{\partial x^2} - \frac{1}{3}\eta\frac{\partial^4\theta}{\partial x^4} = \rho\frac{\partial^2 e_1}{\partial t^2} \tag{7.4.28}$$

波动方程组退化为 3 个独立波动方程。

把方程(7.4.26)乘以 $-\frac{2}{3}$ 后与方程(7.4.28)相加，形变波动方程变换为：

$$\mu\frac{\partial^2\hat{e}_1}{\partial x^2} - \eta\frac{\partial^4\hat{e}_1}{\partial x^4} = \rho\frac{\partial^2\hat{e}_1}{\partial t^2} \tag{7.4.29}$$

其中的波动变量为：

$$\hat{e}_1 = e_1 - \frac{2}{3}\theta \tag{7.4.30}$$

由于偏应变的主值 e_1 分解为两项，把上式代入式(7.4.24)，则偏应变张量同样分解为两部分：

$$\boldsymbol{e} = \hat{\boldsymbol{e}} + \bar{\boldsymbol{e}} \tag{7.4.31}$$

把上式再次写为矩阵形式：

$$
\begin{bmatrix} e_1 & 0 & 0 \\ 0 & -\frac{1}{2}e_1 & 0 \\ 0 & 0 & -\frac{1}{2}e_1 \end{bmatrix} = \begin{bmatrix} \hat{e}_1 & 0 & 0 \\ 0 & -\frac{1}{2}\hat{e}_1 & 0 \\ 0 & 0 & -\frac{1}{2}\hat{e}_1 \end{bmatrix} + \begin{bmatrix} \frac{2}{3}\theta & 0 & 0 \\ 0 & -\frac{1}{3}\theta & 0 \\ 0 & 0 & -\frac{1}{3}\theta \end{bmatrix} \tag{7.4.32}
$$

上式右端第二项作为偏应变的一部分,与体积应变共同运动,构成主波。上式右端第一项作为偏应变的另一部分,其控制方程为式(7.4.29),与转角的控制方程(7.4.27)具有一致的数学形式,它们在介质中有不同的应变特征但有共同的传播速度,且构成次波。

主波的传播速度与式(7.3.3)一致。现在利用简谐波来表征次波的传播速度。对转角控制方程,考虑转角的谐波运动形式为:

$$
\alpha_1 = \alpha_0 \exp \mathrm{i}(kx - \omega t) \tag{7.4.33}
$$

上式 k 表示每单位长度的波数,ω 表示圆频率。把上式代入(7.4.27),易得弥散关系:

$$
\omega(k) = \sqrt{\frac{\mu k^2 + \eta k^4}{\rho}} \tag{7.4.34}
$$

由上式得谐波的群速度:

$$
c_g = \frac{\mathrm{d}\omega}{\mathrm{d}k} = \frac{\mu + 2\eta k^2}{\sqrt{\rho\mu + \rho\eta k^2}} \tag{7.4.35}
$$

上式是角矢量 $\boldsymbol{\alpha}$ 和偏应变张量 $\hat{\boldsymbol{e}}$ 组成的次波的传播速度。在次波传播速度的表达式中,既有剪切模量也有转动模量,这与次波既有形变也有转动变形的力学变形行为是完全一致的。计及转动变形时,次波的传播速度不是常数,与波数有关。由于转动模量远小于剪切模量,当谐波的波数不够大的情况下,上式群速度就近似为常波速 c_2:

$$
c_g \doteq c_2 = \sqrt{\frac{\mu}{\rho}} \tag{7.4.36}
$$

这种情形实际上对应于波长为宏观尺度的谐波,这时,转动变形的行为始终存在,但其效应可以忽略不计,所以波数对传播速度的影响可以忽略。但谐波波数足够大,则不能忽略波数的影响,这时对应于波长足够小的高频短波,必须考虑转动变形的效应,所以次波及其波速具有尺度效应。

主波由偏应变 $\bar{\boldsymbol{e}}$ 和体应变张量$\frac{1}{3}\boldsymbol{\theta}$组成的复合应变状态表为:

$$[\boldsymbol{\varepsilon}] = \begin{bmatrix} \frac{2}{3}\theta & 0 & 0 \\ 0 & -\frac{1}{3}\theta & 0 \\ 0 & 0 & -\frac{1}{3}\theta \end{bmatrix} + \begin{bmatrix} \frac{1}{3}\theta & 0 & 0 \\ 0 & \frac{1}{3}\theta & 0 \\ 0 & 0 & \frac{1}{3}\theta \end{bmatrix} = \begin{bmatrix} \theta & 0 & 0 \\ 0 & 0 & 0 \\ 0 & 0 & 0 \end{bmatrix} \tag{7.4.37}$$

主波由偏应力 $\bar{\boldsymbol{s}}$ 和静水应力张量 $\boldsymbol{P}$ 组成的复合应力状态为：

$$[\boldsymbol{\sigma}] = [\bar{\boldsymbol{s}} + \boldsymbol{P}] = \begin{bmatrix} (\lambda + 2\mu)\theta & 0 & 0 \\ 0 & \lambda\theta & 0 \\ 0 & 0 & \lambda\theta \end{bmatrix} \tag{7.4.38}$$

所以平面均匀传播的应力波,主波的应变为一维应变状态,主波的应力为三维对称应力状态。

次波的偏应变和偏应力状态为：

$$[\hat{\boldsymbol{e}}] = \begin{bmatrix} \hat{e}_1 & 0 & 0 \\ 0 & -\frac{1}{2}\hat{e}_1 & 0 \\ 0 & 0 & -\frac{1}{2}\hat{e}_1 \end{bmatrix}, \quad [\hat{\boldsymbol{s}}] = \begin{bmatrix} 2\mu\hat{e}_1 & 0 & 0 \\ 0 & -\mu\hat{e}_1 & 0 \\ 0 & 0 & -\mu\hat{e}_1 \end{bmatrix} \tag{7.4.39}$$

次波的角张量为：

$$[\boldsymbol{A}] = \begin{bmatrix} 0 & 0 & 0 \\ 0 & 0 & -\alpha_1 \\ 0 & \alpha_1 & 0 \end{bmatrix} \tag{7.4.40}$$

次波的曲率和偶应力分别为：

$$[\boldsymbol{\chi}] = \begin{bmatrix} \frac{\partial \alpha_1}{\partial x} & 0 & 0 \\ 0 & 0 & 0 \\ 0 & 0 & 0 \end{bmatrix}, \quad [\boldsymbol{m}] = 4\eta \begin{bmatrix} \frac{\partial \alpha_1}{\partial x} & 0 & 0 \\ 0 & 0 & 0 \\ 0 & 0 & 0 \end{bmatrix} \tag{7.4.41}$$

利用式(7.4.15),次波的反对称应力状态为：

$$[\boldsymbol{\tau}] = \begin{bmatrix} 0 & 0 & 0 \\ 0 & 0 & -2\eta\frac{\partial^2 \alpha_1}{\partial x^2} \\ 0 & 2\eta\frac{\partial^2 \alpha_1}{\partial x^2} & 0 \end{bmatrix} \tag{7.4.42}$$

次波的复合应力状态为非对称应力,其值表为:

$$[\boldsymbol{t}] = [\hat{\boldsymbol{s}} + \boldsymbol{\tau}] = \begin{bmatrix} 2\mu\hat{e}_1 & 0 & 0 \\ 0 & -\mu\hat{e}_1 & -2\eta\dfrac{\partial^2\alpha_1}{\partial x^2} \\ 0 & 2\eta\dfrac{\partial^2\alpha_1}{\partial x^2} & -\mu\hat{e}_1 \end{bmatrix} \tag{7.4.43}$$

由此可知,计及转动变形时,弹性体存在以不同速度传播的两种应力波。主波包含体变和形变两种成分,相应地,主波传播静水应力与偏应力组成的复合应力。次波包含形变和转动变形两种成分,相应地,次波传播偏应力与偶应力,或者偏应力与反对称应力复合的非对称应力。

参考文献

[1] 黄克智,薛明德,陆明万.张量分析[M].2 版.北京:清华大学出版社,2003.

[2] 张若京.张量分析简明教程[M].上海:同济大学出版社, 2010.

[3] Flugge W.Tensor Analysis and Continuum Mechanics[M].Springer-Verlag, 1972.

[4] 黄义,张引科.张量及其在连续介质力学中的应用[M].北京:冶金工业出版社, 2002.

[5] 曹富新.力学中的张量计算[M].北京:中国铁道出版社,1985.

[6] Goldstein H,Poole C.Safko J.Classical Mechanics[M].Third Edition.Addison Wesley,2000.

[7] Shuster MD.A survey of attitude representations[J].The Journal of the Astronautical Sciences,41:439-517,1993.

[8] 朱照宣.理论力学[M].北京:北京大学出版社,1982.

[9] Lurie AI,Belyaev A.Theory of Elasticity[M].Springer Berlin Heidelberg,2005.

[10] 郭日修.弹性力学与张量分析[M].北京:高等教育出版社,2003.

[11] Mindlin RD,Tiersten HF.Effects of couple-stresses in linear elasticity[J].Archive for Rational Mechanics and Analysis,11(1):415 - 448,1962.

[12] Rasorenov SV, Kanel GI, Fortov VE, Abasehov MM.The fracture of glass under high-pressure impulse loading[J].High Pressure Research.6:225-232,1991.

[13] Brar NS, Bless SJ. Failure waves in glass under dynamic compression[J]. High Pressure Research. 10:773-784, 1992.

[14] 刘占芳,郭原,唐少强,等.弹性应力波的双脉冲结构与平板冲击试验验证[J].应用数学和力学,39(3):249-265,2018.

[15] 谢新吉,刘占芳,杜丘美.悬臂微梁固有频率和模态的尺寸效应[J].振动与冲击,37(12):187-192,2018.